女人就是要有气质

（下册）

黎 娜 编著

哈爾濱工業大學出版社
HARBIN INSTITUTE OF TECHNOLOGY PRESS

第三节 不做别人的影子

让自信心不足的人提升自信

有些人天生就充满自信，为人乐观开朗、形象良好、气场强大，做什么都容易成功；而有的人生性比较悲观自卑，总是畏畏缩缩、犹豫不决，不能获取别人的信任，也往往不会抓住机会取得成功。放眼望去，那些社会各界的成功人士，无一不是充满自信的。自信的形象，总能带来强大的气场，对一个人的成功有着巨大的作用，所以，人人都应该充满自信。对于那些自信心不足的人，我们给你准备了一些能够提高你的自信的简单方法：

1. 自我激励

不断地发现自己的优点并加以肯定，有助于自信心的形成和培养。这样做的好处是肯定可以产生信心。

自信，并非意味着不费吹灰之力就能获得成功，而是说战略上要藐视困难，战术上要重视困难，要从大处着眼、小处动手，脚踏实地、锲而不舍地奋斗拼搏。扎扎实实地做好每一件事，战胜每一个困难，从一次次胜利和成功的喜悦中肯定自己。

2. 多做少想

自信的人，做的时间多于想；自卑的人，想的时间多于做。这可是一句名言，意味着缺乏自信的人老把时间浪费在胡思乱想中，这不仅无法完成任务，反而会因为胡思乱想而打乱心中所想。

3. 定期评估自己，原谅自己的不足

定期对自己的工作进行评估，确定没有偏离正确的方向。把自己的不足和错误看作是正常的，想办法去解决问题，而不必因此憎恨自己。

4. 明确最想要的

如果发现了你最想要的，就把它马上明确下来，明确就是力量。它会根植在你的思想意识里，深深烙印在你的脑海中，让潜意识帮助你得到所想要的一切。这个世界上没有什么做不到的事情，只有想不到的事情，只要你能想到，下定决心去做，就能够做得到。

5. 点燃成功的欲望

你的欲望有多么强烈，就能爆发出多大的力量；当你有足够强烈的欲望去改变自己命运的时候，所有的困难、挫折、阻挠都会为你让路。欲望有多大，能克服的困难就有多大。

6. 选择积极的环境

与比你优秀的人在一起，当你失败时，他会帮你检讨总结，为你加油助威；当你成功时，他会提醒你，让你重新给自己定位。找一个比你要求的还积极的环境来陶冶自己，一定要这样做，因为选择积极的环境是获取成功的关键。

自信不是专属于某些人的，只要你想拥有，只要你采取了上面这些提高自信的简单方法，你也可以成为一个自信满满的人，最终获得成功。

摆脱羞怯心理，增强你的自信

日常生活中常遇到许多羞怯的人，一说话就脸红，一出门就低头。这样害羞的人，不够大气，没有成功者的气场。他也想要改变，虽然屡下决心克服羞怯，却总是不能够大见成效，怎么办呢？这里有一个包治羞怯心理的社交处方，照此做会有很大成效。

想象自己是完美的化身。这是许多名模、影星在表演之前惯用的方法，同样适用于职场。先静坐，心中默想曾有的愉悦感受，譬如曾经聆听的悠扬乐曲，越具体效果越好。以拥有者的态度走入每间屋子，昂首阔步，抬头挺胸，仿佛一切都在你的掌握之中。学习你所仰慕的人所有的美好特质，只要他具备你所希望拥有的特质，都可以模仿。

大胆表现自我，把自信心视为肌肉，需要定时持之以恒地锻炼，如果稍有懈怠，它很快会松弛。改善外表，换一套新洗过的衣服，去理发店理个发型，这些办法会使你觉得自己从上到下焕然一新，因而增强自信。

如下几种训练可以更加系统地克服羞怯感：

（1）进行想象练习。想象你正处在你最感羞怯的场合，然后设想你该如何应付。这样在脑海里把你害怕的场合先练习一下，有助于临场表现。

（2）逐渐接近目标，可以减少你的焦虑。掌握害怕的根源和知道害怕时会有的生理反应，如冒冷汗或呼吸急促，当它们出现时你就可以通过一些放松的小技巧来克服它。说话时语气要坚定。没有自信的人都有说话过于急促、细声细气的毛病。说话的诀窍在于音量适中、语调平稳，速度不缓不急，此举显示你对说话的内容信心十足。利用呼吸换气时断句，内容则显得流畅有条理；切忌以疑问句结束陈述事实的语句，以免影响语气的坚定。

（3）专心倾听别人的讲话。在轮到你讲话之前，先专心听别人怎么讲。一来可以分心，不再一心挂念自己；二来当你讲话时，别人也会专心听你的。

（4）多提“问答题”、少提“是非题”。这可以使你处于主宰的地位，这一技巧应多加演练。例如你要出席一个舞会，就在事前先练习一下当前流行的舞步，可以减少到时出现的尴尬。

（5）多找你不认识的人谈话。例如在排队买东西时，多与人攀谈，这可以增加你的胆量和技巧，又不至于在熟人面前出丑。

（6）避免不利的字眼。例如与其对自己说“我感到很紧张”，不如说“我感到很兴奋”。

最后，确信一个事实：其实在别人的心目中，你并不像你想象的那样害羞。设法避免紧张时的动作，例如你演讲时手会发抖，就把讲演稿放在讲台上。事情做好了，不忘自己庆祝一番，这样有助于增进你的自信。平常不要拘泥，要多多参与，多参加活动，多与人接触，对克服羞怯心理很有帮助。确信自己一定会成功，摒弃一切不利的想法。要知道，人无完人，不要因为自己的弱点而自怨自艾。

自信是可以培养出来的，只要你给自己机会迈出尝试和突破的双脚，按照这些克服羞怯心理的处方，假以时日，你必定会焕发出前所未有的自信光彩！

自抬身价，把自己武装成“绩优股”

有句俗话叫：“王婆卖瓜，自卖自夸。”虽然其中蕴涵了一些对自吹自擂者的讽刺意味，但这种自吹在某些情况下还是很有必要的。

社会就如同一个大丛林，有许多机会都是要靠自己去争取的。如果有能力，就应该自告奋勇地去争取那些别人无法完成的任务，千万不要让自己淹没在人群中，或者躲在被人们遗忘的角落里。成功者会让自己闪耀夺目，像磁铁一样吸引各方的注意。

有一匹千里马，身材非常瘦小，它混在众多马匹之中，默默无闻。主人不知道它有与众不同的奔跑能力，它也不屑表现，它坚信伯乐会发现它的过人之处，改变它的命运。

有一天，它真的遇到了伯乐。伯乐径直来到千里马面前，拍了拍马背，要它跑跑看。千里马激动的心情像被泼了盆冷水，它想：“真正的伯乐一眼就会相中我，为什么不相信我，还要我跑给他看呢？这个人一定是冒牌的。”千里马傲慢地摇了摇头。伯乐感到很奇怪，但时间有限，来不及多做考察，只得失望地离开了。

又过了许多年，千里马还是没有遇到它心中的伯乐。它已经不再年轻，体力越来越差，主人见它没什么用，就把它杀掉了。千里马在死前的一刻还在哀叹，不明白世人为什么要这么对待它。

客观而言，千里马的一生是悲惨的，可以说是“怀才不遇”。它终年混迹于平庸之辈中，普通人不能看出它的不凡之处，伯乐也错过了提拔它的机会。但是谁导致这种悲剧的呢？是它的主人，还是伯乐？都不是。怪只怪千里马自己，假如它当初能够抓住机遇，勇敢地站出来，在伯乐面前不顾一切地奔跑，表现出自己与众不同的优秀品质来，用速度与激情证明自己的实力，恐怕它早就离开那个狭窄的空间，到属于自己的广阔天地尽情施展才能了。

人们过去总说“酒香不怕巷子深”，但事实并非如此。试想，要有多么浓郁的芳香才能从深巷里传入人们的鼻中呢？又有多少人能够静下心来寻找这芳香的源头呢？再香的酒，只怕最终也不过落得个“长在深巷无人识”的结局。许多人常慨叹怀才不遇，却不知道，能力是需要表现出来的，有本事就要发挥出来，不吭声、不行动，谁会知道你胸中的万千丘壑，谁会将你这匹千里马从马群中挑选出来呢?

不少人总是满怀希望地等待着,期待伯乐发现自己,提拔自己。只可惜千里马常有,而伯乐不常有,并不是所有领导、上司都独具慧眼,将机会拱手送上。在你做白日梦的时候,别的千里马,甚至是九百里马、八百里马们早已迎风驰骋,令众人瞩目,获得了充分展示自己的舞台。而默不作声的你,自然只能被淹没在无人问津的平庸者当中。

因此,即便是实力再强的人,也要学会表现自己,要善于表现自己,才能让自己的优势展现于世人面前,才能使自己成为求才若渴的人们心目中的抢手货。

以现代职场为例,默默无闻、埋头苦干的人,往往不一定能够得到重用,要想出头,不仅要拥有雄厚的实力,还要善于表现自己,这样才有机会脱颖而出。

正如卡耐基所言:“你应庆幸自己是世上独一无二的,应该把自己的禀赋发挥出来。”

挺直腰杆,展示自信的说话办事姿态

高中毕业生小杜到深圳后就兴冲冲地抱着简历去参加人才交流会。整个会场人如潮涌,唯有 ×× 公司的展台前冷冷清清,与会场的气氛形成了鲜明的对比。

小杜好奇地走过去,看 ×× 招聘启事上的内容,当即吓了一跳。它招聘 20 名业务代表,却指明要名校毕业生,并且还得有 3 年以上从事零售业的工作经验。条件那么苛刻,难怪没有人敢贸然应聘。

小杜揣摩了一番,虽然没一条够得上,可 ×× 公司业务代表的工作对她却很具吸引力。她心一横,决定试一试,真要被拒绝,就当是一次锻炼好了。

小杜径直走到应聘席前坐下,那位中年主管看了她一眼,面无表情地指了指那招聘启事问："看过了吗？"她点点头说："我看过了，不过很遗憾，我既不是名校毕业，也没有从事过零售工作，只有高中文凭。"

那位主管看了她好半天，才说："那你还敢来应聘？"

小杜微微一笑："我之所以还敢来应聘，是因为我喜欢这份工作，而且相信自己有能力胜任这份工作。"停了停，她又说，"如果求职者真要具备启事上所有的条件，那他肯定不会应聘业务代表，至少是公司主管了。"

说完，小杜就把自己的简历递了过去，那位主管竟然没有拒绝，而且微笑着收下了。

第二天，小杜就接到了录用通知书。后来她才知道，那些苛刻的招聘条件只不过是公司故意设置的门槛罢了，其实当她和主管谈完话之后，她就已经通过了公司的两项测试：勇于挑战条款的信心和勇气以及分析问题的能力。

小杜的故事告诉我们，即使我们处在劣势地位，即使我们需要他人的帮助，也没有必要哭哭啼啼、畏首畏尾地追随别人，做别人的跟屁虫。挺起胸来，昂起头来，以自信的姿态面对他人，因为自信具有一种神奇的力量，就像一种磁场，能够吸引别人的关注和好感，自信的人才能得到别人的尊重，说话办事才能更加顺利。

人应该有自信，这似乎是一个成功学上的真理，可是自信要怎么表现出来呢？这就要我们挺直腰杆，不卑不亢，在说话办事中展示自信的姿态。

在说话办事中存在一个态度与姿态的问题，这态度与姿态又总是与身份、地位、角色和自身的个性息息相关，通常情况是身份较高、地位较高的人，容易出现高傲的情绪，这种情绪是不易为人所接受的，一旦地位或角色发生了变化，他们便在一种人世的落差中尴尬起来了。还有另外一种人，他们出身卑微、地位低下或性格懦弱，常常表现出卑微落魄的姿态，这种姿态令人轻蔑，致使很多人不屑于与之为伍。

以上这两种态度，一者为亢，一者为卑，是说话办事的大敌，不仅会造成彼此相处的心理障碍，而且也给说话办事气氛笼罩了一片乌云，使彼此相处不愉快、不和谐、不融洽。一般而言，人们大多喜欢在彼此平等的正常状态下交往，由“卑”或“亢”所产生的鸿沟，使彼此无法构建友谊的桥梁。

虚荣心强的人，若自己处在优势地位，容易流露出高傲的神情，使人讨厌；反之，若自己处于劣势地位，又常常自信心不足，说话细声细气，眼睛也不敢看对方，同样会让人瞧不起。所以，聪明的人在说话办事中应该保持的最佳姿态是挺直腰杆，不卑不亢。

很多人不是因为被别人看不起而垂头丧气，而是因为自己总是爱贬低自己，所以变得无精打采、没有自信。如果你认为自己浑身是缺点和毛病；如果你自认为是一个笨拙的人，是一个总是面临不幸的人；如果你承认你绝不能取得其他人所能取得的成就，那么，你只会因为缺乏自信、自我贬低而失败。

在西方国家进行的一项调查发现，工薪阶层之所以贫困和缺乏社会地位，大部分原因在于他们有低人一等的感觉。他们想当然地认为自己低人一等，而不是以勇敢和独立的姿态站立于人们面前。如果说有一种做法任何明智的雇主都会轻视，那肯定就是雇员对他的唯命是从、唯唯诺诺、百依百顺和卑躬屈膝的心态。明智的雇主常常更喜欢他周围那些能以平等身份接近他的人，他会本能地蔑视那种点头哈腰、卑躬屈膝和唯唯诺诺的人，也绝不可能去尊重那些自我贬低的雇员。他喜欢那些有骨气的人、使他觉得具有人格尊严的人和渴望获得尊重的人。

同样，无论是工作还是日常生活中，唯唯诺诺绝不是说话办事成功的途径，想要做一个气场强大的成功人士，更要抬头挺胸、自信大方。

第四节 底气十足，自信满满

自信是成功者的气度，自信满满才能令人信服

一位公司经理，他把全部财产投资在一种小型制造业上。由于世界大战爆发，他无法取得他的工厂所需要的原料，因此只好宣告破产。金钱的丧失，使他大为沮丧。于是，他离开妻子儿女，成为一名流浪汉。他对于这些损失无法忘怀，而且越来越难过。到最后，他甚至想要跳湖自杀。

一个偶然的机会，他看到了一本名为《自信心》的小书。这本书给他带来勇气和希望，他决定找到这本书的作者，请作家帮助他再度站起来。

当他找到书的作者，说完他的故事后，那位作家却对他说："我已经以极大的兴趣听完了你的故事，我希望我能对你有所帮助，但事实上，我却毫无能力帮助你。"

他的脸立刻变得灰白。他低下头，喃喃地说道："这下子完蛋了。"

作家停了几秒钟，然后说道："虽然我没有办法帮助你，但我可以介绍你去见一个人，他可以协助你东山再起。"刚说完这几句话，流浪汉立刻跳了起来，抓住作家的手，说道："看在老天爷的分儿上，请带我去见这个人。"

于是作家把他带到一面高大的镜子面前，用手指着镜子说："我介绍的就是这个人。在这个世界上，只有这个人能够使你东山再起。除非坐下来彻底认识这个人，否则，你只能跳到密歇根湖里。因为在你对这个人有充分的认识之前，对于你自己

或这个世界来说，你都将是个没有任何价值的废物。”

他朝着镜子向前走几步，用手摸摸他长满胡须的脸孔，对着镜子里的人从头到脚打量了几分钟，然后退几步，低下头，开始哭泣起来。

几天后，那位作家在街上碰见了这个人，几乎认不出来他了。他的步伐轻快有力，头抬得高高的。他从头到脚打扮一新，看来很成功的样子。他对作家说：“那一天我离开你的办公室时，还只是一个流浪汉。我对着镜子找到了我的自信。现在我找到了一份薪水丰厚的工作，我的老板先预支了一部分钱给我的家人，我现在又走上成功之路了。”他还风趣地对作家说，“我正要前去告诉你，将来有一天，我还要再去拜访你。我将带一张支票，签好字，收款人是你，金额是空白的，由你填上数字。因为你介绍我认识了自己，幸好你要我站在那面大镜子前，把真正的我指给我看。”

以一副自信的形象出现在别人面前，你就会给别人更多的暗示。别人从这种暗示中读到了你的自信，因而就极有可能对你伸出援助之手，那么你离成功也就不远了。

有人说：“这个世界是属于有自信的人的，自信的形象带给人的是无穷的价值。”

我们如果对自己没有信心，忽视自己也有许多优点，那么我们如何坦然地与别人沟通？更别谈有一个成功的形象了。我们必须相信自己是“很好的”，是“很有能力的”！假如连我们都认为自己不好，那么，别人怎么会认为我们很好？

因此，我们必须改变“自我形象”，试着稍微隐藏自己的缺点，多表现自己的优点，想象自己是个干练的沟通高手，正以一副镇定、微笑、从容及受过专业教育的模样，自信地与别人交换意见。

在任何情况下，我们必须学会了解自己、肯定自己，进而改进自己！事实上，肯定自己就是自信，这是生命中最重要的部分，若是少了它，生命就会“瘫痪”。

自信是获得成功至关重要的因素。你不必妄自尊大以及言行莽撞——无声的自信同样能给人留下深刻的印象。如果你自己表现得不自信，那么其他人也不会对你有信心。不管怎样，你应该明白自己在做什么，这样别人才能服从你的领导。你会看到人们总是愿意信赖身边那些信心十足的人，他们有时甚至说不清为什么如此信赖这些人。

鉴于自信的形象对一个人的职业生涯有着巨大的作用，一些国际知名企业都很重视对员工自信心的树立。他们认为：对自己足够了解、充分自信，有这样一副好形象才能更好地发挥优势，从而获得成功。

例如摩托罗拉公司就鼓励员工充分自信。在摩托罗拉，人的自信和尊严来源于：做好实质性的工作；不断向成功努力；有充分的培训并能胜任工作；在公司有明确的个人前途；创造无偏见的工作环境。主管定期与员工就这些问题进行探讨，使员工在工作中做得更好、更加自信。

其实，只要你有足够的自信，全世界的人都会认为你是最美的。正如爱默生所说：“人无所谓伟大或渺小，任何一个人都会由自己来主宰并且走向成功，任何一个人都有大于自身的力量，这就是你自己。”树立自信的形象吧，它是必胜者的气度，是令人信服的力量，是引领你走向成功的旗帜。

你不服输的形象会打动命运之神

1796年的一天，德国哥廷根大学，一个很有数学天赋的19岁青年吃完晚饭，开始做导师单独布置给他的每天例行的3道数学题。

前两道题他在两个小时内就顺利完成了。第三道题写在另一张小字条上：要求只用圆规和一把没有刻度的直尺，画出一个正 17 边形。时间一分一秒地过去了，第三道题竟然毫无进展。这位青年绞尽脑汁，但他发现，自己学过的所有数学知识似乎对解开这道题都没有任何帮助。困难激起了他的斗志：我一定要把它做出来！他拿起圆规和直尺，一边思索一边在纸上不停地画着，尝试着用一些超常规的思路去寻求答案。

当窗口露出曙光时，青年长舒了一口气，他终于完成了这道难题。见到导师时，青年有些内疚和自责。他对导师说：“您给我布置的第三道题，我竟然做了整整一个通宵，我辜负了您对我的栽培……”

导师接过学生的作业一看，当即惊呆了。他用颤抖的声音对青年说：“这是你自己做出来的吗？”

青年有些疑惑地看着导师，回答道：“是我做的。但是，我花了整整一个通宵。”

导师让他坐下，取出圆规和直尺，在书桌上铺开纸。让他当着自己的面再做出一个正 17 边形。青年很快做出了一个正 17 边形。导师激动地对他说：“你知不知道，你解开了一桩有 2 000 多年历史的数学悬案！阿基米德没有解决，牛顿也没有解决，你竟然一个晚上就解出来了，你是一个真正的天才！”

原来，导师也一直想解开这道难题。那天，他是因为失误，才将写有这道题目的纸条交给了学生。

这个青年就是数学王子高斯。

阿里巴巴的马云曾说：“创业者成功要具备 3 大素质：实力、眼光、胸怀，而一次又一次的失败，就是实力。”因此我们不要惧怕失败和挫折，挫折是一个人人格的试金石，在一个人输得只剩下生命时，潜在心灵的力量还有几何？没有勇气，没有不服输的精神，自认挫败的人的答案是零，只有无所畏惧、一往无前、坚持不懈的人，才会在失败中崛起，奏出人生的华章。

世界上有无数人，尽管失去了拥有的全部资产，然而他们并不是失败者，他们依旧有着不可屈服的意志，有着不服输的精神，凭借这种精神，他们依旧能成功。

真正的伟人面对种种成败时从不介意，所谓“不以物喜，不以己悲”。无论遇到多么大的打击，绝不失去镇静，绝不会服输，只有这样的人才能获得最后的胜利。正如温特·菲力所说：“失败，是走上更高地位的开始。”

许多人之所以获得最后的胜利，只是受恩于他们的屡败屡战。事实上，只有失败才能给勇敢者以果断和决心。并且，在失败过后，他们用自己不服输的精神，顽强地拼搏和奋斗，终于为自己赢得了成功。这样的人永远给人以自信、不服输的形象，拥有强大的自信气场，也永远不会被打败。

底气十足先赢三分，开口就将对方吸引住

当我们与人打交道时，别人通常会从我们的言谈来判断我们的能力，一个人如果说话畏畏缩缩、细声细气，即使确实有才能，也很难让人相信。而那些自信满满的人，说话办事时底气十足，他们明白自己的优势和劣势，不夸耀自己，也不轻视自己，这样的人更容易赢得他人的认可和欣赏。

例如在面试的时候，没有人不希望自己能获得理想的职位，但是绝大多数人在面对考官的时候，缺少必需的自信和说话的底气，因此他们不能打动考官。但是有少部分人真的相信他们会成功，他们抱着“我就要坐上这个位置”的积极态度来进行求职面试，最后，他们终于凭着十足的底气赢得了主考官的青睐。

吉拉德欲步入推销界的时候，曾因多次遭拒绝而感到极端沮丧。吉拉德重新开始建立信心，他拜访了底特律一家大的汽车经销商，要求获得一份推销工作。推销经理起初很不乐意。

“你曾经推销过车子吗？”经理问道。

“没有。”

“为什么你觉得你能胜任？”

“我推销过其他的东西——报纸、鞋油、房屋、食品，但人们真正买的是我，我推销自己，哈雷先生。”

此时的吉拉德已表现出了足够的信心。

经理笑笑说：“现在正是严冬，是销售的淡季，假如我雇用了你，我会受到其他推销员的责难，再说也没有足够的暖气房间给你用。”

“哈雷先生，假如您不雇用我，您将犯下一生最大的错误。我不抢其他推销员的店面生意，我也不要暖气房间，我只要一张桌子和一部电话，两个月内我将打败您最佳推销员的纪录，就这么定了。”

哈雷先生终于同意了吉拉德的请求，在楼上的角落里，给了他一张满是灰尘的桌子和一部电话。就这样，吉拉德开始了他的汽车推销生涯。

吉拉德在求职的谈话中体现了十足的底气，这不可否认地让主考官对他建立起了一种信任感，使他的求职面试成功了一大半。

有的面试过程中，主考官会故意采用一种压力面试，来测验你的抗压能力。所谓压力面试一般是指在面试刚刚开始时，主考官就风向一转，给应试者以意想不到的一击，以此观察应试者的反应。比如，面试官会突然提出一些不甚友好或具有攻击性的问题，这时，如果你能顶住压力，从容不迫，表现出你十足的把握，那你多半都能在面试中获胜。要是遇到问题就发软，说起话来有气无力，谁能相信你并录用你呢？

同样，我们在生活和工作中说话办事也要有底气，在别人面前拿出你的自信。只有信任自己的人，别人才会被你的好形象吸引，才能放心地与你合作。

让你看起来更强大的 6 个简单策略

生活中有很多人即使不说话也能让人感受到威严，他们的一举一动似乎都散发出强者的气势，你也许会说，有的人本来身材高大、长相威严，看起来自然很有气势，其实任何人都可以运用一些小技巧来提升气势，下面给大家提供几个简单而实用的策略。

1. 站着开会

站起来完成所有的简短的决策型会议。社会学家经过研究表明，站着说话比坐着说话要简短得多，而且那些站着开会的人会被人认为比坐着开会的人地位更高。每当有人走进你的工作空间的时候，站着和对方交谈也能节约很多的时间，所以不必在自己的办公室里安放太多来访者的专用椅子。

有时候，站着能够更快、更有针对性地做出决定，对方也不会浪费你的时间来进行一些客套话，或者是问一些诸如“你的家人怎么样了”之类的问题。

2. 让对手坐在背对门的位置

据研究表明，当我们坐在背对着空旷的空间的时候，我们就会变得恐惧、紧张、不安，血压会随之升高、心跳也会加快，大脑的波动频率、呼吸也会变得更加急促。因为我们无法看到后面的情景，身体已经做好抵御来自背部攻击的准备。所以，这是安置对手的最佳位置，只要对手坐在这个位置上，你就已经占了先机。

3. 把你的手指并拢

那些喜欢在说话时配以手势的人，如果他们能够保持手指并拢，同时保持手的位置低于下巴，就能获得更多的注意力。反之，如果把手指张开，或者是把手放在下巴以上的位置，就会显得较无力。

4. 手肘向外伸

如果你坐在椅子上，请把你的手肘向外伸展，或者是放在椅子的扶手上。只有那些消极、胆小的人才会把手肘缩起，以保护自己，这让别人认为他们胆小怕事。

5. 使用一些有力的词组

加利福尼亚大学的一项研究表明，最有说服力的口头语包括：“发现”“保证”“经过证实的”“结果”“节约”“简单”“健康”“金钱”“新鲜”“安全”等。平时在说话时多练习使用这些词组，你就会发现这些很好用的词组能够保证你获得更多的成功机会，也能够有助于你节约更多的钱财，而且使用这些词组是百分之百安全和简单的。

6. 提一个小巧的公文包

重要人物都会提一个带有密码锁的小巧的公文包，因为他们所关心的仅仅是最重要的细节。而那些必须负责所有工作的人才会提着笨重的公事包，并让别人产生他们做事条理不够、无法按时完成任务的消极印象。

强大的气势是可以营造的，只要你用对方法，就能一举一动间都释放出光彩，吸引别人的注意。

第六章
练习与自卑告别

第一节 把自卑踩在脚下

永远不要做个“怨妇”

在生活中，常有女性抱怨爱人不够体贴，孩子不听话；在工作中，埋怨上级不会领导、安排工作不合理得力，等等。总之，对生活永远是抱怨，而不是感激。她们只计较自己得到了什么，在自己和别人的得与失之间斤斤计较。殊不知，她们喋喋不休的抱怨，不仅不会带来任何改善，反而会让别人对你产生不好的印象。

“烦死了，烦死了！”一大早就听张丽不停地抱怨，一位同事皱皱眉头，不高兴地嘀咕着：“本来心情好好的，被你一吵也烦了。”张丽现在是公司的行政助理，事物繁杂，可谁叫她是公司的管家呢，事无巨细，不找她找谁？

其实，张丽性格开朗，工作起来认真负责，虽说牢骚满腹，该做的事情，一点也不曾拖延。设备维护、办公用品购买、交通信费、买机票、订客房……张丽整天忙得晕头转向，恨不得长出8只手来。刚交完电话费，财务部的小李来领胶水，张丽不高兴地说：“昨天不是来过了吗？怎么就你事情多，不是领这个，就是领那个！”抽屉开得噼里啪啦，翻出一个胶棒，往桌子上一扔，说：“以后东西一起领！”小李有些尴尬，又不好说什么，只得赔笑脸。

大家正笑着，销售部的王娜风风火火地冲进来，原来复印机卡纸了。张丽脸上立刻晴转多云，不耐烦地挥挥手：“知道了。烦死了！和你说一百遍了，先填保修单。”单子一甩，“填一下，我去看看，”张丽边往外走边嘟囔，“综合部的人干什么去了，什么事情都找我！”对桌的小张气坏了：“这叫什么话啊？我招你惹你了？”

态度虽然不好，可整个公司的正常运转真是离不开张丽。虽然有时候被她抢白得下不来台，也没有人说什么。怎么说呢？她不是应该做的都尽心尽力做好了吗？可是，那些“讨厌”“烦死了”“不是说过了吗”……实在是让人不舒服。

年末的时候公司选举先进工作者，领导们认为先进非张丽莫属，可一看投票结果，50多张选票，张丽只得12张。有人私下说：“张丽是不错，就是嘴巴太厉害了。”张丽很委屈：“我累死累活的，却没有人体谅……”

喜欢抱怨的人不见得不优秀，但常常不受欢迎。抱怨不仅伤了自身，也会影响其他人的情绪，让不明真相的人心理产生波动，也会破坏工作的氛围。谁都不愿靠近牢骚满腹的人，怕自己也受到传染。抱怨除了让你丧失勇气和朋友，于事无补。

如果你还有时间进行抱怨，那么你就有时间把工作做得更好；如果你已觉得抱怨无济于事，你就应该去寻找克服困难、改变环境的办法；如果你认为抱怨是一种坏习惯，你就应该化抱怨为抱负，变怨气为志气。

娜娜35岁了，过着平静、舒适的中产阶层的家庭生活。

但是，最近她突然连遭四重厄运的打击。丈夫在一次事故中丧生，留下两个小孩。没过多久，一个女儿被烤面包的油脂烫伤了脸，医生告诉她孩子脸上的伤疤终生难消，她为此伤透了心。她在一家小商店找了份工作，可没过多久，这家商店就关门倒闭了。丈夫给她留下一份小额保险，但是她耽误了最后一次保费的续交期，因此保险公司拒绝支付保费。

碰到一连串不幸事件后，娜娜近于绝望。她左思右想，为了自救，她决定再做一次努力，尽力拿到保险补偿。在此之前，她一直与保险公司的下级员工打交道。当她想面见经理时，一位接待员告诉她经理出去了。她站在办公室门口无所适从，就在这时，接待员离开了办公桌，机遇来了。她毫不犹豫地走进里面的办公室，结果，看见经理独自一人在那里。经理很有礼貌地问候了她。她受到了鼓励，沉着镇静地讲述了索赔时碰到的难题。经理派人取来她的档案，经过再三思索，决定应当以德为先，给予赔偿，虽然从法律上讲，公司没有承担赔偿的义务。工作人员按照经理的决定为她办了赔偿手续。之后，经理欣赏她的果敢，又给她安排了很好的工作，并且爱上了她。

厄运不会长久持续下去。所以当遭遇不幸，与其以消极抱怨的心态待之，不如以积极的心态去化解。要相信，终有一天会雨过天晴，而且大雨过后天更蓝。

世界是美丽的，世界也是有缺陷的。人生是美丽的，人生也是有缺陷的。因为美丽，才值得我们活一回；因为有缺陷，才需要我们弥补，需要我们有所作为。

一位伟人曾说：“有所作为是生活中的最高境界。而抱怨则是无所作为，是逃避责任，是放弃义务，是自甘沉沦。”

不抱怨，不仅是一种平和的心态，更是一种非凡的气度。

不论我们遭遇到的是什么境况，光是喋喋不休地抱怨不已，都注定于事无补，只会把事情弄得更糟，而这绝不是我们的初衷。

没有人欣赏好抱怨的女人，就是因为这不是有出息的行为，真有志气、有出息的女人从来不会抱怨。恐怕没有女人愿意做一个没有志气、没有出息的女人吧？那么，就把所有应该的和不应该的抱怨都一齐抛弃，开动脑筋，甩开臂膀，与其抱怨不如改变！

苦水，只会越吐越多

倾诉，是缓解痛苦的一种方式，但不是解决痛苦的方式。一味地吐苦水，最终只会把自己淹没在苦水之中。

柔弱无助的女人总是会引起别人的同情及保护欲望，但凡事都应有个限度。反复重复自己的不幸，这样做就不像一个年轻女人应该做的，反而如同一个自怨自艾的老妇人。或者，更形象一点地说，像“祥林嫂”，不停诉说自己的不幸遭遇，得到的只是看客悲剧心理的满足、饭后的谈资以及别人对你的厌烦。

电视剧《好想好想谈恋爱》中有这样一段，女主人公谭艾琳和男朋友伍岳峰分手之后，巨大的伤痛让她几乎崩溃，她将自己所有的情绪都用来抱怨：

“你现在打死伍岳峰他也不会明白，其实最受损失的是他，而不是我。我是他生命中唯一的一次爱情机会，他错失了，他以后再也没有机会了，他以为他的天底下有几个谭艾琳？他真是有眼无珠，他以后只有哭的分儿了，这就叫过了这村就没这店了，他肠子都得悔青了！

“有的男人对我来说重如泰山，有的轻如鸿毛。伍岳峰就是鸿毛。我像扔个酒瓶似的把他彻底打碎了，他根本不懂女人，离开他是我的幸运和解脱，他将永远处处碰壁，对，碰壁，碰得头破血流。而我经过历练，炉火纯青，笑到最后的是我。他完蛋了，他会一蹶不振，追悔莫及，太好了。”

诸如此类的抱怨她几乎如同潮水一样地倾倒给自己所有的朋友，直到有一天，朋友实在忍受不住她的抱怨：“你已经唠叨一个星期了。说实话我听得已经有点儿头晕耳鸣了，再听下去我会疯掉的。”于是，在之后的日子中，她与同样失恋的男人章月明一起倾诉自己的不幸，在章月明的不断抱怨中，谭艾琳自己渐渐开始沉默，直到有一天她也听够了，大喊道：“别说了，太无聊了，一个男人或一个女人一辈子愤怒的是爱情、谩骂的是爱情、得意的是爱情、沮丧的还是爱情，一辈子就忙活爱情吗？你别再跟我唠叨了，我受够了。别人没有义务承担你感情的后果，这是你应该自己解决的问题，你爱一个人就是愿打愿挨的事，没有人逼你，知道吗？敢做就得敢当。”

相信很多人小时候都有这样的经历：在跌跌撞撞地学走路时，无数次跌倒。孩子对于疼痛是无法忍耐的，跌倒时每个孩子都会失声痛哭。如果这时你的父母匆忙赶过来，将你抱起，焦虑地检查你身上的伤口，宠溺地哄劝，本来已经声势渐竭的抽噎，又重新鼓足了力量。因为父母的悉心呵护让你觉得更加委屈，不自觉地软弱，用哭声向父母撒娇。但如果父母只是轻轻走过来，对你说声：“站起来。”我们的委屈也没有了什么理由，也会重新迈步走路。

我们已经不再是小孩子了，早就该消除这种孩子气。别把自己的苦水吐尽，向别人撒娇，让自己的失意不断扩散。

自认倒霉的女人总是会倒霉

“福无双降，祸不单行”，越是倒霉的时候，越容易遇上更多的倒霉事，其实都是自己的心理在作祟。越是把“倒霉”二字挂在嘴边的女人，越不容易走出倒霉的怪圈。因为倒霉的女人思考问题总是朝负面、消极的方向去想，这也就为下一步的倒霉铺好了道路。就好比我们心情不好的时候更容易跟人吵架，更容易看孩子不顺眼一样，这样一来事情肯定会越做越砸。

看电视大结局的时候正好遇上停电；天天带着伞，只要一天没带就下雨；电脑一死机总会丢失重要文件；上班赶时间却总是遇到红灯；面包掉到地上总是有奶酪的那面着地；银行排队好不容易轮到自己了却刚好下班；闲置了很久的东西决定丢掉，可刚一丢掉就又要用到；没自己姿色好的女人都嫁了好男人，自家的那个却没什么本事；别人家的孩子样样都好，而自己的孩子却哪门功课都不理想……

还有更糟糕的：好不容易跟别人学了炒股，没想到刚入市就碰上股市大跌；看着房子在涨价就赶紧买了房子准备投资，没想到刚买不久房价却跌了；把钱都存在银行里吧，结果出现了负利率，存钱反而赔钱了；孩子生了病住院花了不少钱准备去保险公司理赔，结果又碰上不明条款人家不赔。发生这样的事实在让人郁闷？可也没办法，只能自认倒霉了，谁让咱运气不好呢？

一时间，倒霉的事情接踵而来，仿佛天底下的倒霉都落在自己一个人身上了。

不少女人都会发出这样的感叹，倒霉的事情就像一个恶性循环，不断地找上门来。这是老天爷在跟我们开玩笑，还是真的“倒霉事都让我承包了”？

现代心理学家发现，坏事总是比好事更能引起我们的兴趣，更能使我们无法忘怀，于是我们就更容易记住那些不愉快的经历，从而发出“喝口凉水都塞牙”的感慨。倒霉的人总是觉得自己倒霉，是因为他们看问题的方式和幸运的人不一样。

已经28岁的芬妮就是个倒霉的女人，遇到的男人都是铁公鸡一样一毛不拔，从没有为她花过一分钱。芬妮不是个贪心的女人，但男人请自己吃顿饭总可以的吧？可巧碰到了那么一个肯花钱为自己买东西的，却还是骗子，根本无心长期交往！

芬妮跟好友倾诉：“真是倒霉啊！我怎么这么不顺，不能个个男人见了我都这样吧？我这一辈子没亏欠过任何人，连媒人见了面都会送她个小礼物，可有些媒人就是骗子！上次说介绍个老板给我，结果大饭店狂扫一顿都是我买单！是不是串通好了？真是倒八辈子霉了！”

刚说完自己情场不顺，芬妮又开始艳羡公司的两个女同事：“人家命好啊，经理帮她们介绍了对象，有一对成了，有一个现在升职了，得宠得不得了。而我，也没得罪谁，可换了个经理就是跟我过不去，让他的小秘享受，却把我发配到环境恶劣的地方去工作。这个账我一定要算！”芬妮义愤填膺，“算那个经理倒霉，要是他不让我干了，我就把受的气全发泄在他身上，我拼了老命也要把他从经理位子上拉下来！”

芬妮不仅自认倒霉，甚至还产生了报复心理，遇上这样的女人，谁的背脊不发凉？其实，从来没有谁比谁倒霉，也没有谁比谁幸运，任何事物都是相对的。像芬妮，为什么非要想着报复别人呢？为什么口口声声说自己倒霉呢？为什么不去主动努力工作获得别人认可？情场不得意是不是应该先检查一下自己性格或行事方式是否不太妥当？

其实，许多“倒霉事儿”都是因为自己的疏忽大意造成的，并非老天爷一定要和自己作对。如果平时经常进行一下电脑维护，清除垃圾并安装较安全的防病毒软件，就可以预防电脑死机、崩溃；抽空收拾屋子，暂时不用的东西可以用收纳盒收起来以防万一而不是随手扔掉；投资的时候不要光想能赚多少，而应该想到可能会赔多少，要有风险意识；买保险前把条款看清楚，不明白的地方一定要询问清楚，或者向身边有经验的朋友请教，省得出问题了处理起来麻烦；好孩子是夸出来的，应该多鼓励自己的孩子，而不是考砸了就责备孩子。

不如意的事在所难免，但应该带着好心情去对待它。遇事不顺要积极去找原因以避免再次发生，而不是坐在那里悲天悯人，像个怨妇一样怨天怨地，那样不仅害了自己，连朋友都不敢再靠近你。所以，快为自己解开倒霉的魔咒，做个能给自己和别人带来快乐的幸福女神！

不让华丽的外表遮蔽忧郁的心扉

外表强悍，内心柔弱易伤，这也许就是当今很多知性女子的真实写照。有人说，知性女子是最美的，因为她们的身上闪烁着智慧的光辉。可是，光芒背后隐藏着的却可能是最彻底的崩溃和绝望，有人调侃那是“绝对崩”“大雪崩”“肯定崩”“全然崩”和“彻底崩”。

传说在沙漠中有这样一种植物，不管什么东西碰到它，它都会失去生命。它就是仙人掌。天神知道之后，十分怜惜它，就在它的全身布满了刺，避免它受到更大的伤害。

过了几百年之后，一位勇敢的男人来到到了沙漠里。看到浑身都是刺的仙人掌就有些莫名地恼火。他看着人人都避之不及的仙人掌说：“人人都怕你，我倒要看看你到底有多可怕！”他挥刀朝仙人掌砍了下去，仙人掌立即被砍成了两半。眼前的一幕令男人惊呆了：人人害怕的仙人掌竟是如此不堪一击！更令人震撼的是，外表坚硬的仙人掌里面竟是一些绿色的眼泪！

生活中恰恰存在着这种像仙人掌一样外表强悍内心脆弱的女人。这种女子身上飘着一股淡淡的、冷冷的知性气息，同时也有着一股被强烈压抑的崩溃烈焰。没办法，这不是一个女人可以躲在男人怀里小鸟依人的时代，很多女人都被迫在这个竞争激烈的社会里同男人一样拼命！她们被迫用坚强来包裹内心的柔弱，因为办公室里不相信眼泪。

华丽的外表包裹着郁闷的心扉，她们被知性与理念所制约，被工作的高压所摧残，在金戈铁马般的物质洪流中，有着跟男人一拼的气势。只有到了华灯初上时，她们才拖着疲惫的身体，恢复小女人的柔态在晚风中徐徐归家。

可是这样的疲惫你又能撑多久呢？强悍的姿态也许只是为了掩饰内心脆弱的落寞，强制的隐忍只是为了阻挡随时都可能面临崩溃的情绪。据中国医学院过去的调查显示，高压的环境使很多白领的内心时刻面临着崩溃的危险，而压力及其引起的强烈情绪波动，已成为中国都市精英白领心理疾病的最大祸根。并且，由于电脑辐射、超时工作、室外运动减少等方面的原因，她们的身体也更加容易走向崩溃，脆弱得令人担忧。

一位网名叫“鼠尾草”的时尚杂志女编辑，曾经在博客上带着网友一起，游走于“葡萄美酒夜光杯”的世界，看尽人间的繁花似锦。最后却在事业最绚烂的时候，因为无休止的忙碌和过度的劳累离开了这个她无比眷恋的世界。

鼠尾草，原本是迎风摇曳于地中海的一种香草。但是，这株柔弱的鼠尾草，却代表着一群社会透支生命的一代。在急速发展的社会里，耗尽生命的火焰，在疾病的打击下，粉碎了浮华的幻象。

她曾在她的《普罗旺斯写真集》里写道：“我在时间的尽头做了一个快乐的盗贼，但是没有偷走普罗旺斯的一米阳光，却把我的心留在了普罗旺斯明亮、空旷、晴朗、开阔的天空。”现代年轻女人正在承受着上一辈不曾承受的巨大压力，尤其是现在激烈的竞争环境使得很多女人不敢也不能休息。

直到死神突然来临的时候，她才开始反思自己的生活：“面对可能相遇的死神，我开始重新思考自己的生活方式，那些被人羡慕的生活有太多虚妄的假象，让我不能去面对自己心灵的真实……”“我们太多地去追求那些违背自然规则的事情，以为自己生存的空间没有禁区，其实正在慢慢积累致病的因素。”

正如一家大公司的销售主管所说：“没有人能放下。如果要维持体面的生活，必须不断地透支自己。”因为放不下，也不敢放下，因为压力和追逐梦想，我们一个个成了“过劳模”。每天工作 10 小时以上，基本没有休息日，睡眠不足，连三餐都不固定。据北京师范大学对上海等四个大城市的调查，有七成以上的白领成为“过劳模”。

因过度精力透支引发的过劳死，早已经不是令人惊讶的突发事件。某公司一名 25 岁的员工因过度加班，心力衰竭而亡；成都一位 32 岁 IT 精英因过度疲劳在上班途中猝死……

韩国一篇叫作《疲惫的中国：加班现象蔓延，每年 60 万过劳死》的文章也给我们敲响了警钟。中国白领的工作强度，已经跃居世界第一，如果不给自己一个缓冲的地带，继续佯装坚强，拥抱着死神跳舞，死神一定会毫不客气地悄悄光临。外表强悍、内心忧郁的知性女人，最容易成为它的猎物！所以，女人们，学着关心自己，放慢脚步，让自己的心灵呼吸一下新鲜的空气。

内心有阳光，世界就是光明的

一样的事情，可以选择不同的态度对待。选择积极的方面，并做出积极努力，就一定会看到前方的风景。

两个小桶一同被吊在井口上。

其中一个对另一个说：“你看起来似乎闷闷不乐，有什么不愉快的事吗？”

另一个回答：“我常在想，这真是一场徒劳，没什么意思。常常是这样，装得满满地上去，又空着下来。”

第一个小桶说：“我倒不觉得如此。我一直这样想：我们空空地下来，装得满满地上去！”

很多事情，站在不同的立场，便有不同的看法，正面的想法产生积极的效果，负面的想法产生消极的效果。乐观的人，在每一个忧患中看到机会；悲观的人，在每一个机会中看到忧患。

普希金说，假如生活欺骗了你，不要忧郁，也不要愤慨。我们的心憧憬着未来，现实总是令人悲哀。一切都是暂时的，转瞬即逝，而那逝去的将变为可爱。

在曲折的人生路上，如果我们也能够承受所有的挫折和颠簸，化解与消释所有的困难与不幸，我们就能够活得更长久，我们的人生之旅就会更加顺畅、更加开阔。

第二节 不要带着不幸的表情出门

越是不幸的时候，越要化好妆再出门

遇到不幸的女人，常常在伤心和痛苦之中减少了对自己的关心，不再打扮，不再以为自己还有享受生活和快乐的权利。很多女人在遭遇不幸后突然变成很胖、很邋遢的女人，头发乱蓬蓬、脸色苍白、嘴唇干裂。在路上遇见朋友，对方看见自己没精打采的样子，会说：“怎么这样了，看上去不太好啊？”每次听见对方这样说，心就会一下子沉下去。这等于就是证明了自己很不幸。

一个不幸的女子，是不可以带着不幸的表情出门的。一个生活辛苦的女子也不可以带着辛苦的表情生活。从此以后，越是遇到不顺、越是难过的时候，越是要精心化妆，在遇见朋友的时候，对方会说，“你看上去过得挺好的”。听到这样的话自己也会变得开心起来。

“化妆”要比“心”坚强许多，因为化妆可以违背心的本意，所以化妆可以伪装出一个坚强的自己。在不久以后，心会被化妆带动，像化出的容颜一样神采奕奕。

化妆有这样一种功能，就是把心里积压的一些废物排出体外。在睡了一个懒觉后，也不用坐在镜前细细琢磨，只需要一两分钟的时间，就可以拥有一张健康的脸。昨日的疲劳，昨日的消沉，昨日郁积的一些不愉快的感情，全部可以掩盖掉。

从另一个角度讲，一个人沉浸在幸福中的时候，化不化妆都是一样的。眼睛里的熠熠光彩和表情的生动已经让你不需要再化妆就可以出门了。所以在你意气风发的时候，只需要薄施脂粉就可以了。

化妆是可以扭转自己的心情的，同时因为化妆是需要用心去做的，就像人生需要用心去经营一样。这才是化妆的意义。所以，在我们痛苦的时候、烦恼的时候，一定要精心化好妆再出门，这是自我保护的一种方式。

快乐永远属于自找快乐的女人

这世上最快乐的人不是那些生下来就富有的人，也不是那些天生就聪明的人，而是懂得自己去寻找快乐、自娱自乐、苦中作乐的人。想要收获快乐，就要收起女人悲悲戚戚、哀哀怨怨的习惯。

5年前，一场意外夺去了李青丈夫的生命。从此，她像很多人一样，一直受着“寂寞”之苦。

“我该怎么办？”她丈夫去世一个月后的一天晚上，她问朋友，“我要住在哪里？我怎么才能再快乐起来？”

朋友试着向她说明，她的焦虑源于她的个人悲剧，她应该及时脱掉忧伤的外衣。并建议她及早从以往的灰烬中建立起新的生活、新的快乐。

“不，”她回答说，“我不相信我会再快乐起来，我已经不再年轻，子女都已长大并各自成家了，不会有我容身的地方。”

这个可怜的母亲得了要命的自闭症，并且对这种病症治疗方法一窍不通。

“当然，”有一次我对她说，“你总不会认为自己是个需要人家同情的可怜的人吧？你可以重建新生活、结交新朋友并培养新兴趣，来取代过去的一切。”

她听了，但是并没有什么反应。她过于自怜了。最后，她决定要让子女为她的快乐负责，她搬进了已成家的女儿家里。

这是一次悲痛的经历，一次相互辱骂的可怕场面之后，母女反目成仇。她又搬进了儿子家，但也好不到哪里去。

最后，她的子女给了她一套公寓让她自己住，有一天下午，她哭哭啼啼地说，她的家人都不要她了。

殊不知，一旦她期望全世界的人都可怜她，她便永远也不会得到快乐。她已变成一个令人生厌的自私女人，虽然她已经61岁了，但在感情上，她仍然是个小孩子。

通常人们都不了解，爱和友情是不会像礼物一样包装得漂漂亮亮地送到你手上的。一个人需要努力去让别人喜欢，但却不能将爱、友情和美好时光当作合同来签订。

让我们面对事实！丈夫死了，妻子死了，但是法律没有限制还活着的妻子或丈夫寻求快乐的权利。只是，他必须了解，不能将快乐视为救济金或施舍品一样理所当然，我们得让自己更可爱、更受欢迎才行。

想象一下，一艘在地中海碧波中航行的客轮上，许多快乐的夫妇在船上度假，还有一些热恋中的年轻人；穿梭在欢乐的游客之中的，有一位60多岁、一人独旅的笑容满面的母亲。

这是她第一次在海上掌握了快乐的窍门。她，也失去了丈夫，曾经也非常悲伤，但有一天早上醒来，她便将悲伤的外衣丢掉，投身新生活之中。这是她经过深思和计划而做出的决定。她的丈夫一直是她的爱和生命，但如今这一切已成过去。她原有的第二兴趣——绘画，本来是一项爱好，如今成了她生活中最重要的活动。它不仅陪伴她度过了那段悲伤的日子，而且还给了她一个最大的报偿——独立的事业。

有段时间，她不愿抛头露面且羞于见人，因为长久以来，她丈夫一直是她的伴侣和力量。她长得不美，也不富裕，在那段怀疑和绝望的日子里，她问自己能做什么，要怎么样人们才会接受她，并愿与她为伴。

答案终于出来了——她必须让自己被他人接受，她要付出她自己，而不是指望别人的付出。

她擦干眼泪换上微笑；她忙着画画；她去拜访老朋友，提醒自己表现出欢乐的样子；她谈笑风生，从不在朋友家停留过久。不久，朋友们就都争相邀请她去参加晚宴了，而且她还应邀到社区活动中心去开画展。

几个月后，她登上了地中海这艘客轮。很显然，她是船上最受欢迎的游客，她跟每一个人都表示出友好，但是保持超然，不陷入任何私人恩怨中，也绝不依附于任何人。轮船靠岸的前一天晚上，船上最快乐的一次聚会是在她的舱房里举行的，她以谦逊的方式回报旅程中他人的邀请。

此后，这位女士又做了几次这样的旅行。她已经知道如果想要得到别人的友情，自己必须关心生活和奉献自己。不管走到哪里，她都能创造出友好的气氛，很受大家欢迎。

快乐永远属于自找快乐的女人。任何时候，我们都有争取快乐的权利，除了你自己，谁也无法剥夺。聪明的女人应该学会好好使用你这项珍贵的权利，尽情享受生活的快乐。

假装快乐，就会真的快乐

心想就会事成，坏事也同理可证。如果每天都感叹自己不如别人有钱、不如别人漂亮，你就会真的变成一个又穷又丑的女人。相反，那些一脸阳光明媚的女人，运气都不会太坏。当人们看到她们脸上的笑容，也会自然地生出愉悦之情，能给别人带来快乐的人，又怎么可能不快乐呢？

卡耐基告诉我们：“假装快乐，你就会真的快乐。”想一想，的确如此。当我们尝到苦涩、笑不出来的时候，咧开嘴，给别人一个微笑，我们同样也会收到无数个微笑。当满世界都对着我们笑的时候，我们还有什么理由不快乐呢？

一些女性因为生活或工作上遭遇挫折，陷在悲伤的情绪中无力自拔，不想参加任何社交活动。心理专家认为，假装快乐是一种快速调整情绪获得快乐的方法，虽然治标不治本，但的确有效。人类身体和心理是互相影响、互相作用的整体。某种情绪会引发相应的肢体语言，比如愤怒时，会握紧拳头，呼吸急促。然而，肢体语言的改变同样也会导致情绪的变化。比如当我们强迫自己做微笑动作的时候，我们也会发现内心开始涌动欢喜，所以假装快乐，我们就会真的快乐起来，这就是身心互动原理。

暖兮是一个容易忧伤的女人，她的气质也像大多数宋词里描写的一样，充满了忧郁。那些美丽的哀愁总是在她的脸上挥之不去。男友的几句无心之话会让她难受很久，领导稍稍变化的脸色她都能迅速捕捉到，几乎每一件不太愉快的事情，都会在她的心中盘踞很久。在长期的抑郁之中，连她自己都觉得喘不过气来，人也渐渐地憔悴下去。

眼看到了妇女节，她向公司请假，不准备参加公司安排的联欢会，也推掉了大学同宿舍女友聚餐的邀请。“其实，我也想参加，只是打不起精神来，不想动，也不想凑热闹，”暖兮说，“看到其他姐妹高高兴兴地过节，我怕自己心里更难受，还不如一个人在家待着。”

有一天，她有一个很重要的会议，但是看着镜子里那张无精打采的脸，她拿自己没办法了。她打电话问朋友如何才能快乐一些，如何才能容光焕发一些？朋友告诉她："假装快乐！你就会很快乐。"于是她照做了。在那个会议的谈判过程中，她谈笑风生，笑容可掬，成功地争取到了新的合同。

多年来，许多心理学家一致认为，通过改变一个人的行为可以间接改变他的情绪状况。例如，我们常常逗眼泪汪汪的孩子说："笑一笑。"结果孩子勉强地笑了笑之后，跟着就真的开心起来了。行为的改变会导致一个人情绪的变化。心理学家艾克曼的最新实验表明，一个人老是想象自己进入某种情境，感受某种情绪，结果这种情绪十有八九真会到来。一个故意装作愤怒的实验者，由于"角色"的影响，他们的心率和体温会上升。这个新发现可以帮助我们有效地摆脱坏心情，其办法就是在行为上先让自己快乐起来。

汉斯·威辛吉教授认为："你不能只坐在那里，等待快乐的感觉出现，反之，你应该站起来，开始学习快乐的人的动作和谈吐。假装快乐不能在30天中把一个内向的人变成一个开心的外向的人，但却是迈向正确方向的第一步。"

假作真时真亦假，装久了，假的也会在不知不觉中变成了真的。当我们不快乐的时候，就装作很快乐吧！时不时跟自己玩一个"假装快乐"的游戏，生活也会变得很有趣。

用感恩之心体味生活

为何有些女人总是抱怨自己的生活呢？抱怨自己的外表不够美丽，抱怨拥有的财富不够多，抱怨家庭不够幸福、丈夫不够体贴、孩子不够懂事，抱怨自己的生活太过平凡。但女人是否应该换个角度，发现你所拥有的，感恩生命赋予你的东西。一个拥有感恩之心的女人，就不会被虚荣蒙上你的眼睛。

曾经有人说过这样一段话：

如果早上醒来，你发现自己还能自由呼吸，你就比在这一周离开人世的100万人更有福气。

如果你从未经历过战争的危险、被囚禁的孤寂、受折磨的痛苦和忍饥挨饿的难受……你已经好过世界上5亿人。

如果你的冰箱里有食物，身上有足够的衣服，有屋栖身，你已经比世界上70%的人更富足。

如果你银行户头有存款，钱包里有现金。你已经身居世界上最富有的8%的人之列。

如果你的双亲仍然在世，并且没有分居或离婚，你已属于稀少的一群。

如果你能抬起头，带着笑容，充满感恩的心情，你是真的幸福——因为世界上大部分的人都可以这样做，但是，他们没有。

当你读完这段话时，内心是否也感到一阵巨大的震撼呢？你或许是平凡的，但你不一定就不是幸福的。你的财富往往就是这些看似平凡的东西，只要你拥有一颗感恩的心，就不会被虚荣蒙上你的眼睛，你才能够发现这一切，它们都不应当被你忽略。感恩者常乐，幸福就是这么简单。

郭晖是北京大学外国语学院的在读博士生。小时候因误诊延误治疗而导致高位截瘫。23年来，她靠着惊人的毅力，不仅在病床和轮椅上学完了小学到硕士学位的课程，还掌握了四门外语，并在2003年考入北大英语系读博。

她的求学经历让听者无不为之动容。身体瘫痪后，郭晖在病床上开始了漫长的自学道路。由于她只能躺在床上，不方便看书，有时候只能趴着看，久而久之，胳膊肘都磨出了茧子。她通过自学完成了初、高中的课程，萌生了参加高考的想法。可是，她那时仍旧不能坐稳，时间一长，腿会抽筋，抽筋的力量很大，甚至会把整个上身甩出去。而且，那时高考需要预选，郭晖不是在校学生，没有预选资格。为了能上学参加考试，郭晖用了一年的时间锻炼身体，练习长时间地保持坐姿。

后来，她又参加了一个自考培训班，上午上课，下午自习。因为上厕所等的不方便，下午郭晖都回家自习，通过刻苦努力拿到了自考的本科学位，并完全靠自学通过了第二外语——日语的全国统考。但就在她准备申请硕士学位时，“高教委”对一些学科申请学位的规定做出了调整。按规定，郭晖不得不在三年后的两次机会中重新考一次第二外语并通过，才能获得申请硕士学位的资格。

要强的郭晖心有不甘，决定再考，并且选择了学习一门新的外语——法语。又是两年苦战，她付出了比别人多几倍甚至几十倍的心血，终于得到了回报，以71分的合格成绩通过考试。这个分数，郭晖刻骨铭心，她为了硕士学位所付出的努力，终于没有白费。

她就这样顶着命运的打击、生命的苦难，终于敲开了燕园的大门，成为一名博士生。

面对生活的苦难，郭晖总是牢牢记住这三句话：

我们这些健康人都是暂时的健康，谁也不知道会发生什么。

怨天尤人解决不了问题。

我珍惜生活里的每一天。

你觉得她很不幸吗？不！她绝对是一个幸福的女人，一颗感恩的心让她平静、满足，让她懂得珍惜，学会欣赏，让她不会停留在痛苦和绝望中，让她拥有足够的信心和力量去拥抱每一个灿烂的明天。

懂得感恩，肉体的痛苦便显得微不足道，它永远无法抹杀精神的快乐。感恩的心不会在命运阴霾的笼罩下窒息，反而会永远生机勃勃。

所以，我们不必感叹别人的富裕，嫉妒别人的权势，因为我们的生命中也有很多让别人羡慕的精彩。抛开那些无休止的欲望吧，它只会令人徒增烦恼。只有当你知道自己幸福的时候，你才是真正幸福的人。

第三节 别让自己成了祥林嫂

倾诉可以避免痛苦发酵

男人之间有坚固的友谊，他们好像无所不谈，但其实他们会尽量避免谈论个人生活和感情纠纷。而女人呢？相信大多数女人都有一位无话不说的“闺中密友”吧！

闺密，一个多么亲切的称呼。对于充满感性、心灵世界丰富多变的女性而言，闺密的作用往往比恋人或丈夫的作用还要大。她们总是乐于互相倾听对方的小秘密，互相发牢骚。而且，闺密总是在你不在的场合毫不犹豫地代表和维护你的利益，在听到有可能对你造成不利影响的流言蜚语或无耻谎言时，坚决地予以制止和反驳……在你哭泣的时候，她们替你哀伤；在你欢乐的时候，她们为你祝福。

闺密之间会有外人无法理解的小玩笑，她们互相逗乐，在繁忙的工作之余彼此慰藉，重新回归小女人的幸福生活。这就是闺密的力量，无论你在外面需要摆出怎样的严肃面貌，在闺密面前，你永远可以最自由、最快乐。而且你也会相信，当你遇到困难时，闺密会对你伸出援助之手。

小艾3年前下岗了，那是一段灰色的岁月。在那期间，粗线条的丈夫一点也不懂得体贴安慰，每当小艾诉说内心的苦闷时，他总会说：“我每天那么辛苦地在外养家，回了家还要听你唠叨！”

对生活的担忧、对丈夫的不满让小艾越发消沉，幸好她有一个要好的朋友。两人原是同事，因为投缘认了姐妹，现在又一起下岗。每当小艾心情郁闷无人诉说的时候，她就会和自己的这位好姐妹絮叨絮叨，而她的姐妹总是真诚地安慰和鼓励小艾。

朋友对她说：“我们不能靠男人养着，我可不愿意看着他的脸色生活。”后来在这位朋友的鼓励之下，小艾开了一个经营早餐的小店，每天起早贪黑地卖早点。虽然辛苦，但是小艾又有了生活的希望。

朋友之间，不只是要分享快乐，更重要的，还要分担烦恼和忧愁，这才是友谊的珍贵之处。不要把满腔心事都憋在心里，自己一个人默默吞咽，这种感觉很苦很闷。烦恼需要倾诉，有些事情说出来就好了，心情其实只是需要一个出口，一个发泄的出口。

诉说烦恼不一定非得一把鼻涕一把泪，好像这样才能营造某种气氛似的。其实不然，放松心态，平静地娓娓道来，烦恼也如涓涓细流，从你的口中慢慢流出。不然，它会如山洪暴发一般，在顷刻之间决堤，变得一发不可收拾，不但让你自己无法平静，可能也会吓着身边的朋友。跟朋友诉说的时候，不要顾及太多，如果害怕暴露自己的弱点，那你的烦恼只会永远在你内心深处，无法走出。

朋友的安慰和建议，你要用心倾听，并要诚恳地接受，不要顽固偏执地坚守着那份苦恼，否则也就失去了倾诉的价值。倾诉不是为了把烦恼倒给别人，而是让烦恼化为云烟，消失在九霄云外，这才是倾诉的目的和初衷。

倾诉，是缓解压抑情绪的重要手段。当一个人被心理负担压得透不过气来的时候，如果有人真诚而耐心地来听他的倾诉，他就会有一种如释重负的感觉。所谓“一吐为快”正是这个道理。对此，现代心理学中有“心理呕吐”的说法。美国心理学家罗杰斯认为，倾听不仅能使听者真正理解一个人，对于倾诉者来说，也有奇特的效果，心理上会出现一系列的变化。他会感觉到他终于被人理解了，内心有一种欣慰之感进而使压抑感得到缓解，从而换一个角度去思考问题，重新审视自己的内心世界，那些原来以为无法解决的问题，就会迎刃而解。

心理学家调查研究指出：“与同性朋友间保持密切的关系，有助于女性减少焦虑，同时可以使自己平静下来。”

只有女人才最懂得女人，她们能明白对方的内心所想，并且互相抚慰。女性朋友是互相之间最好的心理医生。闺密情谊是女人值得珍惜一生的财富。如果你有这样一些无话不说的同性朋友，那么你是幸运的，好好珍惜与她们之间的深厚友谊吧！

发脾气无法让你变得安宁

如果我们的心中存在不满，就总想找地方发泄出去，而最为直接的发泄方式就是发脾气。很多人认为，发脾气是最好的发泄方式，因为如果事情一直憋在心里，很容易憋出病来。可是宣泄出去了，心里就得到了放松，情绪也会趋向平稳了。

可是这样的说法是错误的。因为人和人是相互影响的，一个人的怒火在发脾气中得到了释放，那么必定会有其他人受了这种不良情绪的影响，从而感到委屈。如果每个人都选择用发脾气的方式来宣泄自己，那么这个世界恐怕再无和平与安宁了。

心理学上有一个“踢猫效应”的故事：

一公司老板因急于赶时间去公司，结果闯了两个红灯，被警察扣了驾驶执照。他感到十分沮丧和愤怒。他抱怨说：“今天活该倒霉！”

到了办公室，他把秘书叫进来问道：“我给你的那五封信打好了没有？”

她回答说：“没有。我……”

老板立刻火冒三丈，指责秘书说：“不要找任何借口！我要你赶快打好这些信。如果你办不到，我就交给别人，虽然你在这儿干了3年，但并不表示你将终生受雇！”

秘书用力关上老板的门出来，抱怨说：“真是糟透了！3年来，我一直尽力做好这份工作，经常加班加点，现在就因为我无法同时做好两件事，就恐吓要辞退我。岂有此理！”

秘书回家后仍然在发怒。她进了屋，看到8岁的孩子正躺着看电视，短裤上破了一个大洞。在极其愤怒之下，她嚷道：“我告诉你多少次了，放学回家不要去瞎疯，你就是不听。现在你给我回房间去，晚饭也别吃了。以后3个星期内不准你看电视！”

8岁的儿子一边走出客厅一边说：“真是莫名其妙！妈妈也不给我机会解释到底发生了什么事，就冲我发火。”就在这时，他的猫走到面前。小孩狠狠地踢了猫一脚，骂道：“给我滚出去！你这只该死的臭猫！”

从这个故事中我们看出：本来是一个人的愤怒，可是经过了多番的传递，最后竟然将怒气转嫁到了猫的身上。这只猫没有办法像人类一样发泄自己的不满，否则这样的情绪传递估计就没有尽头了。所以，在面对自己的不良情绪时，要尽可能地想办法控制，而不是直接发泄出去。

当然，这里说的“控制”，不是说让你有什么事情都不说，有什么委屈都不去反抗，而是将大事化小，小事化无。试想，我们每天都会面对很多人，经历很多事情，如果别人不小心踩了自己一下，或者等公车的时候被撞到了头，就觉得受到了莫大的委屈，之后就要发脾气去怒火，那不是太不值得了吗？

既然我们每个人都能影响别人和受别人影响，那么我们何不放下心中的怒火，给别人一片安宁呢？这样，我们从别人那里得到的，也将是一种安宁。

让自己成为“无毒美人”

今天抱怨这个，明天抱怨那个，仿佛一刻不说抱怨的话，就感受不到心理的平衡。可只是一味地去抱怨自身的处境，对于改善处境没有丝毫益处，只有先静下心来分析自己，并下定决心去改变它，付诸行动，它才能向你所希望的方向发展。一分耕耘一分收获，不要企望在抱怨或感叹中取得进步，事情的进展是你的行为直接作用的结果。事在人为，只要你去努力争取，梦想终能成真。

画家列宾和他的朋友在雪后去散步，他的朋友瞥见路边有一片污渍，显然是狗留下来的尿迹，就顺便用靴尖挑起雪和泥土把它覆盖了，没想到列宾发现时却生气了，他说，几天来他总是到这儿来欣赏这一片美丽的琥珀色。在生活中，当你老是埋怨别人给你带来不快，或抱怨生活不如意时，想想那片狗留下的尿迹，其实，它是“污渍”，还是“一片美丽的琥珀色”，都取决于你自己的心态。

不要抱怨你的生活不好，不要抱怨你的收入不高，不要抱怨你住在破房子里，不要抱怨你空怀一身绝技没人赏识你，现实有太多的不如意，就算生活给你的是垃圾，你同样能把垃圾踩在脚底下，登上世界之巅。

抱怨的人认为自己经历了世上最大的不平。但他忘记了听他抱怨的人也可能同样经历了这些，只是心态不同，感受不同。

抱怨实属人之常情。然而抱怨之所以不可取在于：抱怨只会使以后的路更难走。抱怨的人在抱怨之后不仅让别人感到难过，自己的心情往往也更糟，心头的怨气不但没有减少，反而更多了。

常言道：放下就是快乐。与其抱怨，不如将其放下，用超然豁达的心态去面对一切，这样迎来的将是另一番新的景象。天下有很多东西是毫无价值的。抱怨就是其中一种，所以，我们要学会拒绝抱怨。

幸福的女人都健忘

世上往往有许多事情，我们无力改变，而回想起来又痛心疾首。人人都曾有过被痛苦的回忆所缠绕的经验，记忆力好的人往往会沉陷在痛苦之中不能自拔，而健忘的人却能把这些不美好的回忆摒之千里，代之以自我陶醉的梦想和对新生活的不断体验与历练。

淑娟是某校一位普通的学生。她曾经沉浸在考入重点大学的喜悦中，但好景不长，大一开学才两个月，她已经对自己失去了信心，连续两次与同学闹别扭，功课也不能令她满意，她对自己失望透了。

她自认为是一个坚强的女人，很少有被吓倒的时候，但她没想到大学开学才两个月，自己就对大学四年的生活失去了信心。她曾经安慰过自己，也无数次试着让自己抱以希望，但换来的却只是一次又一次的失望。

以前在中学时，几乎所有老师跟她的关系都很好，很喜欢她，她的学习状态也很好，身边还有一群朋友，那时她感觉自己像个明星似的。但是进入大学后，一切都变了，人与人的隔阂是那样的明显，自己的学习成绩又如此糟糕。现在的她很无助，她常常这样想：我并未比别人少付出，并不比别人少努力，为什么别人能做到的，我却不能呢？她觉得明天已经没有希望了，她想，难道12年的拼搏奋斗注定是一场空吗？那这样对自己来说太不公平了。

进入一个新的学校，新生往往会不自觉地与以前相对比，而当困难和挫折发生时，产生“回归心理”更是一种普遍的心理状态。淑娟在新学校中缺少安全感，不管是与人相处方面，还是自尊、自信方面，这使她长期处于一种怀旧、留恋过去的心理状态中，如果不去正视目前的困境，就会更加难以适应新的生活环境、建立新的自信。

回忆是属于过去的岁月的，而过去只存在于你的印象里，不属于现实的生活。一个人要想在以后的生活里不断进步，就要试着走出过去的回忆，不管它是悲还是喜，不能让回忆干扰我们今天的生活。

在生活里，我们适当怀旧是正常的，也是必要的，但是因为怀旧而否认现在和将来，就会陷入病态。

不要总是表现出对现状很不满意的样子，更不要因此过于沉溺在对过去的追忆中。当你不厌其烦地重复述说往事，述说着过去如何如何时，你可能忽略了今天正在经历的体验。把过多的时间放在追忆上，会或多或少地影响你的正常生活。

《列子·周穆王》中就载有这样一个故事：宋人华子患了健忘症，“朝取而夕忘，夕与而朝忘，在途则忘行，在室则忘坐，今不识先，后不识今”，“荡荡然不觉天地之有无”。后来有高人把他的病治好了，谁知他又把平生数十年的得失、欢乐、好恶都记起来了，须臾不忘，以致把妻子的点点滴滴不检点和儿子的种种不敬、邻居的方方面面过失都念挂于心，最后“扰乱万绪，遂怒而黜妻罚子，操戈逐邻”，搞得鸡犬不宁，四邻不安。由此可见，不会或不能忘却，有时还会成为人们幸福生活的“绊脚石”。

健忘有时是一种福。当你无法逃避生活对我们的考验，无法避开厄运对你的“青睐”，又想让内心宁静、平和时，记忆好的人必定会逆流而上，撞得头破血流而内心矛盾不已；而健忘者却能忘却生活中的不幸和苦恼，继续前行。

健忘者不会为一时得失所羁绊，他们都懂得应该怎样让昨天的惨败变作明日的凯旋。忘记昨天是为了今天的振作，败了他们能重整旗鼓，重新开始。

健忘的人，不会为了一段感情的困惑而让自己痛苦不堪。当为爱一个人而苦苦挣扎的时候，当为了一段感情而无奈彷徨的时候，忽然的忘却其实也是一种莫大的幸福。忘记了伤害和痛苦，才能心平气和地去容纳其他人。

过去的再美好抑或再悲伤，毕竟已经因为岁月的流逝而沉淀。如果你总是因为昨天错过今天，那么在不远的将来，你又会回忆着今天的错过。在这样的恶性循环中，你永远是一个迟到的人。不如积极参与现实生活，如认真地读书、看报，了解并接受新生事物，积极参与改革的实践活动，学会从历史的高度看问题，顺应时代潮流，不能老是站在原地思考问题。

隆萨乐尔曾经说过：“不是时间流逝，而是我们流逝。”不是吗？在已逝的岁月里，我们毫无抗拒地让生命在时间里一点一滴地流逝，却做出了分秒必争的滑稽模样。

事实上，回到从前也只能是一次心灵的谎言，是对现在的一种不负责的敷衍。史威福说：“没有人活在现在，大家都活着为其他时间做准备。”所谓“活在现在”，就是指活在今天，今天应该好好地生活。这其实并不是一件很难的事，我们都可以轻易做到。

学会忘记，丢掉的是伤痛，留下的恰恰是美丽。蹉跎岁月，人生如歌，我们又何必过分地留恋和计较那些过往的东西，让自己撑得那么疲惫？做个健忘者吧，忘记所有的不快和痛苦，蓄足我们的心力和体力，勇敢穿越记忆的隧道，为生命去开辟一片新绿。

对不能改变的事情“微微一笑”

“山重水复疑无路，柳暗花明又一村”，这句中国名诗道出了一个深刻的道理：人生的车辙永远向前，人们应该向前看，这样才能寻找到光明的希望。

生命中总是充满了不可捉摸的变数，如果它给我们带来了快乐，我们很容易接受，但事情却往往并非如此；有时，它带给我们的会是可怕的灾难，这时如果我们不能学会接受它，而让灾难主宰了我们的心灵，生活就会永远地失去阳光。学会接受不可避免的事实，这样我们才能从不幸的阴影中摆脱，聪明的人都应清楚地认识这一点。

卡耐基曾在纽约市中心的一座办公大楼电梯里，遇到一位男士，他的左臂由腕骨处切除了。卡耐基问他伤残是否会令他烦恼，他说："噢？我已很少想起它了。我还未婚，所以只有在穿针引线时觉得不便。"

从这位男士的回答中我们可看出，人在不得已时几乎可以接受任何状况，调整自己，适度遗忘，而且速度惊人。

荷兰阿姆斯特丹有一座15世纪的教堂遗迹，有这样一句让人过目不忘的题词："事必如此，别无选择。"

在我们的有生之年，我们所经历的很多遭遇，它们是不可逃避的。为此，我们所能做出的唯一选择就是接受不可避免的事实，做自我调整，抗拒不但可能毁了自己的生活，而且也许会使自己精神崩溃。显然，决定能否给我们快乐的不是所处的环境，而是我们对事情的反应。

有消息说，Twins在她们的唱片公司培训得最多的不是舞技，不是唱功，而是微笑。公司要她们不管遇到什么情况，都要在一秒钟内恢复笑脸，她们必须全天保持微笑。时刻微笑着，是Twins始终能够得到歌迷喜爱的法宝，她们脸上的甜美微笑为她们赢得了巨额的财富，也给她们带来了巨大的成功。

著名主持人吴小莉，有着一张与众不同的笑嘴，嘴角略微往上翘，她曾说过："我希望我的生活是不断快乐的积累。"她的梦想天天都在实现。我们从她甜蜜的微笑中看到她的快乐积累，她的笑嘴在向我们娓娓道来她事业如日中天的秘诀。我们在羡慕她的好运时，有没有想过她脸上的甜美微笑呢？

微笑的女人是快乐的，也是幸福的。每天甜美微笑的女人才是最美的女人。她用平静的眼光观察世界，用平常的心情感受万物，用平正的思维考虑问题。喜从天降时，她不会手舞足蹈；厄运来临时，她不会捶首顿足；取得成绩时，她不会得意忘形；面对挫折时，她不会一蹶不振；生活优裕时，她不会不可一世；处于困境时，她不会垂头丧气；宾朋满座时，她不会趾高气扬；门庭冷落时，她不会怨天尤人。面对一切，她只是微微一笑。只要坚强，我们都能度过灾难与悲剧，并且战胜它。也许我们察觉不到，但是我们内心都有更强的力量帮助我们度过。我们都比自己想象的更坚强。

“事必如此，别无选择”，不少名人志士都很重视这一道理。英王乔治五世在白金汉宫的图书室就挂着一句话：“请教导我不要凭空妄想，或做无谓的怨叹。”显然，叹息和伤感都是无用功，事实已经发生，我们为何不调整心态，微微一笑，然后勇敢面对当下。对那些无力改变的事实，停止过多的忧郁和抱怨吧，用微笑的心态面对那些你没有办法改变的事情，你会发现更多当下的美好！

第七章
接受真实的自己

第一节 释放自我，本色生活

保持自己的个性

世界上所有珍贵的东西，都是不可仿制的，是绝无仅有的。女性大家族中的你，也是这个世界上独一无二的。

成功女性往往都具有独特的个性，无论是着装打扮、言谈举止，还是思维方式、处世风格，都与众不同。正是因为有了这许许多多的“不同”，才孕育出了她们不同凡响的成功。因此，每个想要成功的女性，都应该坚守自己的个性，保持自己的本色。

“保持本色的问题，像历史一样的古老，”詹姆斯·高登·季尔基博士说，“也像人生一样的普遍。”不愿意保持本色，即是很多精神和心理问题的潜在原因。安吉罗·帕屈在幼儿教育方面，曾写过13本书和数以千计的文章，他说：“没有比那些想做其他人和除他自己以外其他东西的人更痛苦的了。”在个人成功的经验之中，保持自我的本色及以自身的创造性去赢得一个新天地，是有意义的。你和我都有这样的能力，所以我们不应再浪费任何一秒钟，去忧虑我们不是其他人这一点。

你是独一无二的，你应该为这一点而庆幸，应该尽量利用大自然所赋予你的一切。归根结底，所有的艺术都带着一些自传色彩，你只能唱你自己的歌，你只能画你自己的画，你只能做一个由你的经验、你的环境和你的家庭所造就的你。不论情况怎样，你都是在创造一个自己的小花园；不论情况怎样，你都得在生命的交响乐中，演奏你自己的小乐器；不论情况怎样，你都要在生命的沙漠上数清自己已走过的脚印。

玛丽·玛格丽特·麦克布蕾刚刚进入广播界的时候，想做一个爱尔兰喜剧演员，结果失败了。后来她发挥了的自己长处，成为纽约最受欢迎的广播明星。

著名影星索菲亚·罗兰第一次踏入电影圈试镜头时，摄影师抱怨她那异乎寻常的容貌，认为她的颧骨、鼻子太突出，嘴也太大，应当先去整容再试镜头。她却说："我不打算削平颧骨、换个鼻子和嘴巴，尽管你们摄影师不喜欢灯光照在我脸上的样子。要解决这个问题，不是我去整容，而是你们要好好琢磨琢磨应当怎样给我拍照。我认为，如果我看上去与众不同，这是件好事。我的脸长得不漂亮，但长得很有特色。"

这就是自信自爱、特立独行。

在每一个女人的成长过程中，她一定会在某个时候发现，羡慕是无知的。不论好坏，你都必须保持本色。个性是一笔财富，一个可爱的个性，会让你一辈子受益无穷。

你可以把巩俐、张惠妹当作心中的偶像，可以惊叹杨澜、张璨创造的惊人财富，但你千万不可妄自菲薄，从心中小视了自己，尽管自己存在着这样那样的缺陷。或许你的形象不及巩俐的美丽，或许你的财富和杨澜比起来显得微不足道，但你大可不必自惭形秽，你的勤奋刻苦、你的自强不息，谁又能否认这是你人生的一大亮点呢？

有一句老话叫“尺有所短，寸有所长”，是很有道理的。她有她的优势，你有你的长处，没有必要拿自己和她去对照，更没有必要通过有意对比给自己造成某种压力。唐代大诗人李白曾说“天生我材必有用”，既然如此，人家是块金子能闪闪发光、灿烂夺目，你是块煤炭也熊熊燃烧、温暖世界。

看重自己

不能做自己的女人，常常找借口，甚至抱怨说，环境迫使她放弃了自己做自己的可能，决定了她人生的位置。但实际看来，这是在为自己的软弱寻找借口。

一个女人将成为怎样的女人，固然与环境有关；但是，环境不能造就你，你之所以成为你，是你选择的结果。即使你手无缚鸡之力，让他人控制了你的环境，甚至你的肉体，但他人唯一不能控制的却是你的态度。你的态度决定你的选择，你的选择创造你的生活，并塑造出你是谁，能成为一个怎样的人。

女人，如果你期望能做你自己，你所要培养的首要态度就是：看重自己。卡耐基认为，当一个人走入人群，不能很清楚地表现自己独特的一面，而只是成为人群中的一分子的话，这个人的个人形象明显存在缺憾。缺乏个人化的特质，很难引起别人对你的注意，当然更谈不上成功了。

卡耐基举了这样一个例子证明个人化的重要：“你对自己，应照着厄文·柏林对已故的乔治·杰许文所做的明智的劝告去做。柏林与杰许文初遇时，柏林已经成名，而杰许文则是一个正在奋斗中的青年作曲家，在亭盘巷里为着每星期35美元而工作。柏林对杰许文的才能大为赞许，想请他做自己的音乐秘书，薪水已达他当时所得的三倍。‘不过还是别接受这个工作的好，’柏林劝道，‘假使你接受了，你可能会发展成为二流的柏林。可是你坚持做自己，总有一天你会成为一流的杰许文。’杰许文记下了柏林的忠告，没有接受这份工作，果然日后成为美国当代著名的音乐家。”

由此可见，当一个人具备了完全个人化的形象时，他至少成功了一半。当然个人化并不是那些不合时宜的论调、古怪的生活方式和令人侧目的衣着打扮，而是一些性格上的更坚强更牢固的东西。如果一个漂亮女孩只有美丽这一个优点的话，她是失败的。而一个即使并不美丽的女孩，如果在性格上具有善良的美德，那么她个人化的品质则比前者突出得多。

其实每个人都具有某种潜能，所以，不要浪费时间去担忧自己是否与众不同。你在这世上完全是崭新的，前无古人，也将后无来者。遗传学家告诉我们，人是由48个染色体互相结合的结果，其中24个来自父亲，24个来自母亲。每个染色体里面有成百个遗传基因，每一个基因都能改变你整个生命。因此，我们的确是“不可思议，极为奇妙”的一个组合。我们是独一无二的存在，我们是“双赢”的组合。

我们如果没有了自己的生活方式、思考方式，就会无法定位自我，别人一提意见，就会无所适从，惊慌失措。如果决定了自己的生活方式，就不用在意别人的目光。不同的人有不同的生活方式，你没有必要努力想达到某个所谓的标准答案。

别人的人生与自己的人生自然是不同的。自己的人生，掌握在自己的手中。会是“成功传奇”还是“人生悲剧”，全是自己的问题。不去做你永远不知道的事情。所谓“真理唯有实践能证明”，若能专心致力于自己的生活，一定会有一定的效果。

爱默生在散文《自持》中如是说：“每个人在受教育的过程当中，都会有段时间确信：嫉妒是愚昧的，模仿只会毁了自己；每个人的好与坏，都是自身的一部分；纵使宇宙间充满了好东西，不努力你什么也得不到；你内在的力量是独一无二的，只有你知道自己能做什么，但是除非你真的去做，否则连你自己也不知道自己真的能做。”

另外，道格拉斯·玛拉赫也用一首诗表达了自己的看法：

如果你不能成为山顶上的高松，那就当一棵山野里的小树——但要当棵溪边最好的小树。

如果你不能成为一棵大树，那就当一丛小灌木。

如果你不能成为一丛小灌木，那就当一片小草地。

如果你不能是一只麝香鹿，那就当尾小鲈鱼——但要当湖里最活泼的小鲈鱼。

我们不能全是船长，必须有人去当水手。

这里有许多事让我们去做，有大事，有小事，但最重要的是我们身旁的事。

如果你不能成为大道，那就当一条小路。

如果你不能成为太阳，那就当一颗星星。

决定成败的不是你身体的大小——而在于做一个最好的你。

态度决定一切。你的态度就是你“真我”的先遣尖兵，你最好的朋友，或你最坏的敌人，它决定着你的人生高度：你怎样对待生活，生活就怎样对待你；你怎样对待你周围的世界，你周围的世界就怎样对待你。一报还一报，你便成了今天的你。

“我既不崇拜偶像，也不信奉鬼神。我唯一的信条就是相信自己的肉体和精神的力量。”这则伟大格言让我们坚信：来自内在的帮助必定使自救者兴旺发达！要让最真实的幸福降临——自己做自己，女人所要走的唯一可靠的路径就是，看重自己，再看重自己，做自己生命的主宰，命运的救星。在这个世界上，你是独一无二的。也许你有些地方与别人相似，但你仍是无人能取代的。所以你更要欣赏自己，更要爱自己。

善待自己，为自己活着

相信自己，善待自己，让自己的生活精彩纷呈，这样做不是为了要让某个人后悔，而是为了让自己的人生更精彩。

请记住下面这几条：每天打扮得优雅从容出门，给自己带上不同的笑容；想吃就吃，为了保持身材让自己饿着，是世界上最愚蠢的行为；如果有可能，尽量留长发，短发确实打理起来容易一些，但始终少了些女人味；如果可以，和相爱的人牵手漫步，在找不到那个人之前，学会自己欣赏风景；做个睿智的女子，学会从容、积极地面对生活，生活定会如你所愿！

你可以去爱一个男人，但是不要把自己的全部都赔进去。没有一个男人值得你用自己的整个生命去讨好。你若不爱自己，怎么能让别人爱你？疯狂的事情经历一次就好，比如翻越千山万水地去看望一个人。

女人在社会和家庭中，往往不是一种角色，而是身兼数种角色。在工作单位，你既是上司的下属，又是下属的上司；在家庭中，你既是母亲的女儿，又是丈夫的妻子，还是孩子的母亲。这么多的角色转换很累，而女人本来就天性善良，总想顾及每个方面，这样做的结果就是劳心劳力，却没有留一点时间给自己。女人啊，不要再满脑子只为别人着想了，要为自己活着，倾听自己的声音。想做的就去做，想玩的就去玩，每个人都是独立的个体，总被别的事物牵绊是不会开心的。相信自己吧，一切美好的追求和希望正在彼岸向你招手呢！

一个女人，以要照顾亲人作为抛却理想、梦想和欲望的理由，忘记追求，忘记进取，到最后甚至连自己都给忘掉，看似每天都忙忙碌碌，全身心地付出，可能真正得到的理解却并不多。心情抑郁不欢，脸上的笑容越来越少，家人的情绪被影响，老公、孩子的心都离她越来越遥远，受了那么多罪最终没有一点收获，最后独自黯然神伤，这样的女人真是得不偿失。同情她吧，那是她心甘情愿自找的；苛责她吧，她又确实为家庭付出很多，让人有那么点不忍心。可叹可悲！只能希望并祝福她早点变得聪明起来，对自己和亲人都是解脱。

女人应该把自己放在第一位，想吃就吃，想穿的时候就去买件新衣裳，抽时间好好打扮自己，让自己永葆青春，时时保持好心情。

女人应该把自己放在第一位，不懈地追求自己的理想，努力实现自己的梦想。把在厨房的时间减少一些，有空约自己的朋友喝喝茶，聊聊天，去户外走走，看看久违的风景，重拾原有的自信。只有自己把自己当回事，别人才会把你当回事，才能被别人看得起；只有自己把自己照顾好了，才更有资格去照顾别人。

女人应该把自己放在第一位，好好对待自己，不要在生活中迷失自己。心情不错时，可以随时改变自己。

生活的艺术在于知道如何享受一点点而忍受许许多多。每天给自己多一点自信，即使生活有一千个理由让你哭，你也要找到第一千零一个能让你笑的理由。

第二节 女人的自私也是一种自爱

1/3 给爱情，2/3 给自己

男人就像女人的一把保护伞，他为女人撑起一片晴空。女人常常就像一个虔诚的信徒一样，将自己的全部奉献给了爱情，希望永远躲在这把伞下。有人对爱情进行了量化分析，如果把女人全部的爱分成 3 等份，那么最好的策略是，1/3 给爱情，2/3 给自己。

爱一个人，无论有多深、多浓，一定不要失去自我。爱情必须建立在平等的基础上，你可以奉献，但绝不能跪着去爱一个人。爱中一定要包含着自身的尊严，就像《简·爱》中的简那样不卑不亢。身体的依恋是有限的，只有建立在灵魂平等基础上的真爱才能走得久远。

菲曾深深地爱上一个男人，她回忆说："爱上的时候，那种膨胀的占有欲折磨得我好苦。他和哪个女人多待一会儿，或者哪个女人追求他，在他面前打扮得花枝招展，都会令我醋意大发。而他偶然的一个眼神、一句善解人意的鼓励，都会让我柔情似水，又怅然若失。常常在梦里伴着他，醒来一枕泪。心里不断地数落他不完善的地方，却仍然要被一种力量牵引，陷入情网。可是女性的矜持和骄傲又绝不允许我表白什么。我害怕与他对视，怕无法控制自己，可一旦他走过去，我又会在背后用目光追赶他的背影。况且在我的潜意识中，爱情必须男人先表白，或者如欧洲窗下的小夜曲，或者如中国的红梅赠君子，这样才不失一种古典的浪漫气息。"

菲望眼欲穿地等待，但仍没有结果，她所喜爱的男人最终选择了别人。对女人来说，寻找自己的保护伞，要有勇气，也要有力量，有时也要鼓起勇气表白。

爱情，不能对它太仁慈、太宽容，倘若这样，可能会失去你的保护神。你要努力又不动声色地提醒对方，让他感觉到你的存在。同样，对爱情也别太苛刻，太苛刻也会失去它，苛刻常常意味着你的不信任。

男人喜欢女人撒娇，喜欢女人偶尔耍小孩子脾气，只要不经常、不过分，他会更加宠爱你。不要因为你是女人就将主动权让给男人，美好的东西要去追求，机会要你自己去创造。女人在主动寻找爱情的同时，还应懂得把握好爱情的分寸，因为毕竟主动寻找来的爱情得来不易。

把 2/3 的爱留给自己，一旦对方离开，你还能从对方越走越远的朦胧背影中回头，你还有爱自己的能力和勇气。如果把十分的爱全给了对方，在爱中丧失了自己，一旦对方变心，你就会措手不及。没有自己、不留任何余地的爱是可怕的，具有毁灭性和颠覆性，很容易酿出悲剧来。所以，你千万不能把爱全部投注在对方的身上，怎么能把生命的赌注全部压到他人身上，去指望他人呢？

把 2/3 的爱留给自己，女人才能为自己留出个人的空间：那里保存着女人的尊严和价值、生命原则和人格魅力。因为有距离的存在，对方会觉得仍有深入和进步的可能，同时也不会让对方觉得太累。在节奏繁忙、凌乱的都市生活中，是没有人愿意负载一份太沉太累的爱行走的。

对于女人来说，爱情在生命中是最厚重的，是无价的。男人让女人一生激动、倾慕、依恋，更让女人温暖，因此所有的女人都渴望永久拥有这份情感，彼此牵手走过一生。但很多时候，女人不仅仅要为得到这份情缘而欣喜，更重要的是还需学会守护爱情的技巧。这些技巧包括：不要把你的爱人拿来和别人的比较；不可以整天追问对方爱不爱你；不要摆脸色给对方看；要适度表现你的体贴和柔情；要恰当地表露嫉妒和娇媚；永远把家庭放在第一位；把爱人的父母当成自己的父母。

在茫茫人海中寻觅到自己的最爱真的不容易，而重要的是要积极寻找保持爱情不老的动力。所以，女人应该用自己的智慧，寻找爱情的庇护，掌握守护爱情的技巧，握紧真爱的手，将爱进行到底。

留一些时间给自己

现在生活节奏在不断地加快，人们每日的生活被安排得满满的，甚至会为工作忙碌到深夜。每天忙碌的是工作，谈论的是工作，几乎没有任何的个人闲暇时间，更何况说有什么娱乐活动了。生活是丰富多彩的，而我们却只顾低头赶路！

曾经有一个都市白领在日记中这样写道：“前几天，遇到一个好久不见的朋友，聊天的时候，他问了我这样一句话：‘你是怎么休假的？’面对这个极其普通的问题，我竟半天答不上来。后来，静下心来仔细想想，我最大的苦恼，就是很难找到真正属于自己的时间。一周五天，一天八个小时，工作时间的紧张繁忙自不必说，连准时下班对我来说都是一种奢侈，因为多半时候到了下班时间无法结束工作。”

生活中需要一些属于我们自己的时刻。巴尔扎克说过，躬身自问和沉思默想能够充实我们的头脑。生活中，我们需要为自己找出一段完全属于自己的时间，和自己的心灵对话，体味生命的意义。有人问古希腊大学问家安提司泰尼：“你从哲学中获得什么呢？”他回答说：“同自己谈话的能力。”

同自己谈话，就是发现自己，发现另一个更加真实的自己。

很多时候我们的内心常为外物所遮蔽掩饰，从而无暇去聆听自己内心最真实的声音。于是，我们总是在冥冥之中希望有一个天底下最了解自己的人，能够在大千世界中坐下来静静倾听自己心灵的诉说，能够在熙来攘往的人群中为我们开辟一方心灵的净土。可芸芸众生，“万般心事付瑶琴，弦断有谁听？”俞伯牙与钟子期之间深挚的友谊似乎都成了可望而不可即的奢望。知己是难寻，不过友情也是需要经营的，我们却忽视了，所以我们孤单。

其实很多时候我们就是自己最好的知音，世界上还有谁能比自己更了解自己？还有谁能比自己更能替自己保守秘密呢？因此，当你烦躁、无聊的时候，不妨给自己一点时间，和自己的心灵认真地对话，让心灵退入自己的灵魂中，静下心来聆听自己心灵的声音，问问自己：我为何烦恼？为何不快？我满意这样的生活吗？我的待人处世错在哪里？我是不是还要追求工作上的成就？我要的是自己现在这个样子吗？生命如果这样走完，我会不会有遗憾？我让生活压垮或埋没了没有？人生至此，我得到了什么、失去了什么？我还想追求什么……

在自己的天地里，你可以毫无顾忌地“得意”，可以慢慢修复自己受伤的尊严，也可以坦诚地剖析自己，告诉自己什么样的生活是适合自己的，在与自己的对话中，让心灵放松，找到最适合自己的生活方式。

当你的生活变得干涸乏味时，当你的内心觉得需要审视自己时，女人该为自己留出一点时间，与自己独处，试着安静下来认真倾听内心最真实的声音。这种倾听可以让我们从生活的繁忙中抽身出来，让我们再度体验自己生命甘泉的甜美。

做个不讨人厌的“利己主义者”

从很小的时候，我们就听过“孔融让梨”的故事。家长和老师为了把我们塑造成一个好孩子，常常会教导我们要懂得礼仪，学会谦让。于是，很多女人为了得到“谦让”的美名，把自己喜欢的座位、礼品、食物统统让给了别人。在听到了大人的那一声夸奖之后，自己独自躲在角落里，为了自己的“伟大”而忍受着并不喜欢的事物。

这样的“虚伪”生活难道就是对一个人品德的高度赞扬吗？难道勇敢地追求自己想要的事物，也有错吗？

生活中，并不是所有的舍弃和忍让都是有价值的，比如说，妈妈拿回了两个苹果和一个梨，我们很想要那个大苹果，可是妹妹在，怎么办呢？按照常理来说，我们应该把那个大苹果让给妹妹，可是妹妹并不喜欢吃苹果，她喜欢吃梨，那就直接把梨给她好了，没必要非要因为传统精神的“忍让”而舍弃自己最喜欢的东西，强迫她接受自己不喜欢的东西。

所以，当“谦让”和“放弃自己的利益”不能发挥出价值的时候，我们就应该大胆做一个“利己主义者”，勇敢地成全自己。

家境贫寒的小雪曾经面临两难的选择。她的家境非常不好，爸爸妈妈都没有稳定的工作，收入很不稳定。比她大两岁的哥哥在读高三，已经经历了两次高考，但是由于他不爱学习，所以成绩一直不好，没能考上大学，就在高中一直复习。转眼，小雪也已经上高三了，如果她也参加高考，那么家里的负担就更重了。于是，爸爸妈妈做了这样一个决定，希望她能放弃学业，早一点找到一个合适的工作，赚钱贴补家用，供哥哥上学。

面对这样的情况，小雪为难了：上大学一直是自己的梦想。为了实现这个梦想，她一直都很努力地学习，成绩一直在班里名列前茅。相比之下，哥哥完全没有学习的天赋，虽然他已经读了两三次高三了，但是成绩一直不好，考上大学的希望几乎为零。所以，如果真的需要一个人放弃学业的话，还不如让哥哥放弃，而自己读书。

权衡了其中利弊的小雪将自己的想法告诉了父母，他们对她的想法很不理解，还责怪她只考虑自己，完全不顾及哥哥的感受。可是，哥哥却站在了她这一边，主动放弃了学业，开始赚钱养家。

一年以后，小雪不负众望，考上了名牌大学。四年以后，她被一家大公司录用，赚到了第一笔工资。她把所有积攒下来的钱都交给了父母，帮他们还清了家里的债务，还买了新房子。看到小雪为家里做了这么多，当初一直不理解她的父母，终于原谅了她。邻居们见了，也都纷纷夸赞小雪孝顺，完全忘记了当初对小雪"自私"行为的指责。

小雪的做法是明智的，因为即使她再怎么忍让，哥哥也不具备考取大学的实力，所以与其让兄妹二人都放弃了学业，还不如在开始选择的时候，就坚持自己的想法，给自己一次机会。

由此可见，"利己者"并不等同于自私。自私是内心只有自己，完全不顾及他人，而"利己者"是在自己的牺牲和忍让不能对他人产生价值的时候，才大胆地喊出自己的需求，争取自己的利益。

"利己者"是聪明的，因为他们有自己的主张，才没有造成不必要的牺牲，才没有造成不必要的资源浪费。所以，年轻女人，我们都应该做一个大胆的"利己主义者"。

对女人来讲，最大的负担之一，就是当自身的能力还没有完善时，就去帮助别人。

在上海一家公司工作的玉茹，是一个来自贫困地区的女人，父母省吃俭用地供她读完了大学，她和父母都松了一口气。为了报答父母的养育之恩，刚刚上班的她，每月都要拿出自己工资的一半寄给父母，她总是觉得自己的父母省吃俭用地供自己读书不容易，自己现在工作了，是应该报答父母的时候了。

但是，在一个物价颇高的大城市里，除了给父母的钱，再支付自己吃穿住行的费用，剩下的钱也就寥寥无几了。所以，玉茹每月几乎没有什么剩余，够自己维持生活就已经不错了，根本谈不上充电学习，继续提高自己。几年后，当同事们都已经升职加薪的时候，她还是在原来的职位上拿着那两千余元的工资。

有很多二十几岁的女人要从拼命工作得来的月薪中，拿出大部分的薪水给父母或者兄弟姊妹花，剩下的薪水用到自己身上时已是寥寥无几。有些女人甚至还会提供资金帮助男友求学，还没等到男友有所回报，自己早已累得筋疲力尽了。这样辛苦地工作，留给她的只有几句夸她善良的好话以及剩下没有存款的存折和迷茫的未来。

而当你在一开始时把钱都投资在自己的身上，一切都为自己的未来考虑时，肯定会有人在背后说你是自私鬼，甚至说你忘恩负义。但只要你确实是用这些钱来提高完善自己，那么就让他们说去吧！任何时候都要记得，只有自己有资本的时候，才有可能给需要你帮助的人带来更多的帮助。

二十几岁正是女人学习充电的最佳时期，也是为自己以后美好的未来打基础的阶段，所以，这时候最应该做的事情是多学习，多锻炼自己。等自己确实有了资本，你再去报答父母也不迟。

第三节 生气不如争气，翻脸不如翻身

发现你的潜能，别给自己留遗憾

潜能犹如一座待开发的金矿，蕴藏无穷，价值无限。每一个二十几岁的女人都有一座巨大的潜能金矿。奥里森·马登说："我们大多数人的体内都潜伏着巨大的才能，但这种潜能酣睡着，一旦被激发，便能做出惊人的事业来。"

但是，为什么有些年轻女人不能拥有丰富的知识，获得成功的人生呢？

答案是：潜在的巨大能量没有得到有效的开发和利用。

被称为20世纪最发达的大脑的拥有者爱因斯坦，终究也不过仅仅使用了自身能力的10%！人类的大脑是世界上最复杂，也是效率最高的信息处理系统。别看它的重量只有1 400克左右，其中却包含着100多亿个神经元。在这些神经元的周围还有1 000多亿个胶质细胞。人脑的存储量大得惊人，在从出生到老年的漫长岁月中，我们的大脑每秒钟足以记录1 000个信息单位。著名的苏联学者兼作家伊凡·业夫里莫夫指出："一旦科学的发展能够更深入了解大脑的构造和功能，人类将会为储存在脑内的巨大能力所震惊。人类平常只发挥了极小部分的大脑功能，如果能够发挥一半的大脑功能，将轻易地学会40种语言、背诵整本百科全书、拿12个博士学位。"

可见，每个人的身上都蕴藏着巨大的潜能，这些潜能对人生价值的实现起着举足轻重的作用。只要我们有效地开发

自身的潜能，不但可以实现人生的种种愿望，甚至可以创造出令人惊讶的奇迹。

你是不是经常因为一点点小挫折就从心里否定自己，暗自沮丧，丧失了继续前行与奋斗的勇气？如果真是如此，你应该及时改变这种消极的心态，你的潜能宝藏还未被你挖掘出来，你的能力与才华也并未得到正确而充分的展示。

潜能是上天放在我们每个人心中的“巨人”，千万别因为在现实中遇到困难就对自己失去信心，赶快唤醒你心中的“巨人”吧！

1. 每天暗示自己“你做得很好”

想成功的你，要每天在心中念诵自励的暗示宣言，并牢记成功心法：你要有强烈的成功欲望、无坚不摧的自信心。

二十几岁的时候，如果在你的潜意识中你是一个幸福的女人，你会不断地在内心的“荧屏”上见到一个充满信心、锐意进取的自我，听到“你做得很好，你会做得更好”这一类的鼓舞信息；然后感受到喜悦、兴奋与力量——而你在现实生活中便很可能取得成功。

2. 将你的精神标语写下来

将你的精神标语写下来，例如“我一定可以完成这个项目”“我现在感到很幸福”。明晰的标语能使你的目标清晰明朗，这是光凭记忆做不到的。

每天念诵两次你的精神标语：一次在刚醒来的时候，一次在临睡之前——这两段时间是你潜意识活动比较弱，最容易与潜意识沟通的时段。

在念诵的时候，你要贯注感情，并且想象你成功的样子。

3. 使用积极和正面的言辞

在我们的潜意识中，积极的信念会比消极的自我暗示更容易产生影响力。譬如，你心里很害怕时，如果你说“没有什么可怕的”会比“好恐怖，怎么办呢”这样的话语更有镇静作用。

4. 构想成功后的自我

伟大的人生始自你心里的想象，即你希望做什么事、成为什么人。二十几岁的女人都有自己的梦想，在你心里的远方，应该稳定地放置一幅自己的画像，然后向前移动并与之吻合。如果你替自己画一幅失败的画像，那么，你必将远离胜利；相反，替自己画一幅胜利的画像，你与成功即可不期而遇。

5. 给自己制造“适量”的压力

我们知道有“狗急跳墙”“背水一战”的说法，因为在面对险恶绝望的环境时，无论动物还是人，出于求生的本能都易于激发自己的潜能，从而创造令人匪夷所思的奇迹。

明白了潜能激发的道理，我们就可以给自己制造“适量”的压力，例如“在下班之前我务必要拜访5个客户”“3个小时之内把所有工作完成”，等等。只要这种压力在你的承受范围之内，你就可能开发出无穷无尽的潜能，并能创造性地完成任务。

6. 挑战一次自己的极限

二十几岁的时候，多尝试做一些自己从来没做过的事情，例如当众做一次激情洋溢的演讲，参加一次马拉松长跑比赛……抛弃小姑娘一样的羞涩。大自然赐给每个人巨大的潜能，但由于没有进行各种智力训练，每个人的潜能似乎都未得到淋漓尽致的发挥。而在寻求极限体验的过程中，随着“极限时刻”的来临，你的潜能会一次又一次被激发出来，你会感到：自身的力量是无限的。

别做消耗式的人生规划

刚刚走出校园的女人，不要让最灿烂的青春年华白白浪费在无谓的忙碌中，在明确规划自己人生目标的时候，千万不要做消耗式的人生规划，这样会让自己得不偿失。

什么是消耗式的人生规划呢？就是为自己设定了很多高远的目标，并且都投入了精力。消耗式的人生规划忽略了人的局限性——我们的精力和时间都是有限的。

在此，向大家提一个问题：一个人的一生有多少天？10万天还是20万天？实际上一个100岁的老人一生也就3万多天。这其中还包括睡眠和休闲以及其他不能用在实现目标上的时间。而我们的精力也是有限的，人人都想做超人，但超人只存在于童话世界之中。所以，消耗式的人生规划到头来还是会让你一事无成。

如果你想成功，就要学会使用“凸透镜”，把自己的精力集中在一点上。这是由平凡变为不平凡的卓越法则。

软件银行总裁孙正义20岁出头到美国留学，为了节省开支，他决定不再花家里的钱，而是自己挣生活费。为了兼顾学习和工作，规定自己一天中学习以外的时间——5分钟是可以随意安排的。他想在专利上有所建树，一年下来，他居然创造出了250多个小发明，从中了解了不少电子产品的研发知识。

人的生命和精力都是有限的，但是人生发展的可能性却是无限的。所以，要清醒地告诫自己：不要做消耗式的人生规划。不能每件事都只做一半，就畏难、畏烦而放弃；也不应该没有规划，看到什么有利的条件，就去追逐，最终什么都做不好。一旦我们树立了一个人生目标，就要集中所有的力量去实现它。我们不能把有限的力量分散在许多问题上，每个问题都去解决，最终可能连一个都解决不了。女人掌握了这个原则，就能离开困难的泥沼，打造属于自己的花样年华。

行动让你妩媚动人

要获得成功，必须勇于将计划付诸行动。任何一个伟大的计划，如果不采取行动，就像只有设计图纸而没有盖起来的房子一样，只能是一个空中楼阁。

行动是一件事情成功的关键所在，也就是说行动是化目标为现实的关键。的确，人生伟业的建立、事业的发展，不在于能知，而在于能行。

虽然行动并不一定能带来令人满意的结果，但不采取行动是绝无满意的结果可言的。爱迪生为了一项研究做了1万多次实验，尽管1万多次行动不一定都能成功，但他却对如何成功越来越清楚。只有付出行动，才能拨云见日，找到事情的真相。

其实，每天都有成千上万的人把自己辛辛苦苦、苦思冥想出来的新构想取消或者埋葬，因为他们拖延着，不敢行动。过了一段时间，这些构想又会来折磨他们。客观地说，我们身边的大多数人其实都想成功，很少有人愿意平凡地活着。但是，真正成功的人却是少数，因为大多数人只是有这样那样的想法，并没有将计划付诸行动。每天都能听见有人说："如果我当时就开始做那笔生意，早就发财了！"或者是："我早就料到了，我好后悔当时没有做！"天底下没有卖后悔药的，一个好的计划或者创意如果因为不及时行动而胎死腹中，真叫人叹息不已。

总有很多事需要完成，不妨就从碰见的任何一件事着手，这是件什么事并不重要，重要的是，你突破了无所事事的恶习。从另一个角度来说，如果你想规避某项杂务，那么你就应该从这项杂务着手，立即进行，否则事情还是会不断地困扰你，使你觉得烦琐无趣而不愿动手。

现在的你，虽然还很年轻，缺乏人生经验，但只要采取行动，就能给自己的成功创造机会。当你养成“现在就动手做”的习惯，那么你就将掌握“行动决定成败”的要义。关于行动的要点有三：

1. 心动更要行动

有些人之所以不能成就大事，是因为他们没有把行动的力量发挥出来。这就像过桥，当向前走的时候，我们很容易保持平衡，一旦停下来，要想保持平衡就十分困难。成功与失败的分别在于：前者动手，后者动口，却又抱怨别人不肯动手。

2. 克服“害怕”心理，直面挑战

当人决心用行动去实现梦想时，就将面临各种艰难的挑战，“不害怕”是心灵的起点，是为自己设下最坚韧的防护。在现实生活中，也许你被碰得头破血流，或拼打得体无完肤，但只要你不害怕碰壁、不害怕失败、不害怕孤独、不害怕被人误解，并勇敢去闯，就一定能得到生活的回报。

3. 别为拖延找借口

一个人事情还没做之前便想逃避，待事到临头时会觉得更痛苦。拖延是我们逃避做事的一贯伎俩。

二十几岁的女人，如果你梦想成为一名作家，那么从今天开始练习写作；如果你梦想成为一名学者，那么每天抽出时间来阅读和思考，并筹集资金。要知道，实现梦想的秘诀就在于行动，只有行动才能为梦想创造可能。

第四节 先做适应者，再做强者

幸福女孩好心态

在生活中，每一个人都不可能一帆风顺。遭遇生活的冷遇和他人给予的痛苦，是我们每个人都可能会经历的事情。如果稍微有一些不顺心就斤斤计较，那么时间长了，我们就会落得一个“小肚鸡肠”的名声。聪明的女孩不计较个人的得失，也会对曾经伤害自己的人表现出宽容。

曼德拉因为领导反对白人种族隔离的政策而入狱，白人统治者把他关在荒凉的大西洋小岛罗本岛上长达27年。当时曼德拉年事已高，但白人统治者依然像对待年轻犯人一样对他进行残酷的迫害。

罗本岛上布满岩石，到处是海豹、蛇和其他动物。曼德拉被关在总集中营一个“锌皮房”，白天打石头，将采石场的大石块碎成石料。他有时要下到冰冷的海水里捞海带，有时干采石灰石的活儿——每天早晨排队到采石场，然后被解开脚镣，在一个很大的石灰石场里，用尖镐和铁锹挖石灰石。因为曼德拉是要犯，看管他的看守就有3人。他们对他并不友好，总是寻找各种理由虐待他。

谁也没有想到，1991年曼德拉出狱当选总统以后，他在就职典礼上的一个举动震惊了整个世界。

总统就职仪式开始后，曼德拉起身致辞，欢迎来宾。他依次介绍了来自世界各国的政要，然后他说，能接待这么多尊贵的客人，他深感荣幸，但他最高兴的是，当初在罗本岛监狱看管他的3名看守也能到场。随即他邀请他们起身，并把他们介绍给大家。

曼德拉的博大胸襟和宽容精神，令那些残酷虐待了他27年的白人汗颜，也让所有到场的人肃然起敬。看着年迈的曼德拉缓缓站起，恭敬地向3个曾关押他的看守致敬，在场的所有来宾都静下来了。

后来，曼德拉向朋友们解释说，自己年轻时性子很急，脾气暴躁，正是狱中生活使他学会了控制情绪，因此才活了下来。牢狱岁月给了他时间与激励，也使他学会了如何处理自己遭遇的痛苦。他说，感恩与宽容常常源自痛苦与磨难，必须通过极强的毅力来训练。

获释当天，他心情平静："当我迈过通往自由的监狱大门时，我已经清楚，自己若不能把悲痛与怨恨留在身后，那么我其实仍在狱中。"

正是因为曼德拉的好心态，才让他在艰苦的环境之下生存了下来，并且逐渐走向了成熟。

可见，大度和忍耐会给人们带来无限的快乐。总是嫉恨别人的人，常常是生活在痛苦当中的。

以10年以后的自己为目标

有梦想的女人，可以在脑海中把自己实现梦想时的画面勾勒出来。当你能够清晰地想象自己10年后的模样时，你才有可能在10年后真的变成梦想中的你。问问自己，10年以后我想成为什么样的人，然后以此为目标，一步一步靠近梦想中的自己。

有一篇写周迅的文章，名为《10年以后你会怎样》，其中写道：

有个女孩她18岁之前，并不知道自己想要什么，每天就在艺校里跟着同学唱唱歌、跳跳舞，偶尔有导演来找她拍戏，她就会很兴奋地去拍，无论角色多么小。

直到1993年的一天，教她专业课的赵老师突然找她谈话，问她："你能告诉我，你未来的打算吗？"她一下子愣住了，不明白老师为什么突然问她如此严肃的问题，更不知该怎样回答。

老师又接着问她："现在的生活你满意吗？"她摇摇头。老师笑了："不满意的话证明你还有救。你现在想想，10年以后你会怎样？"

老师的话很轻，但是落在她心里却变得很沉重。她脑海里顿时开始风起云涌。沉默许久后她说："我希望10年以后自己能成为最好的女演员，同时可以发行一张属于自己的音乐专辑。"

老师问她："你确定了吗？"

她慢慢咬紧嘴唇："是。"

"好，既然你确定了，我们就把这个目标倒着算回来。10年以后你28岁，那时你是一个红透半边天的大明星，同时出了一张专辑。那么你27岁的时候，除了接拍名导演的戏以外，一定还要有一个完整的音乐作品，可以拿给很多很多的唱片公司听，对不对？"

"25岁的时候，在演艺事业上你要不断进行学习和思考。另外，你还要有很棒的音乐作品开始录制了。23岁时必须接受各种各样的培训和训练，包括音乐上和肢体上的。20岁的时候开始作曲、作词，并在演戏方面要接拍大一点的角色……"

老师的话说得很轻松，但是她却感到一种恐惧。这样推下来，她应该马上着手为自己的理想做准备了。可是她现在什么都不会，什么都没想过，仍然为小丫鬟、小舞女之类的角色沾沾自喜。她觉得一种强大的压力忽然向自己袭来。老师平静地笑着说："要知道，你是一棵好苗子，但是你对人生缺少规划。如果你确定了目标，希望你从现在就开始做。"

想想10年后的自己——当她意识到这是一个问题的时候，她发现自己整个人都觉醒了。从那时起，她始终记得10年后自己要做成功的明星。所以，毕业后，对角色她开始很认真地筛选。渐渐地，她被大家接受了，她慢慢地尝到了成功的欢乐。

这个女人就是如今红遍全国、驰名海内外的影视歌三栖明星周迅。从1991年到2008年初的17年，周迅已拍摄各类题材的影视剧37部，成为32种知名品牌的形象代言人。她已获得过45个影视歌奖项，百花奖、金紫荆奖、金像奖、金马奖她都先后一一问鼎，她的歌曲也深受广大歌迷的喜爱。毫无疑问，所有这些成就的取得，正是周迅牢记老师的话，孜孜以求、奋争不止的结果。

人的一生都要不断地给自己树立目标，何况现在的你还年轻。做好自己的人生规划，不要空等成功的降临。不想荒废青春的女人，就要像周迅那样，在适当的时候，问问自己：十年以后你会怎样？十年之后你想怎样？然后，按照自己的目标，制订出计划，一步一步向自己的目标走近，只要早上一睁开眼睛，就会期待今天又是精彩的一天。

做一朵迎风起舞的铿锵玫瑰

别看比尔·盖茨富可敌国，别看妮可·基德曼艳光四射，任何人都是时间的产物，荣华可以无限，时间却有限；生命虽然有限，精彩却可以无限。

算一算我们的时间，一天24小时，你有多少时间留给自己？

人补充能量的时间竟是工作时间的一半——一生中要在饭桌上度过6年。

长嘴就要说话，人一生用于交谈的时间需要2年。

看电视已是当代生活的一部分了。且不说那些整天泡在电视机前的人，仅从每晚的“新闻联播”开始计算，至正常的就寝时间止，人一生就要在电视机前度过2128天，约6年……

人的一生中，有1/3的时间要用来睡觉，1/3的时间用来做其他的事情，真正用来工作的只有1/3的时间。

有的女人崇尚悠闲，安于“散漫”，三三两两聚在一起能聊个天昏地暗，有什么不顺心的事能一个人郁闷好几天，刚准备读读书、看看报，一个电话打来，就兴高采烈地随老友逛街吃烤串去了。这就是大部分女人的生活，读书时还能有点奋斗热情，如争取奖学金等；越到后来，女人的兴趣似乎越发广泛，爱情、路边小摊、娱乐八卦都日益成为她们兴趣的重心，并取代了原先“出人头地”的愿望，成为个人生活的“主流”了。

此时的女人，释放着“十年寒窗”之中苦苦压抑的激情，愉快忘我地享受着青春耀眼的阳光。她们开心地笑，放肆地哭，是天底下最幸福、最快乐、最自在的人。她们不必思考未来，只考虑现在；她们不用忧虑前程，只享受今朝。这时候，女人的快乐恐怕连仙女也艳羡不已吧！人生难得如此从容自得，本是值得庆贺的事情。

但是“生于忧患，死于安乐”，女人在生命的黄金时段不是提升自我，而是享乐“放纵”，一旦“美人迟暮”，又没有“救世主”救你于“水火”之中，未来风云难料的岁月中，你是否有足够的准备能够走得下去？

年轻时正是奋斗学习、积累自身实力的时期，否则年纪大了再来吃苦，就是“自造孽”。

世界上最宝贵的是时间，最被人轻视的也是时间。时间是有限的，构成了我们的生命，负载着我们所拥有的一切。但是我们在年轻的时候，却总以为自己有用不完的时间，于是毫不怜惜地蹉跎岁月，挥霍着光阴，多么可悲！

女人，你还以为你有大把的时间可以挥霍吗？如果上帝没有赐予你傲人的姿色、出色的才能、高贵的出身，但是请你相信，上天给了你公平的时间。

积极地投身生活，别等走到生命的尽头才遗憾自己的生命并未“燃烧”，“人生能有几回搏”，让我们尽情释放自己，做一朵风雨中迎风起舞的“铿锵玫瑰”！

活出自我的个性

年轻的我们刚踏入社会时，总按自己的方式生活，但却往往被所谓的过来人看不惯，被批评为太幼稚、不谙时世，不能“世事洞明”“人情练达”。于是，我们怕在人际关系中吃亏，怕处不好同事关系，处处小心，委曲求全。这种“夹着尾巴做人”的方式虽然获得了某些“安全”，但时间一长，我们就失去了自己的个性。

生活中，几乎每个女人都追求自己的个性，向往着过自己的生活，活出自我。那么，怎样才算过自己的生活呢？正如百人百姓、千人千面一样，各人有各人的标准与答案。正所谓人各有各的活法。活不出自我，活得累，是一种感觉，是一种心态。

我们都知道三人成虎。当你看到工作中人浮于事，又不想浪费青春干耗下去时，却被领导管住，教育你要上进，要有事业心，得对自己的前途负责。因此，你在是坚持自我，还是向现实妥协之间纠结着。

有一个叫玛利亚的女孩，由于本身出生在繁华的大城市里，这个爱美的女孩总是穿着与众不同的衣服。有一次，她身穿大喇叭裤，头顶着刚烫过的头发，还给自己化了一个刚开始流行的彩妆。然而她自我感觉良好的打扮，却遭到母亲的批评。

玛利亚没把母亲的话当回事，她已经习惯了母亲的唠叨。所以，她没等母亲说完，就跑出去找朋友。她们约好一起去看电影的。

到了约定的地点，朋友觉得玛利亚的打扮与常人不同，怪怪的。她看了玛利亚一眼，然后说："亲爱的玛利亚小姐，在看电影之前，你最好回去再换一套衣服。"

玛利亚很不解："时间快到了，来不及换了。再说我很喜欢这样的打扮，为什么要换？"

朋友说："你穿成这样我才不跟你出门。"

玛利亚先是愣了一下，然后说："我不准备换！"

朋友听了她的话，一个人走了。

玛利亚生气了，她一回到家就把这件事讲给母亲听。这时母亲耐心地说："玛利亚，我的话你不听，现在你从别人那里得到了同样的批评。如果你去换一套衣服，然后变得跟其他人一样，这样就不会有人再嘲笑你。如果你不想这样做而且坚强到可以承受外界的嘲笑，那你可以坚持你的想法。不过你必须知道，这样会引来批评的。你的情况会很糟糕，因为与众不同本来就不容易。"

玛利亚听了母亲的话才明白，原来坚持自己的个性也不容易。但是她还是想做自己，不想为了别人的喜欢而委屈自己。她坚持想要按自己的方式生存，虽然没有人鼓励她，甚至会有更多的人嘲笑她。但如果她今天为这个朋友换衣服，那么是不是今后谁这么说，她都要换一件让别人满意的衣服，那她今后要为多少人换多少次衣服啊？所以，她还是决定做好自己。

于是，玛利亚从此不再理会别人的议论，坚持做自己，活出与众不同的个性。尽管她还是会听到人们说：“她在这些场合为什么不穿高跟鞋，反而穿一双运动鞋？她为什么不穿洋装？她为什么跟我们不一样？”

许多年以后，玛利亚成为了一名服装设计师，总是能设计出新颖、别致的时装。当她穿着自己的衣服出现在公共场合时，人们开始被她的与众不同所吸引，越来越多的人学她的样子穿着、说话，甚至做事。

玛利亚的母亲告诉她拒绝改变并没有错。但也警告她：保持与众不同是一条艰辛的道路。现实中，人们总喜欢判断一个人的行为是不是符合主流趋势，却不重视其个性的发展。要想成为一个独立的个体就要坚强到能够承受各种批评。

生命的富有，不在于自己拥有多少，而在于能给自己多少广阔的心灵空间。生命的高贵，也不在于自己处在什么位置，只在于能否始终不渝地坚守心灵的自由。与众不同也是一种能力。因此，对女人来说，充分张扬自我个性，首先要学会自主做事，能够自己做决定，而不是处处随波逐流。

你是哪种快乐女人

从表面上看，每个人都很快乐。但你究竟是个整天都嘻嘻哈哈的快乐精灵呢，还是个只在内心窃喜的闷骚女人？做一下测试，让我们一起来挖掘快乐背后的真相。

你是哪种快乐女人？请记住每题中你的选项。

1. 当你读小学时，你是个怎样的孩子？

A. 经常一个人默默地躲在角落，但是一开口却往往一鸣惊人

B. 是孩子群里的小头头

C. 是个不合群的落单者

2. 你最喜欢的动画主角是下列哪一个？

A. 蜡笔小新

B. 机器猫

C. 史努比

3. 别人是怎么形容你的笑声的？

A. 尖利的

B. 洪亮的

C. 收敛的

4. 以下你最喜欢的喜剧演员是哪一位？

A. 葛优，喜欢他的黑色幽默

B. 周星驰，喜欢他的无厘头

C. 金凯利，喜欢他的风流倜傥

5. 你觉得在什么情况下幽默可以起到良性作用？

A. 当它让你从中得到启发时

B. 当它把你逗得哈哈大笑时

C. 只要不是低级趣味就行

6. 当你要宣布一个坏消息时，你会怎么想？

A. 没办法，该说的总得要说

B. 也许用幽默一点的方式宣布会好些

C. 哎，为什么要我来宣布

7. 朋友送你一件毛衣当生日礼物，但不论是颜色还是款式你都不喜欢，你会怎么做？

A. 把它转送给你妹妹

B. 待在家里的时候穿

C. 立即把它扔进垃圾筒

8. 你在办公室里忙得焦头烂额，回到家后又发现冰箱里什么都没有，你会怎么做？

A. 吃片阿司匹林，然后倒头就睡

B. 出去参加狂欢派对，让自己忘记一切烦恼

C. 喝杯茶让自己清醒一下，然后去超市买菜

9. 以下流行美剧中你最喜欢的是哪一部？

A.《绝望主妇》

B.《老友记》

C.《实习医生格蕾》

10. 如果你被邀请参加一场化装舞会，你会把自己打扮成以下哪种形象呢？

A. 吉卜赛女郎

B. 米奇老鼠

C. 美人鱼

结论：

如果你的答案中 A 最多：你是个悲情型的快乐女人。对你来说，最好笑的事情可能就是看到走在你前面的人裤子破了个洞，或是路边的行人一脚踩在香蕉皮上跌了个嘴啃泥。值得同情的或是带有悲剧色彩的人或事往往会引来你的会心一笑。你总是喜欢黑色幽默，搞笑但苦涩。你的行为很可能被人说成是幸灾乐祸，但事实上，当你微笑时，也许是因为你看到了另一个自己。这种带刺的快乐是自卑心以及自我保护心态的一种本能反射。只有褪去这层保护壳，你才能做个真正生活在阳光下的快乐女人。

如果你的答案中 B 最多：你是个兴奋型的快乐女人。你就是那个在电影院里会一个人大声狂笑的家伙！你从来不管

公众的眼光，总是肆无忌惮地表达自己的快乐情绪。这可不是一天两天的事了，从你小时候起，你就已经被人叫做“笑脸娃娃”了，不是吗？长大后你的人生信条就是：只看事物好的一面。你经常会给周围的人带来快乐，但也正是如此，当别人对你诉苦时，并不会使他们自身的痛苦得到缓解，因为你对任何痛苦都不屑一顾。稍稍调整一下你的处事态度，不要过分的乐观，这样也许能给自己和身边的人带来更多的快乐。

如果你的答案中C最多：你是个保守型的快乐女人。不管是看到一则笑话还是老板给你加了工资，你的表情都只是淡淡地一笑，尽管你心里可能已经爆发出了一阵狂喜。这就是你表达快乐的方式。这种内敛而含蓄的表达并不坏，但如果用在别人身上却有可能造成误会。想象一下，在你妹妹的生日聚会或是好朋友的升职庆功宴上，你始终保持不愠不火、事不关己的表情，难免会让别人以为你不够诚恳甚至是心怀嫉妒！所以，偶尔放开情绪的闸门，让高兴的心情自然流露，生活也会因此而更加明媚！

第八章
性感是一种气质

第一节 宁可略输文采，不可稍逊风骚

一脸娇羞胜过无数情话

时尚，似乎总与羞涩为敌。吊带裙、露脐装，裸肩露背、大胆奔放。

羞涩，成了现代女性最为缺乏的元素之一。

羞涩，是人类文明进步的产物。然而社会越发展，女人反而越来越不懂得羞涩了。其实，暴露只能唤起肉欲，而性格、气质的性感，才是性感的最高境界。

娇羞曾是女人独特的美丽，是一种青春的闪光、感情的信号，是被异性撩动了心弦的一种外在表现，是传递情波的一种特殊语言。当心仪的他出现在眼前，女人内心深处不由自主地悸动，红晕爬上了青春美丽的脸庞，似一种无声的诱惑语言，撩动了男人内心的爱情之弦。当女人知道了羞涩对男人的魅惑力，便学会了在脸庞涂抹淡淡的红色胭脂，似一抹羞涩的红云，男人看在眼里，心里愈发荡起层层的涟漪。

许多时候，女人一脸的娇羞反而胜过了无数的情话，让男人的心怦怦跳动。娇羞的女人，在男人的眼中有一种别样的魅力，令他们魂牵梦萦，欲罢不能。有男人爱煞女人一脸

娇羞的表情，曾写诗赞道："姑娘，你那娇羞的脸使我动心，那两片绯红的云显示了你爱我的纯真。"就连著名诗人徐志摩都写诗赞叹道："最是那一低头的温柔，像一朵水莲花，不胜凉风的娇羞。"知名作家老舍先生也以为："女子的心在羞耻上运用着一大半，一个女子的脸红胜过一大片话。"

韩剧《星梦奇缘》中，男主角江民之所以爱上女主角涟漪，正是源于她时时流露出的娇羞女儿姿态，让他内心腾升出一股想要拥她入怀、终生呵护她的欲望。尽管娇羞的涟漪也深深地爱着江民，但她总不敢像时下的热情奔放型女人一般，大胆将内心的爱意说出口，总是将那份深深的爱埋藏心底。她和江民相处了那么久，只有唯一的一次告白，那是在相思之苦的煎熬下，才让一句"你知道我有多想你吗"脱口而出，让江民为之动容。虽然涟漪不擅长用言辞表达自己的爱意，但她含情的眼神、绯红的脸颊和温柔的笑容，却在默默地向江民袒露心迹，告诉这个优秀的男人她有多爱他。

娇羞犹如披在女人身上的神秘轻纱，增添了一种迷离朦胧的美感，这是一种含蓄的美，是一种蕴藉的柔情。温柔似水是大多数女人的天性，纯真善良是女人应有的品质，而娇羞正是二者的结合与体现。娇羞的女人是春天的草，想探头，却似露非露；娇羞的女人是清晨的雾，朦朦胧胧，似古时的女子掩袖遮那颊上的彩云；娇羞的女人是山中的泉，清凉心间；娇羞的女人是一缕风，柔柔拂面，让人情不自禁伸手去抓。娇羞的目光清澈如皎洁的月光，娇羞的潮红明艳如含露的花瓣，娇羞的语言含蓄委婉地传递女人的兰心蕙质。

娇羞的女人，美在含蓄，美在执意，美在精致，美在柔情，美在朦胧，这样的美，是自然的美，是内心最真实的心境美。

只有这样朦胧的美丽，才能牵扯着他的魂魄，让他日思夜想，惦记在心的中央。

练就余音绕梁的迷人嗓音

生活中，我们有过这样的经验，一个女人看起来年轻漂亮，但是她一开口，声音却低沉得像个上了年纪的老年人，无论如何，这个女人给我们的形象就大打折扣了。通常情况下，一个声音好听的女人，更容易被周围的人接受。

有一个在电子行业工作的先生，在朋友的介绍下认识了一个女人。开始的时候，两个人只是偶尔通一次电话，可是过了不久，两个人就亲密无间了，最终走在了一起。朋友们都很惊讶，那位先生介绍说，虽然她的相貌与他理想中的类型有一些偏差，但是每次听到她的声音，都觉得很柔和、很温暖，让他那颗疲惫的心有了依靠，最终他决定牵起她的手，跟她走完一生。

男人对于女人的声音再熟悉不过了，尽管每天都会跟不同类型的女人打交道，但是并不一定每一种声音都能让男人有触动。有这样几种声音，一直是男人喜欢的类型：

柔媚之音：这种声音集中了女性的妩媚、阴柔，甜甜的，软软的，腻腻的，还有一种绕梁三日不绝于耳的感觉，让男人很是着迷。

甜美之音：前几年，电视剧《甜蜜蜜》的热播曾掀起了人们对邓丽君的喜爱。从20世纪80年代走过来的人，都会深深地记住她的名字——邓丽君，这个女人的声音影响了一代人。她的声音甜美、清新，脱去了俗尘，也去除了浮躁。她的声音温润了一代人，更让迷茫的男人的心得到了安抚，获得了平静。

邓丽君未必是最美的女人，却轻而易举地捕获了所有男人的心。

磁性的声音：男人声音的磁性多带有一定的性感成分，女人声音的磁性则有些中性化，既有一部分女性的柔美，又有一部分男性的坚韧。女人低沉又充满磁性的声音更能打动男人。用这种声音演绎女性柔美的味道，如同一杯陈年的老酒，芳香中带有一种悸动。

性感的声音：性感的声音通常都不好定义，但有一个主要的特点是柔。柔是女性的特质，也是男人对完美女性的期待和渴望。

以上是些比较极致的声音，很多女人并不一定有，但在说话时一定要注意以下几点：

1. 说话不要带鼻音，否则会让人听起来不舒服，显得没有生气。

2. 说话声音切勿高而尖。用尖嗓音说话，会使周围人心情烦躁。应尽量抑制这种尖声，使语气柔和些。

3. 说话的声音切忌单调，通过恰如其分地运用停顿增加语言的表现力，在声音里注人情感。

4. 调整讲话速度，太快或太慢都不利于自己的表达。适当的说话速度是每分钟 120 ~ 160 字。

5. 说话时嘴唇尽量活泼一些，这可增加女性的柔美可爱。

女人要找到属于自己的声音，走进自己的灵魂，唯一的通行证是用感觉去说话。

培养女人隐形的品位

女人的妆容、服装都是看得见、摸得着的，只有香水是无形地萦绕在女人周围，但它同样昭示着女人的品位。如果女人少了香水，总觉得缺少那么一点引人入胜的情趣。女人以香水为名片。她们一般选择一种最能表达其个性特征的香水，来展现其独特的魅力。因为她们知道，没有谁会永远在自己的身边，唯有玉体上的那缕芳香，才会分分秒秒与自己在一起。

香水与女人的关系源远流长。在很早以前，香水曾被颇有心计又有地位的女人当作一种实施阴谋手段的工具而备受青睐。美丽的埃及艳后每当温柔时刻，总不会忘了在她的船帆上洒满香水，制造梦幻迷人的陷阱。也因这股芬芳气息的迷惑，因这个美人的千般风情，恺撒与安东尼在这种精心制造的温柔乡中沉醉了，艳后满足了她强烈的政治欲望，香水发挥了它的神奇作用。

在古埃及、印度及中国的古老文化中，都有关于香水的记载。那时的人类开始懂得运用熏香提炼的方式来处理香料，并从美妙的香味中享受无以言表的喜悦。到 13 世纪英国伊丽莎白女王时期，一瓶加入乙醇的名叫“匈牙利之水”的香水，成为世界上第一瓶香水。法国路易十四时期，香水已成为当时上流社会贵妇人最时尚的宠爱佳品。

1920 年以前，妇女使用的香水仍是几种简单的花香味。至 1920 年初，服装设计师们认为，只有香气馥郁的女子才能与华丽的时装相匹配。说到香水，不能不说到一个伟大的人物——可可·香奈儿，这个让人即刻联想到时装、香水、女性解放和自然魅力的名字，被玛丽莲·梦露称之为“唯一睡衣”的女人。香奈儿认为：“一个女人不该只有玫瑰和铃兰的味道，一个衣着优雅的女人同时也应该是个气息迷人的女人，没有味道的女人没有未来，香水会增添她无穷的魅力。”

香水不但会使女人的打扮更趋完美，也会使男人享受一种浪漫的气氛。香水调配师称香水是“液体的钻石”。而女人又称调配师为“调和全世界香味的艺术家”。女人的优雅、女人的娇艳、女人的爱情，甚至女人的命运都同一瓶瓶包装精美的香水有着剪不断理还乱的情愫。法国女性认为，与其被男性称赞说“你的穿着十分得体，很漂亮”，不如一句“你的香水多么适合你，你太有魅力了”。对衣饰的赞美只是外在的恭维，可是当一个男人已经注意到你身体散发的香味时，就是从心理上了解你，或者对你非常有好感了。

由此可见，香水与女人之间，一直存在着亲密而微妙的关系，女人的美丽优雅、性感浪漫、恬静柔情、洒脱活泼借着曼妙的香气暗暗传送，展现着独特的个性宣言。闭着眼睛什么都看不见，但脑海中常常浮现出比睁大眼睛见到的多得多的形象，因为那是想象力最活跃的时候，闭着眼睛就能凭气息来判断她是谁。

香味犹如女人的一张名片，透露着一个女人的故事，不用只言片语。在电影《闻香识女人》中，那位盲人上校从一个女人用的香水中判断出她的家世、性格喜好，并断言她是一个出身好家庭的女人……并非只有电影里才会有这么神奇的故事，人们对气味的敏感程度以及香味对人情绪的影响力，远远超乎我们的想象。

一个女人从你身边袅袅婷婷地走过，尽管她朱唇未启，可她身上特有的幽香，已在不经意中透露了她的品位。“闻香识女人”，一个女人身上所散发的气息一旦被固定，被人记住，这个女人就成了他心中的“名牌”。

童话故事里，是水晶鞋让灰姑娘成为美丽动人的公主，然而，哪一个公主不是周身香气袭人？要想从灰姑娘变成美丽的公主，光有美丽的衣衫哪里够，还需要一滴香水，你才能完成从灰姑娘到公主的完美变身。

第二节 撒娇是女人的特权

适度撒娇的女人惹人疼

作为一个女人，最能使男人动心的迷人之处，莫过于在男人面前表现出来的娇弱和妩媚。撒娇是女人的特权。女人只需将头依偎在男人胸前娇滴滴地喃喃几声，男人就恨不得为你赴汤蹈火、摘星取月。情理上，男人都喜欢女人撒娇。而热恋中的男人，尤其喜欢女人撒娇。

聪明的女人很明白男人对女人撒娇又爱又怕的弱点，所以撒娇也就成为她们左右男人的最大本钱。在普通女人的意识中，撒娇是没有技术含量的，是最简单的撩拨男人的方式。其实不然，撒娇有它独有的特点。没有哪个男人不会在深谙撒娇之道的女子面前败下阵来。当然，一个愚蠢的女人，会不分时间、地点时时撒娇，处处撒娇，这时的男人也就只有郁闷到极点了，因为在外人眼中，他的女友太做作。

杰在热恋时，因为新鲜，对自己女友的撒娇水平赞不绝口，总说自己简直要在女友的娇媚中幸福死，每次谈到女友撒娇时便两眼放光。但是久而久之，一来女朋友的撒娇方式和技术总没有长进和改变，二来女朋友撒娇总是不看地点和场合，弄得他很没有面子，下不了台。时间一长，杰笑称自己都得了“撒娇恐惧症”，一听到女朋友撒娇就心惊胆战。

所以说，撒娇一样需要计谋和技巧。不是撅起嘴、把声音变细、做点弱智的表情和肢体动作就算是撒娇了。撒娇同样也是一种气质的展现，不是胡乱撒娇就可以征服男人的。

至少不要为了一件衣服，在商场柜台前，当着营业员小姐对男友撒娇；至少不要为了一个苹果，在公婆家里，当着公婆对丈夫撒娇。总而言之，撒娇的时候你要考虑一下，不但要让男人心花怒放，还得注意你身边的男人是不是能在面子上挂得住。

工作中的撒娇，要选准对象，见人行事。对男同事，自不必费太大心机，普通撒娇便能省去不少体力兼解决技术性问题的工夫；对女同事，则需要点儿小技巧，适当示弱自是聪明女人的不二法则。

夫妻或情侣间的撒娇，就不能有功利心、工于心计，否则会功亏一篑。要记住，对于相爱的人来说，真心和自然才是最重要的。

撒娇需要完美形象的配合

撒娇是女人的天性。会撒娇的女人在男人眼里会更有魅力。女人的一个娇嗔、一个媚眼，往往会使男人心旌摇动。撒娇是一种本领、一种技巧。撒娇撒得恰到好处，往往会招致男人的爱怜，男人会觉得这个女人温柔可爱；撒得不合时宜，则会招致男人的厌恶，弄巧成拙，事与愿违。

撒娇，也需要你的完美形象的配合。试想，一个满嘴大蒜味、穿着粗俗不堪的女人撒娇，有几个男人受得了？特别是两人相处时间长了以后，更要注意自己的形象。

男人在追求女人的过程中一般都追得很辛苦。在没有追到手之前，往往是情人眼里出西施，被追求的女人身上的缺点也成了优点，这个女人像是一个完美的化身。一旦追到手，女人身上的优点也慢慢被淡忘了。再漂亮的女人，男人一旦破除了对她的神秘感、新鲜感，她的美丽在男人的眼里也会黯然失色以至于熟视无睹。

所以，要维持对男人的吸引力，你就得塑造自己的完美形象，充分发挥出自己的魅力。

常常看到一些结了婚的女人，对于穿着打扮丝毫也不讲究，活脱脱黄脸婆一个。有朋友好心相劝，让她对自己好一点，就算不穿给别人看，打扮漂亮一点自己看着也舒坦啊！她就一副惊讶状："我都结婚了，又不想再找老公了，还打扮干啥？"这样的女人绝不在少数，以为嫁了老公就不需要再为"悦己者容"了。塑造好自己的形象，其实还是需要的，而且是非常必要的。

对一张精致而富有表情的脸说话，要比对一张粗糙而呆板的脸说话的兴趣增加60%。试问，哪一个老公会喜欢一个一套睡衣打遍天下的老婆？

因此，懂得撒娇的女人大多懂得打扮自己。从头发的样式、护肤品的选用、服饰的搭配到鞋子的颜色，无一不需要你细心地应对。不过，要想做性感美丽的女人就必须从每一处细节开始。

打扮自己不单是一种行为，更是一种自我调节心境的好方式。只需注意打扮要点在于精致中的不露痕迹。饰品一定要恰到好处、点到为止。

女人的外在美是重要的，但是内在美的塑造更加重要。所谓"腹有诗书气自华"，有修养的女人气质自然流露在外，所以读书、学习、不断上进更要成为极品撒娇女人的必要元素。

女人，请记住：光会撒娇可不行，如果再搭配完美形象，让自己成为一个众人眼中的极品女人，你的撒娇一定会所向无敌！

别让撒娇变成撒野

但凡男人都喜欢女人撒娇：女人抿着小嘴，跺着小脚，再加上副梨花带雨的样子，握着一双小粉拳在男人胸口上轻打着说讨厌。男人们不止不会生气，还会眉开眼笑地把女人抱在怀里哄着说“都是我不对”，女人这个时候便做小鸟依人状伏在他宽阔的胸怀里。这样的情景常被我们称为打情骂俏，其中效果不言而喻。

所以女人不需要太漂亮，但一定要懂得撒娇。

每个女人都渴望被男人当成宝贝宠着，总是希望得到男人更多的爱。因为各种原因，男人可能会比女人背负更多的责任和压力，但是有些女人不懂得男人的累，认为男人天生就要包容女人，甚至恃宠生娇，一旦男人不小心忽略了自己，便开始无事生非，将撒娇闹小脾气发展成了撒野、撒泼，这样的女人便开始变得越来越不可爱。对于撒野的女人，男人唯一的想法就是——逃离。

万事都要有个度，撒娇当然也不例外，太过就成了撒泼、撒野。如果把蛮横、霸道全视为撒娇，那么哪怕你是百年不遇的绝代佳人，估计也没谁会买你的账。聪明的会撒娇的女孩儿，她能把撒娇撒得让人舒舒服服。即使男友脾气倔得可以，在她的面前也得服服帖帖。

圆圆就是这么一个聪明的撒娇女。她从不撒泼，相反见了男友话不高声、笑意盈盈，若是男友倔得无理，她就眉头微皱、一言不发，或是粉面含春，轻哼歌谣。男友在旁边自觉成了透明人，只得很知趣地软了下来，主动凑过来有一句没一句地跟她搭讪。

圆圆这才撅起嘴扭过脸去做不搭理状，受了天大委屈一般。男友大动恻隐之心，反过来百般哄劝。圆圆当然不会顺竿儿爬耍小姐脾气，眼圈还红着呢又开颜一笑。于是云开雾散，阳光灿烂。

圆圆不仅撒娇适度，而且讲究撒娇的地点、场合。圆圆在父母跟前娇气而不刁蛮，街坊四邻都赞她孝顺；圆圆在单位不仅人缘好，还聪明能干，没有人觉得她娇纵，但也从未有人把她和女强人连在一起；男友呢，别看倔起来有些难以招架，评价圆圆的时候却实事求是：娇美，很有女人味。

会撒娇的女人总是特别有女人味，一举手一投足之间，总会让男人为之心动、神魂颠倒。当然，撒娇要做到恰到好处，的确也相当不容易。但只要勤加修炼，你就会成为聪明的会撒娇的女人。

“野蛮”女人，让男人爱意无限

自从“野蛮女友”出现以后，一定程度上曾导致长时间、一定范围内集体审美的180度转换，也顺带改变了我们对撒娇的刻板印象。看到野蛮女人，一些人简直要跳出来说：这样的姑娘哪里嫁得出去？偏偏有些现代的男生，心甘情愿买她们的账。

周末了，志明去女朋友家过周末。女朋友为了一展她的手艺，在厨房忙碌折腾了一上午。中午，终于开饭了。吃饭前，女朋友说：“吃饭前你要表白一下你的忠心，要不对不起我一上午挨的累。说，说爱我嘛！”

志明不以为然地哼了一下。女朋友一听急了：“不行，不说不行，不说不开饭。说爱我嘛！”没办法，志明无奈地说：“我爱你，行了吧！”

女朋友得意地笑了：“行了。记得，是你自己说爱我的，我可没逼你啊！吃饭，要反悔以后就和盘子里的牛肉一样，我给你煎炸火烧。”

吃饭的时候，女朋友夹起一块牛肉塞给志明："尝尝味道怎样？"

"还行。"

"那鸡肉呢？"

"凑合。"

"那鱼呢？"

"过得去。"

"啪"她一拍桌子："我累了一上午，你就不能说个好字？"

"好……"

"啊，真的好啊，早说嘛，非得我发威……"

"不是，我还没说完呢！我是说，这个鸡蛋汤好烫……"

"好啊你，居然敢说我做的鸡蛋汤不好吃！"

在这样的打打闹闹中，一顿中饭吃完了，他们的感情也加深了几分。

很多夫妻和伴侣之间会有一些口头上的"暴力"，也许随之也会有一些小敲小打的动作可以为两人之间增添情趣。

事实证明：女人们的小小"暴力"，比如粉拳玉腿轻捶细打，不仅能够增加自我的魅力，而且能够赢得男人们怜爱的目光。

当然，这里说的野蛮，是一种亲密的表达。当你对他表现出撒娇的霸道时，他只会觉得你霸道得可爱，霸道得率直。就算对方知道你在故意耍赖，也不会计较。

需要注意的是，野蛮只是夸张手法，还要讲究度，男人总归是对温柔无法忘怀的。否则，一味讲究野蛮，没有谁能忍受得了。所以请谨慎使用，否则后果不堪设想……

第三节 做个有情调的女人

具有情调的女人最可爱

“女人不是因为美丽而可爱，而是因为可爱而美丽。”这话不无道理。什么样的女人才可爱？具有浪漫情调的女人最可爱。浪漫情调是一种美丽的象征，它是女人的天性。因为浪漫，女人把爱她的男人带向海边去感受大自然，这远比到服装店去包装自己更有意境；因为浪漫，女人从工薪中拿出部分钱去音乐厅接受陶冶，这远比把成堆的时间耗在“追星”上高雅得多；因为浪漫，女人用自己的主观体验去感受美，又把自己变成美的客观存在的化身。

具有浪漫情调的女人通常比较豁达，不会和别的女人一样斤斤计较鸡毛蒜皮的小事，她们会把自己的眼光放在远处，对未来的生活充满美好的憧憬和期待。尽管她们知道梦想与现实相距遥远，但她们并不悲观，在自我精神获得满足的前提下，女人还会把很多乐趣带给周围的人，让周围的人在她的感染下也充满浪漫情调。伴于她周围的人，也因此会感受到她——一个女人因为可爱而显得如此的美丽。

现代人的生活大都很忙碌，生活的压力使得每个人或多或少都感觉有些郁闷，一个喜欢浪漫并善于制造浪漫气氛的女子，不仅会增添自身的魅力，而且也能使人们忽视她的年龄，从而缔造出美丽的情愫来。一个外表美丽的女人固然能让人动容，但一个浪漫的女人则能用她的浪漫影响他人，这才是最出色的动人的美。

我们的生活可以很平淡，很简单，但是不可以缺少情趣。一个兰心蕙质的灵巧女孩，必定懂得从生活的点滴琐碎中采撷出五彩缤纷的情趣。

小张是一个大三的穷学生。一个男生喜欢她，同时也喜欢另一个家境很好的女生。在他眼里，她们都很优秀，他不知道应该选谁做女朋友。有一次，他到小张家玩，她的房间非常简陋，没什么像样的家具。但当他走到窗前时，发现窗台上放了一瓶花——瓶子只是一个普通的水杯，花是在田野里采来的野花。就在那一瞬，他下定了决心，选择追求小张。促使他下这个决心的理由很简单，小张虽然穷，却是个懂得如何生活的人，将来无论他们遇到什么困难，他相信她都不会失去对生活的信心。

小王是个普通的职员，过着很平淡的日子。她常和同事说笑："如果我将来有了钱……"同事以为她一定会说买房子买车子，可她接着说："我就每天买一束鲜花回家！"不是她现在买不起，而是觉得按她目前的收入，到花店买花有些奢侈。有一天她走过人行天桥，看见一个乡下人在卖花，他身边的塑料桶里放着好几把康乃馨，她不由得停了下来。这些花一把才开价5元钱，如果是在花店，起码要15元，她毫不犹豫地掏钱买了一把。这把从天桥上买回来的康乃馨，在她的精心呵护下开了一个月。每隔两三天，她就为花换一次水，再放一粒维生素C，据说这样可以让鲜花开放的时间更长一些。每当她和孩子一起做这一切的时候，都觉得特别开心。

生活中还有很多像小张、小王这样懂得生活情调的女人，她们懂得在平凡的生活细节中拣拾生活的情趣。亨利·梭罗说过："我们来到这个世上，就有理由享受生活的乐趣。"当然，享受生活并不一定需要太多的物质支持，因为无论是穷人还是富人，他们在对幸福的感受方面并没有很大的区别，我们可以通过摄影、收藏、从事业余爱好等途径培养生活情趣。卡耐基说过，生活的艺术可以用许多方法表现出来。没有任何东西可以不屑一顾，没有任何一件小事可以被忽略。一次家庭聚会，一件普通得再也不能普通的家务都可以为我们的生活带来无穷的乐趣与活力。

女人不“坏”，男人不爱

人们常说“男人不坏，女人不爱”，这其实是有一定道理的。女人之所以喜欢“坏”男人是有很多原因的：“坏”男人先天具有幽默的本领；“坏”男人行为举止新潮潇洒；“坏”男人表达爱坦率直白；“坏”男人善于标新立异，有很多浪漫情怀……随着社会发展的日新月异，这句话同样可以用在女人身上：女人不“坏”，男人不爱！

在生活中，乖乖的贤良女人总是精心地对待男人，把自己的男人当成是整个世界。她温和平淡，这样就让男人产生比较安全的感觉，没有刺激感，没有新鲜感，生活便没有激情。而“坏”女人正好相反，她可以时刻保持清醒的头脑，聪明地把握与男人相处的度，她依恋男人，但也想着法子“折磨”男人、“逗”男人，欲擒故纵，欲语还休。“坏”女人让男人捉摸不透，总保持新鲜刺激的感觉，最终他会觉得，他的生活不能没有你。做个坏女人不是一件难事，可做个既让男人心仪也放心的“坏”女人可不是一件简单的事，这是需要一定的修养和品位的。

做这样的“坏”女人，首先要本性善良，不积小怨，拿得起、放得下，不与人纠缠不休；其次要有一种“爱我当然好，不爱随便找”的精神，骨子里透着一份洒脱与大气；最后就是要成熟、独立、带点挑衅、内敛又妖娆、含蓄又张扬，把那种或健康、或优雅、或奔放的性感贯穿到生活的每个细节里，知道什么是收、什么是放，也深谙职场、情场的游戏规则，不会为难对手，更不会为难自己，有时还可以转换自己的性别，像男人那样玩，却像女人那样赢，聪明而有韵味。

所以在我们的现实生活中，要想相处得和谐温馨，女人们就该变得聪明些，恋男人也“炼”男人。不能一味地宠着、顺着、大包大揽，贤惠是应该有度的。让男人感觉到温暖的同时还保持着新鲜感和内疚感，欣然接受但心存感激，努力回报，这需要一个女人的聪明与智慧。

电影《我的野蛮女友》里全智贤饰演的野蛮女友尽管野蛮粗暴，却以自己的方式驯服了车太贤饰演的牵牛，让他即使面对情敌，也能忍住内心的痛楚，建议情敌记住和她相处的 10 大规则：“不要叫她温柔；不要让她喝 3 杯以上，否则她会见人就打；在咖啡馆里要喝咖啡，不要叫可乐或者橙汁；如果她打你，那么你要装得很痛，如果真的很痛，那么也要装得无所谓的样子；在你们认识的第 100 天，一定要去她班上当众送她一支玫瑰，她会很喜欢；你一定要会剑道、打壁球……另外，还要随时有蹲监狱的思想准备。如果她说要杀了你，那么不要当真，这样你会好受一点；如果她的鞋子穿着不舒服，一定要和她换鞋穿——最后，她喜欢写东西，要好好地鼓励她……”

“从现在开始，你只许疼我一个人，要宠我，不能骗我；答应我的每一件事都要做到，对我讲的每一句话都要真心；不许欺负我、骂我，要相信我；别人欺负我，你要在第一时间出来帮我；我开心了，你就要陪着我开心，我不开心了，你就要哄我开心；永远都要觉得我是最漂亮的，梦里也要见到我，在你的心里面只有我。”

《河东狮吼》里的张柏芝饰演的柳月虹在新婚的第一天，就给古天乐饰演的丈夫陈季常定下了这样一个男人的“三从四德”。正是柳月虹的霸道，将陈季常驯服，在家里，柳月虹说一，陈季常决不敢说二。

女人谁不想成为下一个“野蛮女友”或柳月虹，而自己的恋人就是又一个牵牛或又一个陈季常。女人，抛弃那些“以夫为纲”的陈旧思想吧，你要学会驯化男人。如果他是一只风筝，那你就要牢牢拽住风筝线，将他牢牢掌控在你的掌心。有时候，你只需要花一点小心思，就能将这只雄鹰收服，乖乖地待在你的身边，听任你的调遣。

1. 给他多一点挑战

渴望着得不到的东西，是人类的天性，而对于单身男人来说，这种诱惑特别强烈。女人，面对自己心仪的男人，与其在那儿自怜自艾地怀疑着：“他喜欢我吗？他觉得我怎么样？他到底看上我什么？”还不如在脑子里盘算：“跟这个家伙在一起，对我有什么好处？”适当有一点傲气，给男人一点挑战感，才会让他对你倍感珍惜。

2. 树立自己的威信

在爱情中，女人总是默默无闻地付出的时代已经远去了，“她时代”的女人，爱他就要告诉他，告诉他你为这段爱情奉献了些什么。

3. 独自去“偷欢”

天天黏在一起容易让他产生“审美疲劳”，偶尔也要给自己放几天假，独自去“偷欢”，给他思念你的机会，制造“小别胜新婚”的浪漫感。

4. 时不时赞美他一下

时不时地赞美他，尤其是在他的朋友和同事面前，要流露出一副幸福小女人状。即便在二人世界里你就是个对他吆五喝六的野蛮女友，在旁人面前也要对他言听计从，你在人前给足他面子，他自然会在人后给足你“里子”。

5. 经常鞭策他

经常鞭策他，要让他明白生活的艰辛和肩上的重任，进而发奋图强、勇于拼搏。需要注意的是，鞭策不等于抱怨，更不要动不动就拿他和隔壁的钻石王老五相比，要顾及他的自尊心。

6. 偶尔耍耍小性子

女人是用来宠的,你需要持之以恒地给他灌输这一理念，在一起久了，生活日趋平淡，你不妨偶尔对他耍点小性子，比如故意告诉他你要加班，让他晚上 9 点来你公司楼下接你，或者缠着他陪你一起看韩剧。

女人，别再抱怨别人的男友怎样温柔体贴，你的男友如何粗心自大，你需要明白，好男人的“好”都是女人驯服出来的。女人，从现在开始，用你的心、你的魅力，化为教鞭，驯服你的男友。

做个“疯”情万种的女人

再循规蹈矩的女人心底对“疯”都有或多或少的向往，涂银色唇膏、把头发喷个幻彩、穿透明装、吹声口哨。

“疯”女人的确更能让男人的目光在她身上滞留。她们有多变的装束，她们藐视所谓的妇道。“疯”女人把男人的心思琢磨透了，她们自己是如此的“精明”。

够韵味的女人，才具有最真实的风情。风情不同于性感，风情女人来自神，性感女人来自形；风情女人富于情调与韵致，性感女人多体现在外表。

国内外许多时尚杂志的封面，几乎千篇一律都是美人像。

有的颇觉一般，形象并不漂亮，眼神很空洞，只是穿着比较时尚；有的虽堪称绝代佳人，但形神之间，总感觉缺了点什么，只是美，却少了撩人的情韵，难以给人深刻的震撼；有的虽长相平平，但细品之下，顿觉她女人味十足，让人过目不忘，一招一式皆风情。

女人的风情最多来源于她的眼睛，有的女人有一双明亮的大眼睛，可读她的瞳仁，有的却像结束的电视屏幕，里面什么也没有，让人读不出她内心的风景。这样的大眼睛，只是造物主捏造出来的美丽，而且是否真正美丽，还大有疑问。有风情韵味的眼睛绝对是耐看、耐读的，它是心灵的传感器，让阅读者产生心灵感应。它的忽闪萌动着生命的光华，其神韵类似伦勃朗画笔下的光，闪烁而灵动。

一个好演员的眼神里必是写满风情的，导演称之为“眼睛里有戏”。戏台上的人生是百变的，好演员的眼里更需要有百变的风情。日常生活当然不同于舞台人生，生活中需要的风情眼，应该是至诚、至真、至纯的。善于把内心的风景通过眼波与流盼倾泻出来，会让人感到女人的可爱，让女人娇嗔毕现。

女人的风情并不完全在于她标致的身段。有些女人有着苗条的好身材，长腿、硕胸、蜂腰，并自诩性感迷人，走起路来婀娜多姿，但仍难被评上高分。因为她走的“猫步”虽然很标准，但在肢体语言上，总感觉少了点儿风情；论身材她或许达标，但那些徒有外表的“硬条件”，只能说明她有些性感而已。它们只是机械地陈列，僵硬地拼凑，缺乏灵性，没有韵致，类似对毕加索线条的拙劣模仿。相反，有些女人即使不是模特出身，但其走起路来风情顿生，让人感觉像是一幅移动的画，如清风扑面，如婷婷玉莲，怎么看都秀色可餐、光彩照人。

风情是十分微妙的，它不可言明。风情是附在女人身上的精灵，无色无香，令人捉摸不透。也许它是一股“气”——女人气，既可以藏匿，也可以外泄。一藏一露之间，方得女人之佳妙；一敛一放之间，方显女人之妩媚。风情女人端庄、典雅，韵味无穷、风情万种。

性感美人修炼法则

每个女人都不想让岁月在自己的身体上留下痕迹。于是，所有的女人都希望自己能够留住时光的脚步，留住青春。

那么，怎样才能提升女人的修行，让她们迅速地修炼成美人呢？

1. 不再与“大饼脸”为伍

一张脸是否漂亮对女人的形象有着重大的影响。脸蛋儿的魅力会为我们的整体吸引力加分，但一旦我们不幸被称为“大脸猫”“大脸妹”，那么美丽是要被打折的！

为了甩掉这个外号，试试下面这些对我们有帮助的方法吧！

进食时慢慢咀嚼食物，锻炼脸部肌肉。

用温水、冷水交替洗脸，促进血液循环及新陈代谢。

改变高枕睡觉的习惯。

避免太夸张或面无表情的讲话方式。

定期保养肌肤，防止皮肤因为失去弹性而松弛。

2. 小“腹”婆变成小“腰”精

中国自古以来就推崇女性的细腰美，于是，如何拥有纤细腰肢成为众多女性的日常功课之一。

（1）细腰操

平躺，双腿并拢向上伸直（运用腰腹部的力量）。

背和臂部也同时向上挺直（离开接触面）。

慢慢放落，速度一定要慢。

重复进行 5 ~ 10 次，也可根据自己的体能多做几次。

（2）消除小腹赘肉的运动操

仰躺，臀部紧缩，两脚分开与腰同宽。

两脚尖向内侧靠拢，双手枕在脑后。

边吐气，双腿边往上抬至离地 5 厘米高，并伸展跟腱。两手支撑着头部往上抬，伸展颈部。充分伸展之后，吸气、憋住，直到憋不住时，恢复原来姿势，重复做 10 次。

3. 热辣翘臀很简单

我们总羡慕那些穿着合身牛仔裤，能包出翘翘臀部的女人，那么快来做对塑臀有益的运动吧！

锻炼臀中肌，即臀上部肌肉，能够塑造出漂亮的圆形臀部。而锻炼臀大肌则是针对臀部后侧的大部分肌肉，可以塑造出臀部侧面的圆窝。多做踢腿运动，可以把两部分肌肉都锻炼到，并且还能够帮助加强稳定性和协调性。每周做 2 ~ 3 次，加上 4 ~ 5 次有氧运动（45 分钟 1 次），4 周之后，你就可以拥有完美的臀线了。

除去上述的美臀方法外，简单按摩也是快速美臀的捷径。

持之以恒地按摩承扶穴、涌泉穴，臀部自然会浑圆优美。

4. 从此告别“大象腿”

对每个女人来讲，决定形体美的重要因素之一是腿，它们的形象总不能让我们满意。粗壮的大腿脂肪过多，很难减，怎么办？

不用着急，我们将为女人给出三种专业的改善腿粗的方法：

以双腿为主的锻炼。如果你把目标定在粗胖的大腿上，你最好还是选择一种以锻炼双腿为主的运动。锻炼大腿和臀部肌肉的最佳运动是步行、骑自行车（包括在室内骑健身车）、越野滑雪、爬楼梯。

步行与跑步。以步行为主，途中进行几次短距离跑步，每次跑一两百米，习惯后，逐渐将跑步的时间延长。

游泳。水的阻力会使双腿活动比较费力，却不会像在地面上跑步那样承受较大的震荡，因此是减去腿部和臀部脂肪的好方法。

5. “太平公主”也要抬头挺胸

有句经典的广告词——做女人“挺”好，所以我们要及时地摘掉“太平公主”的大帽子，做个丰胸美人。

体操法。伸直背部肌肉并且抬头挺胸，双手合十置于胸前，这时彻底撑开肘部，双肩不要摆动，要平心静气；始终让胸部保持用力的状态，同时在手心上用力，相互推压缓慢地向左右移动。当手到达中心位置时，吸气，左右交替动作10 ~ 20次。

沐浴法。将水温调到40度左右，不能太热，否则会使皮肤松弛。用蓬头对乳房由下往上冲，水流可以强一些，左右交替各1分钟，或水开小些，做圆周运动按摩乳房周围。

按摩胸部法。由下往上，由内往外将乳房往上提升，以适当的力度交替来回按摩双乳约2分钟。可以使用美胸的产品或是身体按摩油，滋润胸部的肌肤及增加弹性。

这个世界上，没有丑女人只有懒女人。想要成为美女的你只要按照上面的方法持之以恒，会越变越美丽的！

第九章
气质女人只穿对的，不穿贵的

第一节 服装使你漂亮，更使你自信

用衣服包装自我，用自信打动他人

美国商人希尔在创业之初，就意识到了服饰的作用，他清楚地认识到，商业社会中，一般人是根据一个人的衣着来判断对方的实力的，因此他首先去拜访裁缝。靠着往日的信用，希尔定做了3套昂贵的西服，共花了275美元，而当时他的口袋里仅有不到1美元的零钱。然后，他又买了一套最好的衬衫、领带及内衣裤，而这时他的债务已经达到了675美元。

每天早上，他都会身穿一套全新的衣服，在同一个时间里、同一个街道与某位富裕的出版商“邂逅”，希尔每天都和他打招呼，并偶尔聊上一两分钟。这种例行性会面大约进行了一星期之后，出版商开始主动与希尔搭话，并说：“你看起来混得相当不错。”

接着出版商便想知道希尔从事哪种行业。因为希尔的衣着所表现出来的这种极有成就的气质，再加上每天一套不同的新衣服，已引起了出版商极大的好奇心，这正是希尔盼望发生的情况。希尔于是很轻松地告诉出版商：“我正在筹备一份新杂志，打算在近期内争取出版，杂志的名称为《希尔的黄金定律》。”出版商说：“我是从事杂志印刷及发行的，也许我可以帮你的忙。”

这正是希尔所等候的那一刻，而当他购买这些新衣服时，他心中已想到了这一刻。后来，这位出版商邀请希尔到他的俱乐部和他共进午餐，在咖啡和香烟尚未送上桌前，他已“说服了希尔”和他签合约，由他负责印刷及发行希尔的杂志。希尔甚至“答应”允许他提供资金并不收取任何利息。

发行《希尔的黄金定律》这本杂志所需要的资金至少在3万美元以上，而其中的每一分钱都是从漂亮衣服所创造的“幌子”上筹集来的。

希尔的成功很有力地证明了衣着对一个人的巨大作用，如果当初他根本不注重衣着，那么那位出版商肯定连看都不愿看他，更不会帮他出版杂志了。

据社会心理学家估计，第一印象的93%是由服装、外表修饰和非语言信息组成。服饰是一种无声语言，不但能给对方留下一定的审美观感，而且它还能反映出你个人的气质、性格、内心世界。它在很大程度上决定了别人对你的喜欢程度。

美国的心理学者雷诺·毕克曼做了以下有趣的实验：在纽约机场和中央火车站的电话亭里，在任何人都可以看到的地方，放了10美分，等到一有人进入电话亭，约2分钟后敲门说：“对不起，我在这里放了10美分，不知道你有没有看到？”结果退还钱的比率差异较大，询问者服装整齐时占77%，而询问者衣服较寒酸时则占38%。

因此可以看出，衣服一定程度上决定了别人对你的印象和态度。一套得体的服装会带给你自信，从而使别人更愿意与你交往。着装艺术不仅给人以好感，同时还直接反映出一个人的修养、气质与情操，它往往能在尚未认识你或你的才华之前，向别人透露出你是何种人。因此，在这方面稍下一点儿功夫，是会事半功倍的。

所以，你要学会用服装来包装自我，选择带给你自信的优质服装，不但可以掩盖你身材的不足，还可以衬托形体的优势，并在心理上消除由于对外表不满带来的焦虑。优质的服装还可以积极地调整穿衣者的态度，它有强烈的暗示作用，在心理上提示自己表现得要如同自己的服装一样出色。另外，它还能够增加着装人的成就感，让你表现得自豪、沉着、优雅。

因而，你不一定穿自己喜欢的衣服，但你一定要穿让你自信的衣服，它绝对会在很多层面上影响你的工作、你的生活。你穿着让你自信的衣服时，你在 3 秒钟之内可以抓住别人的视线；如果你抓住别人的视线，你在 3 分钟之内才可以得到别人的关注；如果你得到别人的关注，才有后面 30 分钟跟别人交谈的机会。所以每天出门的时候，你要先照一下镜子，看看自己有没有穿着吸引别人的服装。

衣着对一个人的影响非常大，一个不讲究衣着、对衣着缺乏品位的人，人际关系的效果势必会受到影响。因此，你若想有个好形象，从现在起，请立即注重你的衣着。用衣装来包装自我，用自信来打动他人。

学会用衣服来掩饰臀部的缺陷

李文是个非常爱美的人，对穿衣打扮十分讲究，家里的衣柜里塞满了她购买的衣物。一个周日，她要去参加同学聚会，大早上起来就开始翻箱倒柜地搭配衣服，想穿得漂漂亮亮的，在同学们面前保持以往的风光。可是，她试了二十几套衣服，还是觉得自己穿得很臃肿，她看了又看，想了又想，终于发现是臀部下垂的原因导致她穿上以前的这些衣服没有了以往的光彩。看来身材变了，衣服也得跟着变了，不然怎么看都不顺眼。

和李文一样，很多女性，特别是职业女性，因为经常久坐和年龄的增长，臀部会有不同程度的下垂。臀部下垂的人一定要知道如何用衣服来掩饰不足，才能让你更加精神有型。

臀部下垂者可利用短圆裙和阔褶的长裙拉长身形线条；也可以利用深色无花样的长裙和格子裙掩饰缺点；还可以选择穿有后袋的长裤或短裤。

美化掩饰下垂的臀部的各种方法中，以细褶或收腰的长白衬衫盖着冷色系裙子的掩饰方法最简单又最漂亮。这种裙子的腰侧皮带，是掩饰臀部下垂的重点。上半身设计简单的服饰和其他饰物，可突出裙子的效果。

还可以利用裤子后面的口袋及皮带来掩饰。将上衣束入有后袋的裤子，并以深色的皮带束着，颇具立体感，这样的穿法相当出色。

选择裙子掩饰臀部时，阔褶的长裙最为理想，上衣则选择同一色系的服装。这款组合整体轻便，显露出时髦。

贴紧臀部的窄裙、直筒裙，不适合臀部下垂者穿着，而摇曳生姿的及膝圆裙才是最佳选择。

让身高不再影响美丽

很多人为自己长得矮小而烦恼，他们认为身材矮小让自己与美丽产生了距离。其实个子矮小的人完全可以凭借衣服让自己看起来更高些，而完全不必为此烦恼。掌握了下面这些穿衣方法，你就能显得更高，更有自信！

1. 穿对颜色就显高

一般来讲，浅色比深色显高，暖色比冷色显高，艳色比浊色显高，从人对色彩视觉感知和心理感知的角度来讲，浅色、暖色、艳色都是膨胀色，深色、冷色、浊色都是收缩色。所以，个矮的人应多选择穿浅色、暖色和艳色的服装，尽量回避深暗、灰浊的色彩。并且全身服装色调最好相同或相近，这样可以拉长身形，如果色彩搭配对比太强烈，个子就会显得矮。上下身不同颜色的衣服也可以穿，但要注意颜色面积的比例，上下身颜色的面积比例以2∶3或3∶2为宜。最好上浅下深，把别人的注意力引向头部或肩部。

同色的鞋和袜，或式样简单、狭长的裤子可使腿部看起来修长，以增加身体高度感。高跟鞋的式样宜斯文大方，丝袜不宜过花、过浅。

2. 选对款式就显高

个子矮的人在选择上衣时应避免选择过长、过复杂的款式，简洁大方的短款或不到膝盖的直线条小长款能起到拉长身段的效果，让你看起来干练而不拖沓。选择裤子时最好避免过于肥大的裤型，选择直筒裤或小微喇，采用短衣配长裤，就能在视觉上起到拉长腿型的效果。还有一个小细节要注意，裤袋的开口应尽量以纵切线或斜切线来代替横切线，因为纵向线条会显高，线条越少越显高，而横切线往往会显矮、显胖。

如果你喜欢穿裙子，裙子的长度很重要，最好不要超过膝盖，太长的裙子会显得更矮。若穿衣裙套装，上衣或外套的长度最好在臀部最宽处3厘米以上，或刚刚长及腰部，这样会使人看起来较高。裙子上千万不能有印花或绣花等，以免穿上后显得又矮又胖。

3. 挑对面料就显高

个子矮的人选择服装面料以光滑平整为佳。服装式样也应尽可能地简单，但一定要制作精致，上装的腰线可以略微提高一点。衣料可选择柔软贴身的那种，使你穿起来有种颀长的感觉。衣料的图案、花纹宜小而碎，颜色不必太抢眼。

另外，单襟、直褶都适合矮个子的你。而带脚花、带子缚上足踝的鞋子都应避免。佩戴的珠宝饰物也不宜过大，而丝巾或领带会使人看起来文雅而修长。

记住，个子矮的人只要懂得一些服装的搭配方法，保持你的自信与苗条身材，你一样可以吸引别人的目光。

女性自信着装的3大原则

我们经常说：“女性可以用美丽征服世界。”这种美丽，肯定不只是长得美，而是内在与外在和谐统一的美感。而最迅速、最有效地体现外在美的方式就是女性得体的着装。

当今时代，是崇尚自由的时代，这种自由，也渗透到了穿衣打扮之中。但是，这并不是说我们就可以随便着装了，在必要的场合，遵循着装的基本原则还是必不可少的。如果我们遵循了着装的这些原则，不仅可以使我们看起来更加得体，也会使女性更加自信。下面，我们就介绍一下女性着装的3大原则。

1. 季节与着装色彩的搭配原则

一年四季，严寒酷暑，不停地变换。为了保持体温，我们的服装也会随着发生变化。但是，不同的季节，着装的色彩也要遵循一些基本的原则。

（1）春秋季节。

春季是万物复苏的季节，因此，这个阶段的着装应采用暖色系的色彩来体现这时的生机勃勃。秋季是丰收的季节，也是一个充满诗情画意的季节，此时可采用中间色和中明度色来体现秋天的成熟。

春秋季节是服装种类最多、没有什么特殊限制的季节，可以根据自己的特点和爱好来选择。在面料和款式上，柔软而有光泽的质料比较受人们的欢迎。

（2）夏季。

夏天气温很高，很容易使人浮躁不安。因此，此阶段的服装色彩应以冷色、浅色为主。尤其是蓝色，能让人眼睛一亮，倍感清新。蓝色与其他颜色搭配也可以相得益彰。在面料选择上，由于人体易出汗，所以应选透气性强、吸湿性好的纯棉、纯麻和丝绸面料。

（3）冬季。

冬季寒冷，因此可以选用色彩鲜艳、热烈的颜色格调，给人以温暖的感觉。面料上可以选择保温性强的呢、绒、毛料、皮等。

2. 流行与适合自己的个性相结合的原则

对于爱美的女性来说，选择当前最流行的服装是必要的。因为流行代表着充满活力、永远年轻的生活态度。但是，也不要忘了是否与自己的个性相符。

每一季流行的清单上，女人最应该注意的是哪些服装适合自己。女人的装束，不一定每件都是名品，但一个季节至少应该选择一套略高于自己消费能力的高档时装，这会使你自信心倍增。

高级服装和廉价服装可以混着来穿。比如一些 T 恤衫之类的可替代性较强的服饰，可以不必买名牌，只要借鉴一下名牌的款式和色彩就可以了，然后和自己高级的服饰搭配，这样就可以用比较少的钱穿出大牌的品位。

3. 总体着装原则

（1）不要在办公室穿太紧、太透、太性感的衣服。如果穿得过于性感，只会使你看起来不专业，像个花瓶，还会影响男同事的工作。

（2）不要穿得过于男性化。

（3）不要盲目追赶时装潮流。

（4）要每天改变上班穿的裙子的长度、款式和颜色。

（5）在办公室与人洽谈业务时，不要一会儿脱掉外衣，一会儿又穿上，这样会分散对方的注意力，也会给对方带来不稳重的感觉。

（6）佩戴的饰品不要太低廉、太累赘，这样会给人带来俗气的印象。首饰佩戴应该大方得体。

（7）衣服上不要喷太浓的香水，这样会使人觉得俗不可耐，并且不敢靠近。

（8）不要穿抽丝的丝袜或者能透出线条的内裤上班。这样，你的腿形再美，也失去了和谐的美感。

（9）在穿衣打扮之前，先问问自己要和什么样的人会面，再来决定穿什么样的衣服。

（10）衣服的色彩搭配十分重要。一般而言，正式场合，不要穿色彩反差太大的衣服。

总之，合适、得体的着装可以把女性变得更加可爱、更加具有吸引力。从女性自身来说，出色的着装，可以使自己具备饱满的自信和工作热情，进而在工作和社交中给大家留下良好印象，使自己获得成功。

第二节 根据职业特点选择职业装

职业女性——让你的形象更专业

艾斯蒂·劳达是世界化妆品王国中的皇后。她拥有价值几十亿美元的化妆品王国，是世界化妆品领域的主要代表。但劳达出身贫穷，并没有受过多少教育，她是以推销叔叔制作的护肤膏起家的。最初，为了使自己的产品能够多销售一些，她不得不走街串巷。后来，她决定将产品定位于高档次上。刚开始她的推销没有什么效果，有一天，她终于忍不住问一个拒绝购买产品的客户：“请问，您为什么拒绝购买我的产品呢？是我的推销技巧有什么问题吗？”

那位女士答道：“不是技巧有问题，是你的形象不好。你的形象告诉我：你根本就是一个低档次的人，让我怎么相信你的产品是高档次的？”这位女士的话明显带有对劳达轻视甚至侮辱的成分，但聪明的劳达却兴奋异常，认为自己找到了问题的关键：那就是产品的档次取决于自己的档次。她想，换成自己也会是这样，推销人员本身的档次不高，自己也确实会怀疑产品的质量和品位。于是，她决心对自己的形象进行精心改造、包装。她模仿富贵名门和上层妇女，像她们一样穿着打扮，模仿她们的举止。另外，她注意培养自己的自信，让整个人看上去魅力四射。慢慢地，越来越多的人买下了她推销的产品。从此，她一发而不可收拾，直至建立自己的化妆品王国……

由此可见，得体的穿着是迈向成功的必修课，对于每一个向往成功的人来说，如何正确地穿着与如何正确决策并行动同样重要，穿着得体虽然不能保证你一定会成功，但是穿着不当往往会失败。

女性在选择穿着前，首先要衡量自己在事业与生活中扮演的角色和所处的地位，以选择适宜的穿戴。职业女性的穿着一定要符合自己的职业身份，也适合个人不同的气质和体形特点。下面我们对部分不同职业性质的女性穿着做一番分析。

1. 女医生的穿着

正如大家对医生的想法一样，穿白色外衣，加上听诊器、笔及文件夹的装扮是年轻女医生们最合适的服装。这种典型的医生装扮，明确地告诉了其他工作人员及病人“我是医生”，而大家通常也会以对医生的态度来对她。

建议女医生们穿浅色的上衣时，最好不要穿白色的。白色上衣与白色外套混在一起会降低女医生的权威性及存在反效果。上衣最好是衬衫型或圆领针织衫，要不就是没有荷叶边、花边等女性化的装饰。只要是在诊治病人，就一定要穿上白外套。千万不要戴各种装饰物，这会造成反效果。

2. 女会计师的穿着

对女会计师的穿着而言，最好的衣着是纯灰色套装配上白色上衣，其次是深灰色套装配上白色上衣，第三个选择是淡灰色套装配白色上衣。对会计师而言，灰色与白色通常是最佳选择。蓝色系列的效果也不错。其中以海军蓝及中等蓝色的套装配以白色上衣为最佳。花格子套装对女性会计师而言并不是太合适。

另外，对于女会计师来说，应该拿的是一个大的、皮的、看起来男性化的公文包，而不宜拿手提袋。当女会计师到客户处办公事时，穿一套比较保守的裙子套装，携带一个合适的公文包，会给对方一个好的印象，而且很容易进入工作状态。

3. 女科学家及女工程师的穿着

对在实验室工作的女科学人员而言，如果因工作需要，大家都穿实验衣，那么你也应该与大家一样穿戴。在实验室里边，应该穿淡色上衣配以深色、素色的裙子，但上衣不要与实验衣是同一颜色。如果你的实验衣是白大褂，那么配以淡蓝色上衣最好；若是蓝色实验衣，则要配黄色或浅褐色上衣为好，同时穿无跟、无鞋带的鞋子最佳。

时髦的衣服在实验室里是无法被接受的。即使有一副模特身材的人，也不要将这些衣服穿进实验室。因为穿时髦衣服上班，与其他较传统的女科学人员来比，这种人反而显得没有地位，也不被认为是科技工作者。在这一点上，对女工程师们也是相同的。

4. 女记者的穿着

如果你是位女记者，你当然不愿意采访对象不合作。你希望的是被采访者能够轻松地发表他们的意见。因此，如果是与一般大众接触，应该要避免穿具有压迫感的衣服。在采访企业主管或是政府高级官员时，则可以穿端庄的裙子套装。

5. 女艺术教员的穿着

女音乐教师的穿着，应以简洁多变为宜。除了在音乐课上给学生以艺术上的享受之外，女音乐教师在服装上也应带给学生视觉上的美感，简洁、庄重、大方，不过分夸张与花哨，以获得与工作环境的协调。当然，要求款式简洁，并不意味着服装的单一乏味、一成不变，可以在面料质地、花边及饰物的点缀上稍做点文章。

女舞蹈教师的穿着，讲究随意舒适。女舞蹈教师大都身材修长，苗条似柳，曲线优美，四肢灵活。但是由于其工作性质的特殊性，使得她们在课堂上的服装大受限制，衣裙翩翩、佩玉叮咚之类的装束对于她们不太合适。在课堂上，作为舞蹈教师，她们的服装应该舒适、随意，便于活动。

随着人们生活水平的提高，年轻而精干的职业女性将大量的资金和时间用在穿着上。但是，无论什么时候，都要注意，自己的穿着应该符合自己的职业特点，这样才会使你的形象更专业。

套裙——打造职场女性的优雅魅力

套裙是西装套裙的简称，一般分为两种基本类型：一种是用女式西装上衣和随便的一条裙子进行的自由搭配组合成的“随意型”；一种是女式西装上衣和裙子成套设计、制作而成的“标准型”。套裙是最适合职业女性在正式场合穿着的裙式服装，可以塑造出职业女性端庄干练的形象。

关于套裙的选择，有下列几点需要注意：

1. 质地

一套在正式场合穿着的套裙，应该由高档面料缝制，上衣和裙子要采用同一质地、同一色彩的素色面料。在造型上讲究为着装者扬长避短，所以提倡量体裁衣、做工讲究。上衣注重平整、挺括、贴身，较少使用饰物和花边进行点缀。裙子要以窄裙为主，并且裙长要到膝盖或者过膝。

2. 颜色

套裙的颜色应以冷色调为主，清新、淡雅、凝重，以体现着装者的典雅、端庄和稳重。藏青、炭黑、茶褐、土黄等稍冷一些的色彩都可以。不要选鲜亮抢眼的。有时套裙的上衣和裙子可以是一色，也可以是上浅下深或上深下浅等两种不同的色彩，这样形成鲜明的对比，可以强化它留给别人的印象。

3. 图案

正式场合穿的套裙，要讲究朴素而简洁，可以不带任何图案。以方格为主体图案的套裙，可以使人静中有动，充满活力。套裙上尽量不要添加过多的点缀，否则会显得杂乱而小气。如果喜欢，可以选择少而且制作精美、简单的配饰物。如穿着同色的套裙，可以用和套裙不同色的衬衫、领花、丝巾、胸针、围巾等衣饰来加以点缀，显得生动活泼。另外，还可以采用不同色彩的面料，来制作套裙的衣领、兜盖、前襟、下摆，这样也可以使套裙的色彩看起来比较活泼。为避免显得杂乱无章，一套套裙的全部色彩不应超过两种。

4. 长短

套裙的上衣和裙子的长短没有明确的规定。一般认为裙短不雅，裙长无神。最理想的裙长，是裙子的下摆恰好抵达小腿肚最丰满的地方。套裙中的超短裙，裙长应以不短于膝盖以上 15 厘米为限。套裙的上衣最短可以齐腰，上衣的袖长要盖住手腕。

关于套裙的穿着和搭配，还应该注意以下几点：

1. 端正

套裙属于正式服装，一定要穿得端端正正。上衣的领子要完全翻好，衣袋的盖子要拉出来盖住衣袋或披、搭在身上；衣扣一律全部系上，不允许部分或全部解开，更不允许当着别人的面随便脱下上衣。

2. 场合

女士在各种正式活动中，一般以穿着套裙为好，但当出席宴会、舞会、音乐会时，就可以选择和这类场面相协调的礼服或时装。在这种场合还穿套裙的话，会使你和现场风格“格格不入”，还有可能影响别人的情绪。

3. 妆饰

穿套裙一定要注意着装、化妆和配饰的风格统一，维护好个人的形象，不能不化妆，但也不能化浓妆。选配饰也要少，在工作岗位上，不佩戴任何首饰也是可以的。

4. 仪态

当穿上套裙后，站要站得又稳又正。就座以后，务必注意姿态，不要双腿分开过大，或是跷起一条腿来，抖动脚尖；更不可以脚尖挑鞋直晃，甚至当众脱下鞋来。走路时不能大步地奔跑，而只能小碎步走，步子要轻而稳。拿自己够不着的东西，可以请他人帮忙，千万不要逞强，尤其是不要踮起脚尖、伸直胳膊费力地去够，或是俯身、探头去拿。

5. 衬裙

穿套裙的时候一定要穿衬裙。特别是穿丝、棉、麻等薄型面料或浅色面料的套裙时，假如不穿衬裙，就很有可能使内衣“活灵活现”。

衬裙可以选择透气、吸湿、单薄、柔软的面料，而且应为单色，如白色、肉色等，必须和外面套裙的色彩相协调。不要出现任何图案。大小也要合适，不要过于肥大。

另外，穿衬裙的时候裙腰也不能高于套裙的裙腰，不然就暴露在外了。要把衬衫下摆掖到衬裙裙腰和套裙裙腰之间，不可以掖到衬裙裙腰内。

穿套裙时，要注意鞋袜的选择。首先，用来和套裙配套的鞋子，应该是皮鞋，并且黑色的牛皮鞋最好。和套裙色彩一致色彩的皮鞋也可以选择。袜子，可以是尼龙丝袜或羊毛袜，肉色、黑色、浅灰、浅棕色都可以，避免艳丽的颜色。

鞋、袜、裙之间的颜色要协调。鞋、裙的色彩应深于或略同于袜子的色彩。不论是鞋子还是袜子，图案和装饰都不要过多。一些加了网眼、镂空、珠饰、吊带、链扣，或印有时尚图案的鞋袜，只能给人肤浅的感觉。另外，穿套裙时要注意不要暴露袜口。暴露袜口，是公认的既缺乏服饰品位又失礼的表现，特别是穿开衩裙时一定要注意。

总之，一套适合自己的套裙，可以让职业女性看起来专业而不失女性风韵，拥有干练而不失优雅的魅力形象。

不合时宜的性感会削弱你的权威和信任度

过分的性感是商业会晤和事业成功的杀手，但是，不修边幅、不在乎外表也一样是抑制女人事业发展的因素。而这正是在一些中国女性中所常见的。她们忽略甚至完全不在乎自己的外表，常常不修饰自己，穿着质量低劣、没有风格和品位的服装就走进了办公室的大门。

很多女人依靠自己的本能，选择了自己认为最得体的服装。还有很多女人在对服装的选择中，并不考虑服装对于事业的影响，而仅仅考虑到实用和舒适。更加让人遗憾的是，当一个女人穿衣不当、不修边幅时，却很少会有人直率、真诚地告诉她，这样的着装会破坏她的事业发展。因此，很多兢兢业业的女人根本不知道自己的事业长期停滞不前的重要原因。

还有一些人，喜欢穿过分性感的衣服，比如透明或暴露的衣服。透明的衣装已成为当今城市夏天一个美丽的时尚重点。但是，如果不懂区分场合穿着，往往让人好生尴尬。比如，有的女性喜欢把透明或暴露的衣服穿到办公室里去，这不仅与办公室的气氛格格不入，降低了办公的效率，还有损自己的形象。

在我们的生活中，很少有人告诉我们女人在各种场合下应该如何着装，没有人告诉我们着装不当的恶劣后果，我们的意识中没有这样的概念：引人注目的、高质量的、有品位的外表能让别人尊重你，女人的着装反映了一个女人的能力，出色的外表对女人的事业起着推波助澜的作用。很多女人并不注重自己的外表，其结果是影响了她们自己的事业。

性感的女人能吸引更多的目光，因此，很多女士都喜欢把自己装扮得性感一些，然而并不是任何时候的性感都能取得良好的效果。因此，女性在穿职业装时，应该特别注意，不要让不合时宜的性感削弱了你的权威和信任度，损坏了你的职业形象。

女性外出办事时，也要注重职业形象

小李是一位公司职员，每天都穿着职业装，在办公室里进行着按部就班的工作。

有一次，经理通知她第二天陪自己出去见一位客户，注意一下穿着。于是当晚，小李不惜重金给自己置办了一套最新款的时装，还找出了一些自己平时都不舍得戴的饰品。

第二天，小李打扮妥当，焕然一新地来到公司，没想到经理却看着她皱了皱眉，然后通知她不用去了。小李很疑惑。经理说："我们是去见客户的，不是去走T台的。"

很多爱美的女士，不大喜欢稳重严肃的职业装，一有机会就赶紧换上时尚前卫的服装。有些女士在外出工作时，认为离开办公室就可以自由装束了，于是擅自换上自己的时尚装，而给商务合作对象留下不良的印象。外出工作，最忌着装具有强烈的表现欲，这是需要尽量克制和避免的。色彩不可以复杂，而且应该注意与发型、妆容、手袋、鞋统一，不宜咄咄逼人，干扰对方视线，以至于造成视觉压力。所用饰品更不宜夸张。手袋可以选择款型稍大的公务手袋，也可选择优雅的电脑笔记本公文手袋，表现女性本身自信、干练的职业风采。

外出职业服装款式应注重整体的职业形象，要舒适、简洁、得体，便于走动，不宜穿着过紧或过于宽松、不透气或者面料较为粗糙的服装。当然，正式的场合仍然以西服套裙最为适宜；较正式的场合也可选用简约、品质好的上装和裤装，并配以女式高跟鞋；较为随意的场合，虽然可以在服装和鞋的款式上稍做调整，但职业着装特性是标准，所以不可不留意。

总体而言，外出职业装既要庄重，又不能过于沉闷，在沉稳中隐含着对自身职业的诠释，让合作伙伴看到你的时候就可以对你产生良好的第一印象，那么你的着装就成功了，你们的合作也就成功了一半。

避开职业着装的5大忌讳

在日常工作中，讲究仪表特别重要的一点，就是要规范自己的服饰。莎士比亚曾经说过，一个人的穿着打扮，就是他的教养阅历和社会地位的标志。所以，对职业装最基本的要求是得体、整洁、典雅。一般而言，着装有“破、脏、怪、乱、短”的忌讳。

1. 忌破

破，是指服装破损。任何一个公司都不能允许职员穿着破损的衣服来工作，这是对公司形象的一种损害。要是职员在办公时所穿的服装这儿撕开一个口子、那儿烧了一个窟窿，甚至连纽扣也不齐全，是难以使人信服其工作认真、严谨的。所以，纵使因为不慎，而使自己的办公服装“挂花”，你也要尽快采取补救措施，如更换、缝补等，而不宜令其为外人所见。

2. 忌脏

脏，就是懒于换洗衣服，使自己的衣服皱皱巴巴，满是油污、汗迹、汤渍，甚至令人看不出衣服本来的颜色，或是其异味令人掩鼻。整天穿着脏兮兮的衣服上班的人，多会给人一蹶不振的感觉，而且还会让人怀疑其心灰意冷，对生活丧失了信心。务必要牢记，工作再忙，身体再累，都不能成为自己整天穿着脏衣服来上班的理由。

3. 忌怪

怪，就是指着装过分怪异奇特。就目前而论，着装怪异主要可分为三种：其一，是款式过异，如“乞丐装”就是一例；其二，是搭配过异，即不按常规进行搭配，比如把长衫穿在里面，而将短衫穿在外面；其三，是穿法过异，即不依照正常的方法搭配服饰，例如，把衬衫围在腰上，把太阳镜支在头顶。这种着装过异的做法是不可取的。

4. 忌乱

乱，就是穿着衣服不合规范。如把适合于在办公时穿着的服装穿得不像样子，上衣不是穿在身上而是披在身上，裤管与袖口非要卷得高高的不可；或是把本不协调的服装强行搭配在一起，如以西装上衣配牛仔裤、健美裤，穿西装套装时配布鞋、凉鞋、旅游鞋等。

5. 忌短

短在这里是指着装过于短小，将不应显露在外的肌肤暴露了出来。根据礼仪规范，为了自重，一般来说，职业人士在办公时，背心、马夹、短裤，都是不适宜穿着的。同时应当指出，职业人士在办公时的着装应当大小、长短合身。切不可过于短小、不合身甚至捉襟见肘，显得自己有些小家子气。

总之，在职业着装打扮方面，我们必须展示出端庄、自然、大方、简约的良好形象，并符合自己的身份和工作需要。

第三节 风格是穿出来的美丽

选对衣服穿出个性品位

选衣服绝对是一门学问。虽然我们没有服装造型师那么专业，但是用心琢磨这门学问可以让你受益匪浅。

1. 自己喜欢的，并不是最好的

作为平常人来说，大多没有经受过专业的有关时尚方面的训练，所以有些自己喜欢的穿着方式从时装的角度来看，往往是不入流的，有些甚至可能是恶俗和低劣的，回想一下大街上的某些人的着装，真的是这样。所以，不要认为自己喜欢的就是最好的，就是必须坚持的。能领导潮流的人毕竟只是少数，而且必须是有时尚功底的人才有可能完全做到。

2. 时尚品位需要不断的“学习”

每个人喜欢和偏爱的东西，比如花布裙、蕾丝、蝴蝶结等等，它们本身并没有错，关键还是看组合的方式，就是如何用时尚的而且是适合自己的方式表达出来。了解时尚讯息是最关键的一步，也是一种最快捷的方法。找一本适合自己风格的服饰书固定下来，每个月买一本就可以了。

3. 固定服装品牌

商场的衣服琳琅满目，但是我们必须要记住的是：并不是所有的衣服都是适合你的。适合一般主要表现在价位和风格上。要尝试着尽快确定价位和风格都合适的3 ~ 4个品牌，并尽量尝试着固定下来。固定的意思并不是说每一件衣服都在这些品牌内挑选，但是外衣（就是外套、大衣、西装等）必须尽量选择这些品牌。因为外衣往往是个人服饰风格最关键的部分，也是最能体现个人品位的。

4. 固定着装风格

对于25岁以上的普通人来说，一般应该开始着手尝试并选择固定的服装品牌。选择期可以有2 ~ 3年。2 ~ 3年后，也就是快30岁的时候，应该已经确定了服装品牌。下一步工作就是确定固定的个人着装风格。

风格，这对一个人或一件衣服来说，几乎是最重要的。看一件衣服的时候，先不要单纯考虑颜色或者款式，应该做的是大致揣摩这件衣服的整体体现出来的风格，这种风格与自己的是否吻合。如果风格不是自己的，那就坚决放弃。如果风格吻合了，再考虑颜色和款式等方面的细节。

另外，在固定个人风格的时候要注意多样化，就是最少确定上班风格、休闲风格和晚会风格这三种风格，那样的话才不会太单调。

5. 确定自己的主打色系和辅助色系

根据自己的肤色、喜好等确定个人衣橱的主打色系，并尽量保持衣橱中 60% 衣服的颜色在主打色系之中。同时根据当季流行的色彩确定衣橱的辅助色系，并保持 40% 衣服的颜色在辅助色系中。

6. 确定基础款和流行款的比例

把个人衣橱中基础款式和流行款式的比例尽量保持在 3 ： 2之间。这点其实很难做到，一般来说，每个人购物的时候，总想买那些款式最流行、颜色最耀眼的衣服，但如果每次购物的时候总是买这些的话，那么可以想象你的衣橱一定很糟糕。黑色长裤、米色风衣、白衬衫、圆领黑 T 恤之类的基础款衣服，它们在你衣橱中的比例一定要占 60% 以上，否则你的品味就可能有问题了。

7. 摈弃模式化

在前面 6 点全部做到之后，相信你的衣橱、着装已经基本不大容易挑出明显的毛病了。当然，这 6 点只是提高品位的捷径，但要有最佳的品位，单纯靠这 6 点是绝对不行的。答案很明显，那就是太模式化了。模式化本质上是与瞬息万变的时尚潮流完全不合拍的。所以，在模式化的基础上，适当加一些带有小小的灵感的大胆点缀，将让你的品味大大提升。小小的配饰等一些富有个人特色的东西，都可以尽情尝试。

巧妙进行服饰搭配

巧妙的服饰搭配使女性成为流动的风景线。春天它把女人变成欢乐明亮的女神；夏天它让女人成为热情奔放的情人；秋天它使女人成为风韵犹存的妇人；冬天它令女人成为冷艳绝色的美人……

但是在现实生活中，每个女人都会迷失、彷徨，“永远都缺一件衣服”更成了女人在出门前常常拿来自嘲的一句话。不过不要紧，只要你够勤奋，真正地认识自己，并读懂服饰语言，每个女人都会变得分外美丽。

1. 建立自己的穿衣风格

我们不能妄谈拥有自己的一套美学，但应该有自己的审美倾向。而要做到这一点，就不能被千变万化的潮流所左右。我们应该在自己所欣赏的审美基调中，加入时尚的元素，融合成个人品位。比如，即使你只喜欢穿裙子的淑女感，也不必排斥宽腿长裤、九分裤等同样能传递出优雅感觉的裤装。融合了个人的气质、涵养、风格的穿着会体现出个性，而个性是最高境界的穿衣之道。

2. 衣服要与你的年龄、身份、地位一起成长

西方学者雅波特教授认为，在人与人的互动行为中，别人对你的观感只有 7% 是注意你的谈话内容，有 38% 是观察你的表达方式和沟通技巧（如态度、语气、形体语言等），但却有 53% 是判断你的外表是否和你的表现相称，也就是你看起来像不像你所表现的那个样子。因此，踏入职场之后，那些慵懒随意的学生形象，或者娇娇女般的梦幻风格都要主动回避。随着年龄的增长、职位的改变，你的穿着打扮也应该随之改变，记住，衣着是你的第一张名片。

3. 基本服饰是你的镇山之宝

虽然服饰的流行没有尽头，但一些基本的服饰是没有流行不流行之说的，比如及膝裙、粗花呢宽腿长裤、白衬衫……这些都是“衣坛常青树”，历久弥新，哪怕 10 年也不会过时。这些衣物是你衣橱的“镇山之宝”、必备之品，所以选购时要注意材质上乘、剪裁得体的衣物。多花点儿钱买件优质品，不仅穿起来好看，而且穿着时间长，绝对值得。

4. 资金受到限制时务必求精

把眼光放得高些，学会挑剔，从款式、材质、颜色到剪裁、工艺……道道门槛都要过，不要因为偏爱某一个元素而忽视其他方面。如果你在买的时候就是犹豫不决的，那么几乎可以肯定，买回来后的这件衣服你肯定也很少穿它。所以，哪怕只拥有几件出色的衣服也比有一柜子穿不出去的衣服强。

5. 买和自己身材、肤色、气质能够“速配”的衣服

专卖店精美的橱窗和优雅的店堂都是经过专业人士精心设计的，其目的就是营造出一种特别的气氛，突出服装的动人之处。但是，那些穿在模特身上或者陈列在货架上的漂亮衣服不一定适合你，不要在灯光和导购小姐的游说造成的假象中迷失了自己。为了避免被一时的购物气氛迷惑，彻底了解自己是非常重要的基础课程，读懂自己的身材、气质、肤色，才不会买回错误的衣服。

整理一下你的衣橱

作为一个女人，可以没有电脑，没有跑车，没有花园洋房，但绝不能没有一个属于自己的衣橱。而且，不论这衣橱是原木的还是塑料的，它里面的内容都一样地多姿多彩，气象万千。懂得修饰自己的女人有时不一定能打理好自己的衣橱，许多女人的衣橱打开后，都有相同的“症状”：塞得满满的，太多不合适却舍不得丢掉的服装，而当有些场合需要自己展示魅力时，却一件得体的也找不到。你是否也有这种情况？如果有，该是你整理衣橱的时候了。

首先一定要清楚自己的“基本服饰骨架”，它是一个人衣橱的“基础”，有了“基础”，再添加其他的物品，就会变得很好搭配。但大多数人并不知道“基本服饰骨架”的重要，因此衣服裤子不要只照着一时的感觉去买，虽然每一件看起

来都还可以，但相互搭配起来不合适，造成尽管衣橱衣满为患，实际能派上用场的衣服却不多的现象。

衣橱保持八分满是保护衣服的大原则。一个拥挤的衣橱，空气无法流通，纤维不能呼吸，会对服饰造成意想不到的伤害；尤有甚者，你可能会发现，明明送洗、整理好放进去的衣服，拿出来穿时又皱了。

其实，只要想想：如果让不常穿、不能穿的衣服去破坏掉常常穿的、心爱的衣服，不是很得不偿失吗？因此你就要做出决定：什么是要的、什么是不要的。以下就是整理衣橱的几个步骤。

步骤1：先将太大、太小，不合尺寸的衣服都拿掉

若真舍不得，或真的有减肥或增肥的计划，可以先将这些不合尺寸的衣服分类装箱，等达到目标后再拿出来穿也不迟。

接下来，你可以将不符合现在工作、身份、地位、年龄的衣服一并清出来，若某件衣服有特别的纪念价值，或者让你每次看到它或穿起它就感到温暖快乐，可以用其他更有创意的方式收藏起来，而不是全挂在衣橱里，和其他衣服相互挤压。

超过一年没穿的服饰，你也要重新审视，最好也扔掉。对于那些不适合你身材的衣服，就更加不要考虑立马扔掉。经过这种大清除后，你的衣橱会多出很多空间，你就可以自由安排了。在任何时候，若衣橱又太满，说明又有些衣服你要扔掉了，这时只要稍做清理即可，不会再占用你太多的时间。

步骤2：检查留下来的衣服

在清理衣橱的同时，你更应该让决定留下来的每件服饰都派上用场，当下拿出立即可穿，而不是事后还需要烫、需要缝补，甚至是需要修改。想想也是如此，千挑万选留下来

的衣服，当你决定今天要穿时，却发现它竟然有一块很明显的污渍，或者拉链坏了，岂不是完全白费心机，徒增烦恼。因此现在就赶快将所有留下来的服饰仔细检查一遍，将该缝的、该补的、该改的、该洗的、该烫的，都做“修复计划”，如果当下有时间处理，就赶快把所有需要修复的服饰都拿出来一次搞定；如果当下实在没空，建议你记在笔记本里头，安排时间进行衣物的修复工程。虽然费一番工夫，却为往后的生活带来无穷方便，绝对值得。

除了衣物之外，配饰也要记得整理。帽子、皮包、腰带、手套、袜子、鞋子、丝巾、首饰，也以同样的过程加以过滤。所不同的是，配饰难以修复如新，对于常需要佩戴、却已显岁月痕迹的，请马上写在购物卡上，添购补替。

步骤 3：有系统地吊挂、摆放

如此这般整理后，现在的服饰都已经是适合你的，并且随时可穿可用的衣物了。你要更进一步有系统地吊挂、摆放服饰，才能在打开衣橱后一目了然，易取易配。

先依款式分类：你可以将“春夏”与“秋冬”的服饰分开吊挂。要是在炎热的夏日里，夏装混着厚厚的冬衣，你岂不是又要皱眉头了。不管是“春夏”或“秋冬”的衣橱，都先以款式做分类，例如衬衫类、外套类、夹克类、洋装类、长裙类、短裙类、长裤类等等，将同一类的衣服吊挂在一起。此外，吊挂的次序也是非常重要的，以方便你取物和搭配为好，譬如长裤、长裙、短裙，接着是衬衫、外套、夹克，再下来则是洋装。

你最好是将套装的外套和裙子也分开吊挂，因为如果套装的外套、裙子挂在一起，你会发现一辈子可能就只有一种穿法。现在，你已经将外套、裙子分开吊挂了，当你决定穿某件外套后，可以到下身区去检视所有的选择，你会忽然发现：原来这件外套还可以搭配另一条长裙、格子及膝裙、某件长裤等。一件外套忽然增加了好几种穿法，它的“身价”也立即水涨船高了。

再依颜色、材质或性质区分：款式分好后，再依照颜色、图案、正式或休闲的性质做出区分，如此会让衣橱更有条理。例如衬衫群里，所有白衬衫挂在一起、淡颜色的在一起、鲜艳的在一起、印花的在一起、正式豪华的在一起；长裙区里，黑色的在一起、有图案的在一起、休闲的在一起等等。

在整理衣橱时应注意以下几点。

（1）每两件吊挂的衣物之间都要保持适当的距离，不要挤在一起。

（2）衣架的选择不可不慎，尤其是较重的外套，要用宽厚坚固的衣架，肩膀处才不会变形；而精致的丝质衣物，则可用有海绵衬的衣架。

（3）纯丝、真假皮质等料子的长裤、裙子，在用衣夹吊挂时，夹子与衣物间要垫一层纸，以免产生难以消除的夹痕。有些衣物不适合吊挂，如很重的缀珠服饰，针织毛衣等等，最好能以折叠方式收藏，并且折痕要越少越好，就在身体处由腰部往上对折一次，再将两个袖子折进来平放即可。

（4）重量较重的长洋装，可以自己在衣服内的左右腰际处各缝上一条细带子，长度是拉直时比上衣稍微短些，以这两条带子辅助吊挂，可以帮忙支撑重量、防止变形。

（5）折叠的衣物若怕产生皱褶，可以在折叠时放进薄薄一层棉纸，或将卷筒放在中央折处，将有助于减少皱褶。

步骤 4：为你的服饰做搭配

现在，你的衣橱已经是整齐而系统化的了，你可以开始为所有的服饰做一下搭配。

例如一件西装外套，你好好看一下自己的衣橱，把你认为适合它的上装，无论衬衫、毛衣、针织衫皆可，下装（裤子或裙子）、鞋子、首饰，全都摊到床上看所有的选择；或者像做橱窗设计般地摆出整体搭配，如果看起来的效果不错，接下来你就可以试穿一下，依照刚才的搭配实际穿上，看看效果如何。

步骤 5：列出衣柜新成员的采购清单

在你的衣橱里，可能会有某些单品，找不到它理想的伴侣，你需要添一些新衣服。例如有一条裙子，始终找不到合适的上衣；或者一件心爱的洋装，永远都缺少一双可搭配的鞋子。对于这些服饰，你就要认真做一张购物提醒卡片，上面记录着：某某裙子，缺衬衫一件，或者某某长裤，缺外套一件。

另外，逛街时别忘了把这张购物卡片随身携带，如此就会清楚地知道自己实际上到底需要或想要些什么，而不再是漫无目的地乱逛，买回你已经有的或其他怎么配也配不起来的东西。

总之，衣橱应该像活水一样，新鲜的水不断流进来，旧的水不断排出去。你可以每次淘汰 1/3 或 1/4 的量，重点是每隔一段时间要检视衣橱一次，不让不合时宜的“过期”衣服阻碍你的美丽。等到衣橱里全换成目前最需要而且是最“新鲜”的服饰时，你的穿着和心情也会非常愉悦。

选择合适着装应注意的原则

着装是一种社会文化的体现，也是一个人文化修养和审美情趣的体现，它无声地介绍着一个人的身份、气质和内在素质。

从某种意义上说，服饰是一门艺术，服饰所能传达的情感与意蕴甚至不是用语言所能替代的。在不同场合，穿着得体、适度的人，给人留下良好的印象，而穿着不当，则会降低人的身份，损害自身的形象。

在社交场合，得体的服饰是一种礼貌，一定程度上直接影响着人际关系的和谐。影响着装效果的因素，主要要有以下三个方面。

（1）文化修养和高雅的审美能力。

（2）健美的形体，它是着装美的天然条件。

（3）掌握着装的常识、着装原则和服饰礼仪的知识，这是达到内外和谐统一美的不可或缺的条件。而现如今，人们公认的重要着装原则就是TPO原则。

TPO是英文Time、Place、Object三个词首字母的缩写。T代表时间、季节、时令、时代；P代表地点、场合、职位；O代表目的、对象。着装的TPO原则是世界通行的着装打扮的最基本的原则。它要求人们的服饰应力求和谐，以和谐为美。着装要与时间、季节相吻合，符合时令；要与所处场合、环境，与不同国家、区域、民族的不同习俗相吻合；符合着装人的身份；要根据不同的交往目的，交往对象选择服饰，给人留下良好的印象。

根据TPO原则，着装时应注意以下几个问题：

（1）着装应与自身条件相适应。选择服装最重要的是保持与自己的年龄、身份、体型、肤色、性格的和谐统一。

年长者，身份地位高者，选择服装款式不宜太新潮，而在款式和面料质地方面则应讲究些，以求与身份年龄相吻合。

青少年着装应着重体现青春气息，以朴素、整洁为宜，能做到清新、活泼最好。“青春自有三分俏”，若因不合理的服饰破坏了青春朝气那就得不偿失了。

（2）着装应与职业、场合、交往对象相协调。着装要与职业、场合相宜，这是不可忽视的原则。工作时间着装应遵循端庄、整洁、稳重、美观、和谐的原则，能给人以愉悦感和庄重感。一个单位员工的职业着装和精神面貌，能体现这个单位的工作作风和发展前景。现在越来越多的组织、企业、机关、学校开始重视统一着装，是很有积极意义的举措，这不仅给了着装者一分自豪，同时又多了一分自觉和约束，成为一个组织、一个单位的标志和象征。

着装应与场合、环境相适应。正式社交场合，着装宜庄重大方，不宜过于浮华。参加晚会或喜庆场合，服饰则可明亮、艳丽些。节假日休闲时间着装应随意、轻便些，西装革履则显得拘谨而不适宜。家庭生活中，着休闲装、便装更益于与家人之间沟通感情，营造轻松、愉悦、温馨的氛围。但不能穿睡衣拖鞋到大街上去购物或散步，那是不雅和失礼的。

着装应与交往对象、目的相适应。与外宾、少数民族相处，更要特别尊重他们的习俗禁忌。

总之，着装的最基本的原则是体现“和谐美”，上下装呼应和谐，饰物与服装色彩相配和谐，与身份、年龄、职业、肤色、体型和谐，与时令、季节环境和谐等。

第四节 追求时尚的正确方式

时髦不等于时尚

羽西牌化妆品是所有女性耳熟能详的化妆品牌，而它的创始人靳羽西女士更是让女人无限羡慕的女性美的代表。她既是著名的女企业家，又是有名的女主持人，依靠自己的气质彰显独特的魅力，一本《魅力何来》更让她魅力四射。《纽约时报》称她为“中国化妆品王国的皇后”，她还是美国电视六强人之一，获得了许许多多的成就奖，影响了一代的中国人和电视主持人，同时她更是个漂亮的、充满女人味的女人。

但是，在25岁以前，她也和爱赶新潮的年轻人一样，喜欢尝试新的东西，以此显示自己的与众不同。她那时赶时髦、追流行，把头发染成金色，涂蓝色的眼影。25岁以后，她才开始知道什么才是使自己漂亮的东西，并给自己的衣着打扮做了定位。也可以说，她从盲目的追求时尚中进行了反省。

从此靳羽西不再花时间和金钱去追求那些虽然流行、时尚但并不能使她变得漂亮的所谓的时髦。为了事业的成功，她需要一个成熟的、有品位的自我形象。她选择的“整齐刘海、扣边短发”的发型，使她看上去既比同龄人年轻，又保持了她内在的青春活力，尽显朴素高雅的魅力。这一发型似乎成了她的固定选择。她对流行色有独到的见解，能使皮肤白嫩、细腻、年轻、更漂亮的颜色就是永恒的流行色。在众多女性追求和崇尚西方的金发碧眼，并为自己的黄皮肤、黑发、黑眼睛感到自卑时，靳羽西却认为黑发就是美，因此她保留了黑发的黑、真的特点。她同样认为黄皮肤也是美丽肤色的一种，关键是要使这种肤色成为一种健康色，打扮的效果是要使这种肤色更美丽，而不是要改变它。显然，她的定位——新色彩、新风格和新服装使她光彩照人，她的形象设计得到了全世界女性的认可。

华丽的衣裳不一定能装扮出灵魂的美来，而朴素的衣服也不一定能掩盖住一个人的精神风采，这就是气质的魅力，它来源于精神世界的充实与丰富。

著名京剧表演艺术家云燕铭对自己的穿衣之道曾做过精妙的总结：“我不想成为时髦的先驱，正因为这样我的服装很少受外界的干扰，都是我自己投入内心的情感，根据自身的特点精心设计的。我把我的愿望和爱好深深地寄托于服装中，使服装充分体现我的个性。”

遗憾的是，大多数的女性似乎过于容易被光怪陆离的时尚所迷惑，在不惜花费大量金钱奋起直追中踏入了歧途。“越是新奇的东西命越短”，越是时髦、流行的东西也就越容易大众化。在越来越多的女性争相模仿中，时髦也就日见俗气，开始令人望而生厌。流行服饰界的观念瞬息万变：今天兰格弗德饰有荷叶边的裙子一统天下，明天凯琳的扎脚管长裤又会主宰乾坤，今天的流行很可能被明天唾弃。即使是最善于“赛跑”的女性，也很难追赶上如此迅捷变化的流行新潮，而只能无可奈何地面对一衣橱的过时服饰叹息一声：“永远少一件衣服！”

时髦并不一定就是美丽，穿出自己的个性与气质才能真正彰显自己的魅力。服饰的风格如果不能与自身的气质相配，那么再华丽时髦的装饰也只能是一堆赘物。低胸、露背式的晚礼服穿在性格开朗的女性身上，会使她在宾朋满座的晚宴上充满信心、应酬自如、光彩照人；但若穿在生性胆怯的女性身上，难免会令她局促不安、手足无措，显出一股小家碧玉似的忸怩状。

服饰界不存在永远新奇的衣饰，却存在永不过时的品位。拥有几套款式大方、质地较好、色彩含蓄的服装，再经过巧妙的搭配、适度的点缀，就可以在任何场合都不失其优雅且又免于流俗。

因此要想拥有永恒的魅力，就要保持不变的个性，永不为外界所干扰。

创造时尚的人将会把自己的形象铭刻在他人的脑海里，使模仿者黯然。时装模特的风采令人如痴如醉，但T形舞台不等于现实生活。女性在追求时尚之前，一定要仔细琢磨一下自己的个性、体形、肤色、身份和生活方式是否具备了追求的条件。如果抱着“别人有的我也要有”的观念不放，那你最多也只能是一个成功的购买者。一味追求他人创造的时尚，说明你对自己缺乏基本的自信。

现代时尚女性要学会的是用眼睛观察自己，相信自己具有与众不同之处。如果仅仅生活在他人创造的流行与时尚中，那么你所拥有的也只能是茫然和盲从。

追求时尚的女人，避开时髦的陷阱吧！为什么不穿出自己的个性，创造出自己的风格呢？只有当你的内涵和外表协调统一时，你才是最有魅力的时尚女性。

让你的美丽性感而不越位

性感究竟是什么？简单地说，性感就是一种气质。

如今的女人可以主动，可以狂野，也可以热情，这样的女人反而更具有女人味。温柔贤淑、健康丰润且个性丰富的女人就是性感的女人。

现实生活中，有不少女性误解了性感，性感不是卖弄，我们应该追求的是更高境界的性感，是存在于骨子里的性感。

在生活中，要想成为一个人见人爱的美女，就要学会从内至外、从头到脚去发掘、释放及表达你潜藏着的性感魅力！

让自己性感起来

性感这回事，放在不同的女性身上，自然会散发出不同的味道。例如，“看”来性感与本身就性感，引起人性冲动与诱人遐想的性感，媚俗的性感与优雅的性感自然是层次不同的。

把肉感当性感的女人，为了所谓的性感，不顾一切地表现和张扬。殊不知，弄巧成拙，不仅无法让人体会到性感的美，反而让人觉得有些妖艳。其实，性感是一种高境界的美，性感融在女人的骨子里。

1. 得体的妆容，化出你的性感

女人的容貌是否性感由五官决定，五官的精致与匀称非常重要，因为它能表示出一种与众不同的生动，感染与影响周围的人。只要心地善良，即使五官有些不尽如人意，也可以通过化妆来弥补，突出眼、鼻、嘴这些性感部位，使自己的脸如阳光般灿烂。

但性感的化妆有个底线，那就是无论如何也不要把自己化成一张大花脸。越是真实自然的脸，越容易被别人喜欢，这是由人渴望本真的天性所决定的。所以对于女人来讲，30岁之前素面朝天、清爽润泽是最迷人的状态，30岁之后略施粉黛，用优雅与性感来继续你的精彩。

性感化妆重点主要有3点：

（1）用飘逸的线条在眼线和唇线上下功夫。因为线条流畅的眼睛和嘴唇能使你显得魅力十足。

（2）让嘴唇显得厚些。因为厚实的嘴唇本身就充满诱惑，若再用唇妆加以强调，使嘴角上翘，唇峰曲线浑圆，就会显得更加成熟性感。

（3）用色鲜明清爽。唇红齿白本就迷人，如果再配上脸上其他部位的生动颜色，即使仅是点到为止，依然会有精彩的效果。

但必须注意的是，性感的化妆绝不是浓墨重彩，虽然这样做舞台效果不错，但在日常生活中，人与人之间的距离是如此接近，浓妆只会令人退避三舍，即使你性感万分也是白费劲。

一个女人，只需拥有一个简单的化妆包，再花些心思，就能做到性感十足。在这个化妆包里面配备：

（1）一支口红。唇妆不强调过分的光泽，但要有盈润的质感，一抹之间，丰润立现。

（2）一款眼影。眼妆能否与整个脸面的妆容贴切，主要取决于眼影的选择，要选有些微珠光的眼影，可以渲染出洗练明亮的眼妆效果。

（3）一支纤细型的睫毛膏。要达到有妆似无妆的效果就必须用极细的睫毛膏才能描画出这种状态。

（4）一款腮红。性感的气色当然要靠腮红帮忙，用带有自然血色感的腮红，轻轻涂抹就会有无妆的纯然效果。

（5）一款指甲油。纯正优雅的米色指甲油会给你的性感妆容添上完美的一笔。

2. 巧妙着装，搭配出你的性感

对于女人来说，得体大方的着装，会使女性的性感显露无遗。

巧妙的服装搭配，通过给人恰到好处的感官享受，可以很好地表现出女人的性感。女人通过服装来体现性感，不是暴露，不是粗俗，更不是玩酷，而是精心选择搭配出来的效果，无论色调、面料，还是款式，舒适中的飘逸都会产生一种极致的唯美，把女人的身段完美无缺地衬托出来，也把女人超凡脱俗的品位表现出来。

上身穿得短一些，少一些；下身穿得长一些，薄一些，飘一些，自然就会款款深情，把女人的俏丽妩媚展现得淋漓尽致。

当然，在细节上必须处处显示精致的美感，将高贵和浪漫糅合得天衣无缝，你才能凭借自己的性感着装赢得最高的回头率。

说到底，衣服该怎样搭配怎样穿，其实没有什么固定的标准，只要看上去顺眼和养眼，能够叫人眼前一亮，击节赞叹，你怎么穿都可以。

下面为女性介绍几种最能体现性感的着装风格：

（1）露肩着装。露肩分露单肩和露双肩，衣服款式也有吊带和松紧带两种，露单肩比较有风情，露双肩比较性感。

（2）露背着装。露背不太容易，因为拥有光滑性感后背的女人并不多见。通常来讲，稍有些斑点瑕疵的已经没有资格再去露背，因为后背面积太大，只要稍有问题，别人一览无余后难免就会扫兴。所以除非后背细嫩光滑，否则还是点到为止，只在后脖颈下方最娇嫩白皙的地方开一扇小窗，其余的就让别人去想象好了。

（3）露腿着装。修长的美腿穿迷你裙或短裤，无疑是性感的绝配。但有三点要注意：

① 确认你的腿看起来非常光泽柔滑，肤色非常美。

② 不穿袜子，光脚穿高跟鞋，这样不但保证肌肤温润性感，也使腿看上去更修长匀称。

③ 无论是穿超短裙还是短裤，都不要翻边，也不要贴袋，色彩不能太鲜艳，质地应该很柔软，这样既合身又舒服，才能穿出青春活泼的魅力。

但是，露腿装也只适合青春妙龄的女孩，年纪稍大些的女人，最好不要穿成这样子。

（4）露脐着装。女人的肚脐最性感的当属菱形形状和猫眼形状，前者是垂直的，有点像菱形；后者比较有棱角，看起来玲珑精巧。但是，一般只有妙龄少女才有这样令人羡慕的条件，所以露脐展示的是青春活泼，一旦过了这个年龄，就最好不要选择露脐装了。

成就美丽女人的10个条件

有些女人虽然面容不美，但却具有吸引人的魅力。这种魅力使女人变得风姿绰约、异常迷人。

成为美丽的女人是每个女人的愿望。那么，这种愿望怎么才能实现呢？当然与生俱来的素质很重要，但是后天的培养更重要。

1. 培养气质与个性

一个女人即使容貌美丽，但是缺少独特的气质与个性，就不能称之为富有魅力的女人。所以，女性在言谈举止、化妆、服饰等方面，都要表现出个人的气质与个性，只有这样才能魅力无限。

2. 增加生活情趣

生活中的各个方面都有流行的影子，发型、服装、美食、娱乐，女人也应该跟上时代的潮流，懂得利用闲暇时间充分享受生活的乐趣。有的女人被家务、工作所累，认为自己与这些情趣无关，对外界的变化也不再关心，并且觉得这样过得也很好，这就大错特错了。情趣可以助你开拓生活领域，让你生活得更加愉快。可以通过看电影、电视，和朋友交流，阅读杂志，参观画展，逛街等途径来了解社会的变化，感受时代的变迁，这样才会使你保持既传统又现代的魅力，让你自己的内心更年轻，更充满活力。

3. 陶冶情操

美丽女人都要注意自己的修养，美丽的第一要义就是由内至外的提升。虽然现在的消遣、应酬、家务、工作等事情让女人越来越浮躁、越来越实际，但是切不可因此而放弃自己的内修。可在床头搁本喜欢的画册、美文集等，晚上在柔和的台灯灯光下翻阅，这不但可以丰富自己的知识，还可以让人平和宁静。有时间可以去美术馆或音乐厅看看美术作品、听听音乐，拉近自己和艺术的距离，不断充实自己，试着让自己成为一个充满艺术气质的女人。

4. 富有创造性

有创造性的女人总是乐于独立思考，她们对事物有自己的看法，敢于发表自己的意见。富有创造性的女人，对周围的事物总感到不满足，于是，她们就会试着去改变它。

很多人都喜欢和这样的女人在一块儿，因为她们能够不断地发现新东西、新事物，给周围的人不断带来惊喜。有关新东西的出现，往往会由她们先发现。当她们把这些惊奇带给别人之时，也正是她们最具魅力的时候。

5. 求知欲

有求知欲的女性，大多具有生活自主的能力，她们通常都有一份属于自己的工作，并借此来充实自己的精神生活，不时地鞭策自己积极向上，过着相当有意义的生活。她们绝不会把婚姻当成“保护伞”，因而对婚姻质量要求很高，不希望自己完全依赖对方。凡是这样的女人，都有一定的魅力。

6. 聪明睿智

现代社会是一个知识的社会、高新技术层出不穷的社会，也是一个充满竞争与挑战的社会，因此，女性生存的压力越来越大。这就要求女性必须有较高的智慧，在商场和职场中，能机智地处理事务，并善于待人接物。聪慧能干是成为富有魅力的女人不可或缺的重要条件。

7. 坐姿、站姿优雅

同样是坐或立，有的人显得懒散，而有的人就能传递出一种清新优雅的气息，让人看着就舒服。

正确的坐姿应收腹，放松肌肉，并轻轻舒缓肌肉，让自己的姿态在轻松的状态下呈现出最好的效果。

正确的站姿是挺胸，背脊伸直，下巴微收，收腹，双腿内侧使力，脚后跟并拢，膝盖挺直，双肩自然下垂。这样的站姿才会使人看上去显得挺拔、优雅。

8. 改变发型

大多数女性都很注重护理自己的秀发，也懂得选择适合自己脸型的发型，但这仍显不足。要想使自己更具魅力，就要学会根据不同的情况，如在工作、运动或看电影时，简便地利用一些小技巧改变自己发型的风格，例如：改变思路，或用丝巾包扎，或戴个小发卡让它与服装相映生辉，人自然也生动许多，并且还时常能给人以惊喜。

9. 清新爽洁

清新爽洁是女性的象征，所以清新爽洁也是具有魅力的女人不可缺少的条件。

10. 装扮得体

一个美丽的女人之所以能妩媚动人，除了气质、优雅的举止之外，她的服饰很重要。实际上女人并不需要在买衣服上花很多的钱，关键是要学会新旧衣服如何搭配、如何协调。这样的话买衣服时就不会冲动、盲目，也不会出门时总是感觉没有衣服。无论流行什么风格，都别忘了扬长避短，要挑选那些能衬托自己体型和气质的服装。

用饰品点缀你的玲珑芳心

有人说，女人是一本书，那么，女人的服装就是那本书的封面，凸显的是女人的“大风格”；而那些饰品则是书的点睛之处，显露的是女人的“小情致”。饰物，因为沾染了女人灵动婉约的气质，便拥有了一种独特的个性魅力。聪明的女孩，何不用饰品点缀自己呢?

1. 耳饰

耳饰要与周围的环境，个人的气质、脸形、发型、着装等结合为一体，从而达到最好的修饰效果。

耳饰由于靠近脸，对脸部起到一种平衡作用，因此，佩戴不当往往适得其反。一般来说，椭圆形脸选择耳饰的式样可随意，但其他脸形就要有选择地佩戴。四方脸形宜佩戴圆弧形耳环；长脸形宜选择圆形耳环，切不可在耳垂上挂长形耳环；尖下巴的人更适合佩戴圆形吊坠式耳环，以增强脸部的圆润感；圆脸形如佩上坠式三角形或四方形耳环，会使脸庞更显活泼明丽，切不可佩戴圆形耳环，那会使脸部显得滚圆胖大。耳饰的大小应与脸部的大小成正比。

另外，女人在佩戴耳饰的时候，还要注意与服装和发型的搭配，充分利用你的耳饰，让它为你的魅力加分。

2. 手镯

现代的时装设计高手，绝不会忽视手镯的陪衬，手镯在平平常常的服装中显出风格，流露出女性魅力。

如果你拥有漂亮修长的手臂和细小的手腕，应当把手镯戴在接近手腕的地方。如果手臂太瘦，应当戴细小的金属手镯或手链，而不要戴粗大的玉镯，否则宽大的手镯会使太瘦的手臂显得更加瘦骨嶙峋。假如你的手指肥短、指甲不美观，手镯就要戴得稍高一些，使人的注意力离开你的手。手臂和手腕稍粗的女人，应戴宽而厚的手镯。手镯越粗大，会使手腕和手臂越显得细小。

3. 戒指

手形纤细修长的女人可佩戴任何款式的戒指，尤其是宝石镶嵌的钻戒和较大一些的珠宝戒指，会把柔嫩的手指衬托得分外秀丽；手指粗短，如佩戴上蛋形戒指，会增加手指的细长感，但要选择窄边指环。

4. 项链

项链是女性极为普遍的装饰品，但由于颈部长短粗细的不同，其佩戴也不尽相同。颈部粗短的人应选择细而长的项链，这样脖颈会显得修长些。颈部细长的人应佩戴稍粗一些的贴颈短项链、带状颈圈或大圆珠宝石项链。项链的种类繁多，造型丰富，具有较强的装饰性，佩戴恰当，能够起到扬长避短的效果。

5. 丝巾

如果将不同颜色、不同图案的丝巾以不同的方式打结，再配以适合的发型和衣着，便可变换出不同寻常的姿态，时而显得端庄秀丽，时而显得恬静贤淑，时而热情奔放，时而甜美可人。

巧妙的丝巾搭配，真可谓五彩缤纷、多姿多彩。既显个性又添魅力的丝巾，在女士们的胸前飘荡起来，会令她们神采飞扬。丝巾，实在是一道迷人的风景线。

在日常的生活中，你是否也善于利用各种饰品来装点自己，使自己更有气质、更美丽呢？如果没有，就开始行动吧！

第十章
乐观淡定，繁华落尽也笑对

第一节 气质女人从不较真

不较真的女人更幸福

有一首歌唱道：“女孩的心思你别猜，猜来猜去也猜不明白……”女人的那颗心永远都在变幻不定，你永远都无法把握她胸中蕴藏的是风暴还是柔情。事实上，女人自己也不能理解她们为什么会在某一瞬间陷入纠结：我今天是穿裙子还是衬衣？我是去逛街还是宅在家里……

女人的一生都与“纠结”这个词联系在一起。羡慕别人的完美身体又无法抵抗美食的诱惑；想优雅示人又怕化妆细节的烦琐；明明走到理发店却还在卷发和直发之间犹豫；用“纠结”来概括女人一生的状态，似乎一点儿也不为过。

纠结的女人内心永远也无法淡定，因为她们从早上醒来就陷入了深深的纠结之中。起床洗头呢，还是不洗头再多睡一会儿呢？左右为难的选择令女人一天都心事重重。心境无法安静，生活怎能快乐？从旭日东升中感受成长的力量，从和风细雨中感受自然的美丽，在湍波激流之下，不受侵扰，保持安宁。

梅子有一个从小一起长大、青梅竹马的男友，高考时，男友升入杭州一所大学，而梅子由于分数稍低，只得选择了江西老家的一所专科学校。小城市就业压力相对较小，梅子很顺利地在老家找到一份教学的工作，安心在家等待一年之后毕业回来的男友。

一年之后，男友毕业，可他觉得杭州是个大城市，发展机会也多，就不打算回老家工作。这下可急坏了梅子，为了追随男友，也为了自己的爱情，梅子特地辞去江西老家的工作，来到杭州和男友一起打拼。

但由于男友刚毕业处境不太好，梅子也是刚到一个新环境，能找到工作就算不错了。就这样，两人工作地点一个在东，一个在西，梅子和男友只得分别在距自己工作地点近的地方租了房子。两地相距两个多小时，很不方便。也只有到了双休日，两人才能相聚。

刚开始，每当周五一下班，梅子就兴冲冲、急匆匆地往男友的住处赶，充满着甜蜜和幸福。梅子挤两个多小时的车赶到男朋友住的地方，赶紧做饭。吃完饭男友洗碗，合作倒也默契。整整两天，两个人一起洗衣服、收拾屋子，很是甜蜜快乐。

慢慢地，梅子发现男友越来越不像话，吃完饭不再主动洗碗；梅子洗衣服、收拾屋子时也不再帮忙，不是看电视就是打游戏。又一个周末，梅子没去找男友，自己在家生气。她越想越气愤。

想到总是自己挤两个多小时的公交车，男友还让自己做饭，一点不知道心疼她；每个周末，总是自己跑去找他，他却很少来看自己；他发的工资也从来没给过自己，而自己却经常用自己的钱来买菜补贴他；过情人节那天，他竟然没有送花给自己……

想到这一系列的事情，梅子觉得不能再这样惯着男友了，为了跟他较劲，她决定以后的双休日都不去他那里了。如果他不来找自己，就关掉手机，然后让他找不到人。一直冷战到男友妥协为止。

周五的晚上，梅子的男友由于加班回家有些晚，看到梅子没在，就打电话。谁知梅子接了电话只说了一句“我睡了”就挂了。

周末两天，男友都没有联系梅子。梅子心里那个纠结呀！难道他都不觉得自己错了？都是自己平常太惯着他了，这周不找下次让他找也找不到。

又到了周一，梅子还是没有接到男友的电话，她坐立不安。这是怎么了？再忙也该发个信息，难道他跟别的女孩好上了？不管了，反正自己不会主动联系他，这次必须给他点儿颜色看看。

整整一个星期，梅子都在矛盾中挣扎着，痛苦着，工作中有几次都出现了失误。为此，领导不高兴，还批评了她。

又到了周五，梅子犹豫着自己要不要去找男友，直到走到公司楼下，还在纠结着去还是不去。突然听到有人喊自己的名字，原来是男友。

看着男友手里捧着花，梅子还装作一副不高兴的样子爱搭不理的。男友说：“怎么了？我出差几天，出什么事了？”梅子心中这才释然，问道：“那你咋不给我打电话？”

男友说：“还说我呢？我给你打电话，你不等我说完就挂了。同事有急事，领导临时派我去的，出差的地方是山区，信号特别不好。我特意在今天赶回来给你过生日。”梅子这才笑了。

梅子这些天的纠结与痛苦，都是因为她自己太较真了。其实男友并没有她想象的那么不解人意。女人，千万别较真，别跟自己过不去。否则，人生就有较不完的劲，我们的心情不会快乐，生活也不会顺畅。

一个人快乐，不是因为他得到的多，而是因为他计较的少。一个人痛苦，不是因为他拥有太少，而是因为他欲望太多。别跟自己过不去，是一种精神的解脱，它会促使我们从容地走自己选择的路，做自己的事。

生活中，我们也许会跟自己的上司、敌人或者对手暗暗较劲，谁也不想低头，谁也不想善罢甘休。事实上，喜欢较劲的人，到了最后，都是在跟自己较劲。

人的苦恼，不在于获得多少、拥有多少，而是想得到更多。任何事都有一个度，超过这个度，很多事就可能变得极其荒谬。所以我们应时常反省自己，让内心保存一份悠然自得。

所以，女人别处处跟自己过不去，永远保持对生活的美好期待和执着追求，学会享受生活，才能做到更加珍惜生活，积极创造生活，这样生活才会有奇迹出现。

完美是一座海市蜃楼

没有一个女人是完美无瑕的，难道有缺点和不足就注定要悲哀，要默默无闻，无法成就大事吗？答案是否定的，有时候，缺憾也是一种美，如同断臂的维纳斯。只要你把“缺陷”这块堵在心口上的石头放下来，别过分地去关注它，它就不会成为你的障碍。

人们总是对人生抱有一种力求完美的心态，凡事都要力求完美。其实完美不过是一座海市蜃楼，根本不存在。一个女人如果对自己和他人要求过高，总是追求完美，强迫自己做到尽善尽美，会妨碍你享受成功所带来的一切欢愉。

很多人都希望按照自己的想法来设计人生，在他们的心目中，总是渴望一种完美的生活状态。可是人生并没有完美可言，那些童话里的理想世界是不可能在现实生活中出现的。如果我们不能接纳生活中的不完美，而一味地苛求生活，那么到头来只是自寻烦恼。

有这样一则可笑而发人深省的故事。

有一位先生娶了一个体态婀娜、面貌娟秀的太太，两人恩恩爱爱，是人人称羡的神仙美眷。这个太太眉清目秀，性情温和，美中不足的是长了个酒糟鼻子，好像失职的艺术家，对于一件原本足以称傲于世间的艺术精品，少雕刻了几刀，显得非常的突兀怪异。

这位丈夫对于太太的鼻子终日耿耿于怀。一日出外去经商，行经贩卖奴隶的市场，宽阔的广场上，四周人声沸腾，争相吆喝出价，抢购奴隶。广场中央站了一个身材单薄、瘦小清癯的女孩子，正以一双泪汪汪的眼睛，怯生生地环顾着这群能够决定她一生命运的大男人。

这位丈夫仔细端详女孩子的容貌，突然间，他被深深地吸引住了。好极了！这个女孩子的脸上长着一个端端正正的鼻子，他不计一切地买下了她！

这位丈夫以高价买下了长着端正鼻子的女孩子，兴高采烈，带着女孩子日夜兼程赶回家，想给心爱的妻子一个惊喜。到了家中，把女孩子安顿好之后，他用刀子割下女孩子漂亮的鼻子，拿着血淋淋而温热的鼻子，大声疾呼：

“太太！快出来！看我给你买回来的最贵重的礼物！”

“什么样贵重的礼物，让你如此大呼小叫的？”太太狐疑不解地应声走出来。

“你看！我为你买了个端正美丽的鼻子，你戴上看看。”

丈夫说完，突然抽出怀中锋锐的利刃，一刀朝太太的酒糟鼻子砍去。霎时太太的鼻梁血流如注，酒糟鼻子掉落在地上，丈夫赶忙用双手把端正的鼻子嵌贴在伤口处。但是无论丈夫如何努力，那个漂亮的鼻子始终无法粘在妻子的鼻梁上。

可怜的妻子，既得不到丈夫苦心买回来的端正而美丽的鼻子，又失掉了自己那虽然丑陋但是货真价实的酒糟鼻子，并且还受到无端的刀刃创痛。而那位糊涂丈夫的愚昧无知，更叫人可怜！

这个行为虽然让我们觉得有些可笑，但是人们追求完美的心理，却与文中那个手拿利刀的丈夫如出一辙。有些人以为自己追求完美的心理是积极向上的表现，其实他们才是最可怜的人，因为他们所追求的完美不过是自己的自以为是。也就是说他们所有的追求如海市蜃楼，只是一个幻影而已。

每一个女人身上都有优点和缺点，只要在生活中，做到扬长避短，有的放矢，缺点也不是什么大障碍，甚至是微不足道的。因此，面对生活，只要我们不经常用完美的心态去要求它、设计它，那么我们自然就会减少很多的烦恼和忧伤，那些不完美也不会让我们感到失望。

曾子墨是凤凰卫视主持人。1991 年进入中国人民大学学习国际金融。一年后赴美留学。1996 年毕业于美国达特茅斯大学（常春藤盟校），取得经济学学士学位。毕业后加盟国际投资银行摩根士丹投资银行，在担任分析员两年期间的出色表现使曾子墨成为该公司最耀眼的明星员工，并参与完成了历史上最大规模的并购交易。

2000 年，毫无新闻采访经验的她，加入凤凰卫视资讯台担任财经节目主播，发挥其判断透析全球经济形势及第一手金融行情的特长。主持的栏目包括《财经点对点》《财经今日谈》和《凤凰正点播报》。2001年采访于香港举行的财富全球论坛，三天内总共采访了八位大企业和财团的领袖，并参与制作专题节目《复关入世十五年》。2002年她采访了亚洲开发银行35届理事会年会和“两会”。由她参与拍摄的纪录片《我们在朝鲜的日子》更获得观众一致好评。现担任《经济制高点》的主持人。

那么年轻的曾子墨曾经是华尔街上身价最高的华人女孩之一，生活光鲜体面，收获了别人艳羡的目光，就当她的事业似乎已到达巅峰时，她却做出了一个让人匪夷所思的决定：“我不想用自己的生命去点亮别人罩在我头上的光环。”她说她想改变自己的工作和生活方式，她加入了凤凰卫视。

关于对完美的理解，曾子墨认为幸福在于生活中的不完美。她说：“如果说幸福本身的话，我第一反应就会说幸福是看到孩子的笑脸，当然我现在生活的状态也很幸福。至于我的梦想，我希望能有更多自由支配的时间，这些时间可以用来做好多好多的事情，比如去自己没去过的地方，伴随孩子成长，做自己没做过的事情等。而且当你知道世界的不完美之后，你会慢慢体会到自己已经拥有了多少，并且学着珍惜它们。我们采访过很多弱势群体，你看到他们的生活，才知道其实我们拥有很多了。他们那些人经历着太多的不幸，这时你会觉得自己特别幸运，所以我们应该感激生活带给我们的这一切。”

的确，不完美本身也是一种幸福，当你有特别强烈的欲望，或者眼睛盯着自己没有的那些东西时，不如回过头来看看自己有什么，并且好好珍惜你有的东西。有的时候忽视身边所拥有的东西，一味想着不曾拥有的东西，会让你的幸福感降低。

为了心中的一个梦而偏执地去追求，却全然不顾你的梦是否现实，是否可行，从而浪费掉许许多多的时间和精力，最终只能在光阴蹉跎中悔恨。女人，不要再继续偏执了，给自己的心留一条退路，不要因为自己的一时之错而埋怨自己，不要因为不完美而恨自己，不要因为不完美而觉得不幸福。完美不过是一座海市蜃楼，从来不存在。

得意不忘形，内敛也是美

我们经常用“得意忘形”来形容一个人的狂喜状态。“得意忘形”常常用来形容那些浅薄的人稍稍得志，就高兴得控制不住自己，忘乎所以，从而失去常态。得意忘形会造就一个转折，使人和事由盛转衰，甚至一蹶不振，出现乐极生悲的惨痛局面。而得意不忘形却能让人虽折不断、愈挫愈勇。

身为女人，每天操持家务、为工作奔波忙碌似乎已成为一种常态，在这乏味的生活中，偶尔也会出现某个令人精神愉悦的时刻，比如刚刚搬进位于中心城区的高档住宅，击败部门所有同事荣登经理的宝座……遇到如此令人欣喜的事情，得意一下也无妨。

然而，得意和失意往往会在瞬间转换。你尽可以“春风得意马蹄疾”，但不要放浪形骸，无所顾忌，尤其是不要忘记了自己的位置，抢了他人的风头。所以，低调做人、内敛处世也是一种智慧。

从前，有一位身居要职的高官。每当他忙完公事后，就喜欢和别人下棋，而且自认为已经达到了国手的水平，常常表露出扬扬得意之形。

这天，高官同门下的一名下属对弈。那个下属对于自己的棋艺颇为自负，是个很狂妄的家伙，下属刚走了几步棋，就表现出咄咄逼人的凌厉之势，让他知道遇上了劲敌。过了一会，高官就被逼得心神大乱，额头上的汗珠也纷纷滚落。看见对方焦急慌乱的神情，下属格外高兴，便故意露出一个破绽。高官发现后，就立即大举进攻，满心以为自己能绝处逢生，转败为胜。

谁知下属竟然使出撒手锏，拿起一颗棋子放入盘中，得意扬扬地说："这回，你还不想死吗？"高官突然受到这种打击，马上怒火中烧，站起来转身就走。

这位高官平时非常注重个人修养，胸襟和度量都远远超过一般人，但他也受不了这种突如其来的刺激，因此他对这名下属得意忘形的神态和无礼的言辞，始终耿耿于怀。而这位下属也一直想不通为什么高官从此不再与他下棋。

实际上，高官原本是打算提拔下属的，但是就为了这一件令他深感不快的事情，他把下属晾在了一边。于是，下属没有获得重用，以至于抑郁终生。

一般来说，人在得意的时候，就容易自我感觉良好，虚荣心会极度膨胀，甚至变得眼高于顶，无视别人的存在，这就常常会给自己带来不良的后果。我们可以得意，但不要忘形，特别是千万不能因为他人相信、看重自己，就开始胡言乱语、指手画脚，更不能恃才傲物，以至于遮盖他人的光彩。这名下属就是由于在棋艺上技高一筹，抢了高官的风头，甚至还出言无状，最终落得一个被"冷藏"的结局。

由此看来，事可以做大，话不能说大；官可以做大，人不能做大。得意不忘形方为人生之真谛。女人应当时刻提醒自己：大可以得意，却决不能忘形；得意而不忘形，才能马到成功。

在现代职场中，我们必须明白：你得意过度，背后就会有更多的人对你产生反感。每个人都有自尊心，特别是当你的得意之心侵害了他人的自尊时，后果就会变得很严重。在职场上，面对你的领导时，你要懂得，每个领导在心理上肯定会有强烈的优越感和做主角的欲望。身为下属，你一定要懂得迎合领导的这种微妙心理。遇到抛头露面的场合，下属千万不要忘了将领导推到前面，在大众面前给领导留足面子。

而且，领导与员工之间永远有着鲜明的界线，他是给你提供工作机会、掌握你未来晋升的人。没有哪个领导希望下属抢自己的风头：心胸狭窄的领导，可能很快做出反应，给你点颜色瞧瞧；心胸宽广的领导，开始或许不屑一顾，但随着时间的推移，不满情绪会越积越多。当你一旦突破领导的心理底线时，你在公司里也就无处容身了。

按照老板的安排，陆雯到威尼斯出差，并计划给自己添置一些新的“行头”。因此，只要稍微有点时间，她就马上出门逛街，到大大小小的商场、店面去“淘宝”。一路搜寻下来，她确实满载而归，最让她感到满意的是一款意大利名牌的女用手提包：上好的皮质、典雅的外观、精巧的设计、适宜的价格，都让陆雯觉得爱不释手。可回到公司以后，陆雯无意中发现女老板的包和她的竟然是同一个品牌，但样式已经明显过时了。

不久她又察觉到，自从拎上这个手提包后，老板就动不动对自己横挑鼻子竖挑眼。陆雯一向机灵，很快就明白了老板的心思：自己的新包抢了老板的风头，她有点儿嫉妒了，看来是太过得意给自己招来的祸患。陆雯想来想去，决定再也不拎着这个包上班。于是，老板对她又变得和从前一样了。

试想，如果你是一位女性领导，而你的下属穿着装扮比自己更胜一筹，遮住了你的风采，压住了你的气势，你心里会舒服吗？正如娱乐明星特别忌讳“撞衫”的情况发生，而一般的女性看到别人的衣服或配饰比自己的还要奢华名贵，她们就可能会觉得不舒服、不自在。而且女人大多很看重自己的外表，别人无意的赞扬或批评，都会让她琢磨好半天。

对于聪明的女人来说，在自己得意的时候，会适当地掩饰自己的得意，她知道自己应当谨言慎行，适度收敛。女人在春风得意之时，一定要把眼光看向将来，得意忘形者多半遭人嫉妒、遭人暗算、遭人排挤，为了自己更加春光灿烂的明天，适当收敛也是一种含蓄谦虚的美。

保持心态平静，戒骄戒躁

焦躁不安是某些现代女人的一个通病，她们动辄就抱怨生活寂寞，工作单调无聊。因而，追求内心的宁静几乎成为所有女人获得幸福的一个标准。可是，现代社会的许多人却害怕寂寞，往往借热闹来麻痹自己。滚滚红尘中，已经很少有人能够固守一方清静，更多的人脚步匆匆，奔向人声鼎沸的地方。殊不知，热闹之后更加寂寞。我辈如能保持平静的心态，将是祛除浮躁的最有效手段。

生命的本身是宁静的，只有内心不为外物所惑，不为环境所扰，才能做到像陶渊明那样身在闹市而无车马之喧，正所谓“心远地自偏”。心态平和的女人遇事不骄不躁，不急不怒，能让人仔细分析所处困境，理清思路，找出解决办法，顺利渡过难关。

人们都希望自己的生活中能够多一些快乐，少一些痛苦；多些顺利，少些挫折，可是命运却似乎总爱捉弄人、折磨人，总是给人以更多的失落、痛苦和挫折。逆境中的微笑可以让人心平气和，不急不躁，能使人冷静分析所处的困境，从而找出解决问题的方法，找到突破口，顺利渡过难关。

小雅和琳琳同时被一家化妆品公司聘为销售员，同为新人，两人对工作的态度却大相径庭：小雅踏实工作，虚心请教，不投机取巧。每天都跟在销售前辈身后，留心学习别人的销售技巧，学习化妆要点与美容知识，积极向顾客介绍适合不同肤色的化妆品，没有顾客的时候她就坐在一边看些化妆色彩与服饰搭配的书。

琳琳则觉得做一名销售员没有前途，也不知道什么时候能混出人样。于是，她把心思放在了如何讨好领导上，经常在领导面前说些奉承的话，或者表现出自己是多么努力工作。其实，她总是掐算好时间，每当领导进门时，她都会装模作样地拿起某款化妆品琢磨，实则她的注意力跟随着领导的身影，领导一离开，她就和同事聊天。

一年过去了，小雅潜心业务、不停提升，终于得到回报，不仅在新人中销售业绩遥遥领先，在整个公司的业务中也名列前茅，得到了老板的特别关注，并在年底顺利地被提升为销售顾问。而琳琳却因为没有把公关特长用在工作上，出不了业绩，甚至好几个月业绩不达标，濒临淘汰，部门领导也因此冷淡了她。琳琳在公司的地位岌岌可危，不久便被迫离开了。

小雅和琳琳面对同样的工作，所表现出的态度完全不同，其结果也相差甚远。小雅用一颗平静的心踏实工作，不争不夺，却得到了晋升；琳琳的心是浮躁的，不愿忍受工作的辛苦，企图以投机取巧的方式为自己争得名利，结果却因没有任何业绩而失业了。

其实，做表面功夫是很累的，而且很容易被揭穿。你在表面表演忙碌的时候，其劳动强度并不低于实际做些工作。因此，你与其把大部分时间放在精心策划的忙碌表演上面，还不如真真正正地做点事情呢！与其辛苦做表面功夫最后却换来竹篮打水一场空的结果，倒不如一开始就端正态度，沉住气，扎扎实实做事，这样你在为公司创造业绩的同时，自己的能力与价值也得到了提升，今后要想谋求大的发展也就相对容易多了。

我们无论在工作还是生活当中，都应该静下心来深入钻研，“见人所不能见，思人所不能思”，其结果也必然能成人所不能成之功。古人说：“如何三万六千日，不放心身静片时？”保持心灵平静，便能以慈悲、开放的心面对生活的挑战，并以从容、宽广的态度，看待所生存的世界。

一个现代学生和一个宋朝书生在梦中碰了面，宋朝书生问他：“你来自一千年后的中国，想必是十分快乐的了。”

现代学生说：“恰好相反，我的心情很是焦躁，生活中有太多限制了。”

宋朝书生问他：“此话怎讲？”

现代学生说：“我去市中心参加同学的生日晚宴，可是坐车得花两个小时；我想当‘三好学生’，可是同学们都不选我；周末我想和爸爸妈妈到风景区游玩，结果人多得像蚂蚁一样，让我寸步难行，你说生活在这样的环境里，还有什么快乐？”

宋朝书生听完他的诉说，说道：“我不曾吃过什么宴会上的名菜，每天吃点母亲做的饭菜，觉得很可口。我不争什么名誉，平时和朋友下下棋，输了喝几杯酒，也很快乐。我晚上点一盏灯，读几本书，睡觉了就把灯熄掉。我也不去什么风景区，我家周围的稻田、小桥就是很好的风景。我不知道你为什么有那么多的欲望。人的欲望是无穷无尽的，你有再丰盛的晚宴、再美的风景区，总有吃腻、看腻、玩腻的时候，你的快乐无非是建立在吃喝、争斗之上，如果没有这些，你该怎么办呢？所以你不快乐的真正原因，不是外界的限制，而是你内心对外界的依赖。”

现代学生说：“可是别的同学都这样，我不这样行吗？”

宋朝书生说：“那在你这个躯壳里的，是别人的心，还是你自己的心呢？”

现代学生恍然大悟：“原来这个世界之所以不宁静，只是因为我们自己的心平静不下来，真是‘致虚极，守静笃’啊……”

的确，我们总是埋怨这个社会太浮躁，其实是我们无法保持心态的平静。我们都向往内心安宁，却常常遇到无法释怀的事情。世人在竞争中变得焦虑，在纷乱中变得急躁，在贫穷中变得卑微。

外界环境总是在飞速变化，一个女人无论脚步多么矫健，也走不出环境布下的局，让我们做一个心态平和的女人，不论外面的世界是阴云密布还是阳光灿烂，都让我们时时刻刻保持平静。

第二节 在乐业中雕刻时光

不随波逐流，闲庭信步品味人生

现代社会快节奏的工作和生活很难使生命保持一种舒缓有律的节奏，就像音乐中的中速与慢板。快节奏、高压力使人常感觉到活着很累，幸福感也会大大降低。但是有这样一种女人却让自己活得很惬意，她们把一切安排得有条不紊，又有情致，享受当下的闲适，品味生活中的美好。

生活节奏加快诚然是事实，但我们并不能被生活困住手脚，自由的心只有飞翔才能更快乐。“宠辱不惊，看庭前花开花落；去留无意，望天空云卷云舒。”心有多大，世界就有多大，追求心的闲适，我们一样可以用心感受生活。

据说有一位行吟诗人，他永远都在路上，居无定所，一生都住在旅馆里。他看完了一个地方的风景，就转向另一个地方，几乎每一天都在各种交通工具和旅馆中度过。当然这并不是因为他没有能力为自己买一座房子，他一路上观看风景，写下优美的文字，早就出版了几本诗集和专著，并且深受读者的喜欢。他说自己喜欢这种生活的方式，能够让自己感觉到生命的意义。

后来，他年龄越来越大了，政府鉴于他为文化艺术所做的贡献，决定免费为他提供住宅。这在别人看来无疑是天上掉馅饼的一件事，让人意外的是他竟然拒绝了。对此，他说：“有房子就要置办东西，有了这些就会成为我的牵挂。我不想为了一个固定的住所而束缚了自己的内心。”就这样，这位特立独行的行吟诗人，在旅馆和路途中度过了自己的一生。

他死后，朋友为他整理遗物时发现，他一生的物质财富就是一个简单的行囊，行囊只有用来写作的纸笔和简单的衣物；而在精神财富方面，他给世界留下了10多卷优美的诗歌和随笔作品。

这位诗人的生活是简单而富有意义的。他的人生是一种去繁就简的人生，没有太多不必要的干扰，没有太多欲望的压迫，是一种简单而又纯粹的人生。我们要在现实世界中享受如诗般的生活，需要在心中辟出一块天地，给自己一杯茶、一本书、一个阳光灿烂的下午……

但我们要时常打理自己的心灵，因为它随时会杂草丛生，贪欲是最难耕除的杂草。贪图享受、贪图自由、贪图……一旦贪念生成，一切便染上了目的性和功利性，闲适也会离之远去。

素黑是一个自在如女巫般的美女作家，行走在天地之间，诗意生活。提起素黑有一连串的头衔，香港著名心性及情感治疗师，文化研究硕士，注册临床催眠治疗师，专栏作家。已出版有多本畅销的心灵著作，如《放下·爱》《一个人不要怕》《在爱中修行》《两个人的孤独》《出走年代》等。

这个永远不能被定位的女子做过很多工作，包括艺术行政、文化编辑、网站高级管理、网上电视主持、情绪教育顾问，曾在香港多所大学担任客席讲师及做客席演讲嘉宾。

素黑其实不大喜欢说话，不爱上镜头。四方八面的人却喜欢走近她，希望知道她的一切，聆听她的心灵指引。

素黑说生活常常只在一念之间，就看你自己是想找自在还是找不自在。她不关注物质，不穿名牌服饰，她喜欢自己做衣服，黑色的，一件可以穿十多年二十多年。她只关注活着，自在地、自由地、有尊严地活着。

素黑创立了的“黑洞治疗法”，就是从黑色里面去学习接受，接受自我，接受世界，去热爱自己，去热爱世界。休息也很重要，它是平衡和配合生活元素的重要一环。发脾气是没用的，我们不能只是爆发，而要花更多的心思去调节内在。平常要修行，遇到问题的时候自然会迎刃而解。

素黑到过很多地方，1997 年她曾抛下一切去往英国南部小镇布莱顿隐居，出走是她学习自爱和心灵净化的重要食粮，边写游记边感受生命和爱。

工作之余，她喜欢到海边、山林里行走，去英国出走的那段时间，在海滩上，她感受那边的阳光、水，放下了所有的一切；让自己彻底回应自然和宇宙，完全融入其中，这是在都市里完全体会不到的；感觉自己变得越来越透明，越来越年轻……

吹尺八（一种乐器）也是素黑调节心情的方式之一。她说吹尺八非常难，因为它太简单，反而需要很高的技巧和全部的心思来掌握微细的音调变化，使人与尺八合二为一。为了拥有一个好的尺八，素黑会用日本的明竹自己学习制作尺八。这时，她会将自己最大的爱倾进去，专心地、纯粹地去做一件事，过程就相当于修行。

素黑这个特立独行的女子，活得自在又洒脱，工作生活一样都没落下。这是因为她无论做哪一件事，都会将自己最大的爱倾进去，专心地、纯粹地去做一件事。活在自己的选择中，对自己的选择负责乃至尊重，无悔、无怨。

做能做的，量力而为。别忘记休息，保存正能量。觉知自己正在做的，随时调校质量。其实我们每个人都有不为人知的一面，所以管理好自己的情绪最重要，只有这样，我们才得闲庭信步，品味人生，不盲目跟随他人。

人生总是瞬息万变，计划赶不上变化，有多少寸劲儿，又有多少错过？有多少偶然，又有多少如果？意外总是不期而至，而我们能做的只有保持一颗平常心！把握住当下能够把握住的东西，才是应对无常最好的方法！

纤尘不染，方解开天罗地网

生活中，人们总是牵挂得太多，太看重得失，所以情绪才会起伏。有些习惯被负面情绪牵着鼻子走的人，根本不可能活出洒脱的境界。

一个真正淡定的女人，在现实的世界中会抱着一种超然物外、游戏人间的心理看待生活。游戏人间不是玩世不恭，而是让自己的心境放松，守住做人的本分和原则，从俗事中解脱，不被世事烦琐所累。

不管外面的世界多么喧嚣，但是被纷扰包裹的是我们心里的安静，正是我们心里在喧闹，这个世界才在你看来是一个喧闹到无法忍受的世界。正如我们捧着一本书，如果心不静，再好的书也读不进去，更不用说领会其中妙处了。

生活也是如此，只有安静下来，人的心灵和感官才是真正开放的，从而变得敏锐，与世界的万事万物处在一种最佳关系之中。当我们以出世的心做入世的事，不让世俗功利蒙蔽你的心灵，淡然面对得失，坦然接受成败，才能超脱物我，找到生命的真谛。

据说，古代有个皇帝感觉心情烦躁不安，怎么调节都不行，找了几个御医也没有效果。这时，有人提议，如果皇帝看了一种特别的画，能让心情平静下来。

于是，皇帝提供了一份非常优厚的酬金，以此来激励画家画出最平静的画，以便自己在心情烦躁时能拿来缓解情绪。许多画家都来尝试。皇帝看完所有的画，只有两幅他最喜欢。

其中一幅画是一个平静的湖，湖面如镜，倒映出周围的群山，上面点缀着如絮的白云。看到此画的大臣们都认为这是一幅描绘平静的最佳图画。

而另外一幅画也有山，但山路看起来是如此的崎岖，整个山上又不见丝毫草木，山光秃秃的，天空下着大雨，雷电交加。山边翻腾着一道涌起泡沫的瀑布，看来一点都不平静。

可是当皇帝看到第二幅画时，表情非常平静地说："就是这幅了，我看见瀑布后面有一个小树丛，其中有一个鸟巢。在如此不平静的环境下，这只鸟却平静地坐在它的巢里。人应该向鸟学习。”

最后，皇帝选择了后者，奖金给了画这幅画的画家。

内心的安静并不等于生活中不发生任何起伏，而是在世事纷乱中，心中仍然宁静。当一个人能够做到跳出了世俗生活的局限，站在一个“登泰山而小天下”的高度，观看世间百态，他就远离了世俗的功利与喧嚣，看淡了个人的成败与得失，过着宛若陶渊明笔下“心远地自偏”的宁静生活。

中国古代历史上，有许多人演绎出了纤尘不染的淡泊心境，解开了天罗地网的烦扰。唐朝的李泌便是其中之一，他睿智的处世态度充分显现了一位政治家、宗教家的高超智慧。该仕则仕，该隐则隐，无为之为，无可无不可。

在著作《长歌行》中，李泌这样写道：“天覆吾，地载吾，天地生吾有意无。不然绝粒升天衢，不然鸣珂游帝都。焉能不贵复不去，空作昂藏一丈夫。一丈夫兮一丈夫，千生气志是良图。请君看取百年事，业就扁舟泛五湖。”通过这几句话，他将内心对名利功绩的感受描绘得淋漓尽致。

李泌一生中曾因种种原因多次离开朝廷。玄宗天宝年间，当时隐居河南嵩山的李泌上书玄宗，议论时政，颇受重视，但却遭到杨国忠的嫉恨。杨国忠随后毁谤李泌以《感遇诗》讽喻朝政，李泌被送往蕲春郡安置，对此，他并没有抱怨朝廷，也没想着报复杨国忠。他索性“潜遁名山，以习隐自适”，大有既来之则安之的意思。

自从肃宗灵武即位起，李泌就一直在肃宗身边，为平叛出谋划策，虽未身担要职，却“权逾宰相”，这下又再次招来了其他权臣猜忌。李泌自然明白自己当时的处境，灾难随时都可能发生。当收复京师后，李泌便功成身退，进衡山修道。

代宗即位，便强行将李泌召至京师，任命他为翰林学士，使其破戒入俗，李泌又一次进入朝廷做事。他依旧不拒绝，而是顺其自然地做着分内之事。他自己虽无意与人争名利，却无法阻止别人的想法。

当时的权相元载将其视作朝中潜在的威胁，寻找名目再次将李泌逐出朝廷。被逐出的李泌依然享受山野的生活，不留恋曾经的浮华。

后来，元载被诛，李泌又被召回，却再一次受到权臣常衮的排斥，再次离京。建中年间，泾原兵变，身处危难的德宗又把李泌招至身边。

李泌屡蹶屡起的原因，在于其恰当的处世方法和豁达的心态，他已达到了顺应外物、无我无己的境界。当社稷有难时，他义不容辞，视为理所当然；在国难平定后，全身而退，没有丝毫留恋。

当我们看透了人生的本质，便不会被繁华遮蔽双眼，人生不过一杯水，用出世的心做入世的事，便能充分品味水的甘甜。人生最好的境界是安静。内心纤尘不染，方能解开世间的天罗地网。

爱默生曾解释过什么是成功：“笑口常开；赢得智者的尊重和孩子的热爱；获得评论家真诚的赞赏，并容忍假朋友的出卖；欣赏美的事物，发掘别人的优点；留给世界一些美好，无论是一位健康的孩子，一个小园地或一个获得改善的社会现状都可以；知道至少一人因你的存在而过得更快乐自在，这就是成功。”

淡定的女人总是心如止水，但是止水并不是死水，所谓静止只是相对的状态。人生往往是宁静里波涛汹涌，那些最平淡的事情里面往往酝酿着最为激烈的革命。一个女人如能做到在宁静中感悟奔腾，已到达心灵的至高境界。

有了这份平淡的处世心态，你就会在简简单单的生活中快乐地生活。当你忙里偷闲与爱人、孩子一同去逛公园、去看电影、去搞野炊时，你会懂得，生活其实有很多内容。我们大可不必为了一个出国名额而彻夜不眠，大可不必为一次职位的晋升而寝食难安。

在平日忙碌而充实的生活中，忙碌便有所收获；你岗位平凡但你乐在其中；你斗室而居，但衣食自足。也许你只是一个普通的女人，普普通通如一棵草；也许你是一个貌不惊人的女人，平平凡凡如一朵花，但你同样可以骄傲，默默绽放的花朵也会芳香宜人！

慢一点，让灵魂跟得上自己优雅的脚步

在这竞争激烈的社会中，很多女人也和男人一样为生活忙碌，为工作奔波，她们把神经绷得紧紧的，不停地向前奔跑，唯恐被快节奏的生活远远地落在后面。如此一来，为了所谓的领先，不仅消耗掉大量的精力，眼光也变得越来越狭隘短浅，只看见眼前的石头却看不见前边的路。生命于她们的全部意义似乎就只有紧张、忙碌、焦躁和压抑。

此时，女人应该试着放慢脚步，移开目光，仰望天空、高山，走入大自然，让我们的目光因休息而更加澄澈和锐利，让我们的灵魂跟得上自己优雅的脚步。著名作家李佩甫曾以《等待灵魂》为题写了一个长篇小说。

小说以大都市商战为背景，描写了转业军人任秋风在情场失意之际，接手一个濒临倒闭的国营商场。凭借着大胆的

创意、过人的公关能力和卓越的商业才能，以及“商学院三枝花”的鼎力辅助，任秋风在商海中生死搏杀，在商场奇迹般崛起，成为全国首屈一指的超市航母。

随着事业抵达巅峰，各种利诱让他迷失了灵魂。权力欲就像病菌一样，一点点萌生、高速繁殖、恶性膨胀，最终主宰了人。这种时候，一切忠言都成为逆耳之音！人才流失，任秋风甚至说：“这也不是坏事，龙多不下雨呢！”他的视野出现大片盲区。面对媒体，他一出口就豪气万丈：要建一座总部大楼，多高？世界第一！他吐口唾沫，就会变成钉子！就这样，他率领着一个庞大的企业军团遭遇了滑铁卢。

从故事层面看，李佩甫的确是从官场转到商场，但他着力探究的，还是人的精神。不断膨胀的金钱不过是表象，李佩甫其实是借金钱的壳，说灵魂的事。他期望着这是一部反省书。同时给这个时代提一个醒，也是给自己提个醒：等等灵魂。

一个本意要走向伟大和崇高的人，就这样迷失了方向，丢失了灵魂。原来，最大的敌人来自我们内心。权欲难填，这才是真正的“摩天大坑”！灵魂的安宁是人生自在的最根本因素，这便是人们常说的“心安”。

印第安人常说一句话：别走太快，等一等灵魂。生活中，人们说话越来越快，怕别人听不清楚，结果越讲越不清楚！动作越来越快，动不动撞到手、脚、头、腰！生意越做越快，没多久就上市了！赚钱越来越快，拿着钱到处惹事！

坐在饭桌上，急急忙忙填饱肚子；早餐来不及吃，午餐吃快餐；生了病，找最有效的药，药效越快越好，生病的身体没有获得休息，而是获得一堆“特效药”。结果身体还没有好，症状却消失得很快，然后，又被主人拖出去工作了！

死神不在你的后面，在你的前面等你。慢一点，再慢一点。

玛莉是某公司的策划经理，一天到晚与客户打交道，忙得焦头烂额。周末她刚醒来就接到客户的电话，心里一下子又烦躁起来。这时，电话又响了，是一个闺密琳打来的，约玛莉下午去喝茶。

玛莉一进门就说："你最近在搞什么？怎么有雅兴喝茶了？"琳没说话，只是示意她先坐下。琳先是拿出一个包裹，先取出四个小杯，然后又拿出一把精致的壶。

"太精致了。"玛莉不禁称赞。

琳却随口吟出："杯小如胡桃，壶小如香橼，每斟无一两，上口不忍遽咽，先嗅其香，再试其味，徐徐咀嚼而体贴之……"

在玛莉还沉浸于对小壶的赞赏之中，琳已经烧水准备烫壶。只见她先用开水洗杯子，再用茶夹夹杯子，然后又烫壶，接着用茶则把茶叶放进茶壶，加热水并倒出。"这叫洗茶。"琳边做边说，然后又加水，注满水后，然后用热水淋壶，内外加热，三分钟后，倒入杯中。

玛莉看琳熟练地做完这一系列的步骤，然后端起一小杯一饮而尽。琳来不及阻止，只得苦笑着说："好茶都被你糟蹋了，品茶应该这样。"只见她轻轻提起小杯，用拇指和食指轻夹杯身，中指抵住杯底，一口、两口、三口，很是专注。

按照琳的指导，玛莉照着样子，一口、两口、三口，沉入茶香中。耳边又传来琳的话："爱一个人，需要时间，要循序渐进，犹如品茶，三口方知其味，三番方动其心。""明白了，爱茶也如爱人。"玛莉好像有所悟。

"过去我也喜欢喝茶，但从来没有品茶。"琳啜着小杯，小口用心品味，又说道："喝茶需要慢功夫，还要练出来特别的感觉，这叫快乐慢生活，品味人生。"

玛莉悠悠地叹了一口气：“我的人生在快节奏中度过，来不及品味，在机械的忙碌中，不再有思想、有智慧。”

“放慢脚步，让灵魂跟上来。”琳说起一段故事。

“据说印第安人在赶了三天路后，就一定会停下来休憩一天，因为他们认为，走得太快，自己的灵魂会跟不上，所以很有必要停一停，让自己的灵魂跟上来。”

玛莉一下子明白了琳的用心，原来我们的忙碌和紧张不是发自内心的，不是灵魂的速度所及的。于是，我们觉得纠结、烦扰。事实上，幸福与速度无关。幸福需要时间来品尝，幸福只是在于你与周遭的人的关系，在于你和自己的关系。

幸福在身后，在你回头一看的瞬间。天空、草地、河水、白云、山花，请你回头一看。看你生命的足迹，看你爱人的目光。别急，多看一会。别急，幸福不在前面，在后面。幸福需要一点点累积，无法快速占有。

据说有一种鸟是没有脚的，它的一生只能在天上飞来飞去。一辈子只能落地一次，那就是它死的时候。现实中的我们如同那只没有脚的鸟，不敢停下来，不敢让自己不忙碌，总怕生活将我们淘汰，总怕在这个社会中没有自己的立足之地。

不愿抛弃世界，世界却在不知不觉中离我们远去。也许我们没有的不是脚而是灵魂，我们的速度太快，我们的欲望太多，而我们的灵魂只能以常速甚至低于常速的速度行进着。我们那急切的焦虑的心情正在一点点减慢我们灵魂的速度，正在一点点吞噬我们这颗曾经年轻的心灵。

匆忙的女人们，请放慢脚步吧，让我们的灵魂追随脚步，让身心在灵魂中统一，在澄澈中返回自然，回归自我！

第三节 诱惑在左，幸福在右

纵有百般诱惑，心亦如遇波澜而不惊

女人要有面对百般诱惑不动心的淡定，无论遇到多大挫折也不失色的意志。的确，生活里，总是存在着这样那样的诱惑，这些诱惑扰乱着很多女人的思维，进而影响着她们的判断力。一个女人如果没有自制力，任由冲动和激情支配，那么她可能会放弃道德，随波逐流，最终成为追逐欲望的奴隶。

张静是一家广告公司的部门经理，在这个公司，她从一个小小的职员开始做起到如今的职位，已经工作五年了。最近半年来，她带领着整个设计部完成了一个又一个优秀的创意，为公司开拓了几个大客户。

她觉得自己付出了很多，公司给予的报酬与她的期待有较大的距离，心里多少觉得有些不平衡。恰巧这时，有一个客户要求张静给她做设计，暗示可以给她一笔可观的费用。就这样，张静就利用公司的材料，自己偷偷做私活赚外快。

果然，设计完成后，客户给了她比工资高出两倍的费用。张静尝到了甜头，开始私自接活。她忙忙碌碌的，公司的工作却交给了手下人去做，一心干私活挣外快。一心不能二用，张静的心思越来越少放在公司方面。

设计部的工作效率越来越低，与公司合作的客户也越来越不满意。总经理虽然不知道原因却还是批评了身为经理的她，张静心里颇不舒服，只得把心思转移到公司方面。

这时，与张静私下合作的一个客户着急要一个设计，张静分身乏术，但又不想失去这笔可观的收入。于是，就顺手把同事设计的一个创意给了这个客户。

不久后，在一次广告创意招标中，对方客户和张静所在的公司均以同一个设计方案而竞标。公司一怒之下，开始彻查。事实调查清楚后，张静因剽窃他人创意和私自接活，被公安机关拘留了半年，并做出公开道歉。

一边是唾手可得的私利，一边是损失集体利益，这诱惑让张静怦然心动！她因一时的贪念，经不住诱惑，最终落下悲惨的下场。生活中，我们总是面对各种各样的诱惑，只有学会拒绝诱惑，真正做到面对诱惑内心波澜不惊，我们才能堂堂正正地行走在人世间。

在美国纽约有一家芭蕾舞团，一位国内女记者曾去采访该剧团的首席女芭蕾舞星。当时，这位女记者看到这位舞蹈家有着曼妙动人的身材，于是就问她：“您最喜欢吃的食物是什么？”

这位舞蹈家兴奋地回答：“冰淇淋啊！”

冰淇淋可是一种热量很高的甜食，特别不利于对身材的保持，吃多了将会刺激体重的增加，这对舞蹈演员来说可是最致命的打击啊！一个爱吃甜食的舞蹈演员又是如何保持完美身材的呢？

女记者充满了好奇。于是，她又追问道：“那你隔多久会让自己放纵一次呢？”

“我至少有18年没有尝过那种美妙的滋味了！”女舞蹈家微笑着说。

舞蹈家为了工作必须保持完美的身材，她竟然18年都不吃冰淇淋这种甜食了。但凡那些做出伟大成就的人，往往在面对诱惑时，心遇波澜而不惊，他们清醒地知道什么对于自己来说是最重要的，什么是自己要舍弃的，就像冰淇淋一样，再美味，也必须拒绝！当然，拒绝这种诱惑和贪念是绝对需要勇气的。

著名作家刘墉说过："年轻人要过一段'潜水艇'似的生活，先短暂隐形，找寻目标，耐得住寂寞，经得起诱惑，积蓄能量；日后方能毫无所惧，成功地浮出水面。"所以，如果我们要想做好一件事情，那么持之以恒，拒绝其他因素的诱惑、干扰，则至关重要。

1830年，法国作家雨果与一个出版商签订合约，约定半年内必须交出一部作品，否则将按约定赔钱。雨果为了确保能把全部精力放在写作上，他把除了身上所穿毛衣以外的其他衣物全部锁在柜子里，甚至把柜子上的钥匙都丢掉了。

这样一来，雨果由于根本拿不到外出要穿的衣服，他彻底断了外出会友和游玩的念头，一头钻进小说里，除了吃饭与睡觉，从不离开书桌，全力以赴进行写作。

结果，作品在距离约定时间的前两周完成。而这部仅用五个多月就完成的作品，就是后来闻名于世的文学巨著《巴黎圣母院》。

古希腊著名演说家戴摩西尼年轻时为了提高自己的演说能力，躲在一个地下室练习口才。由于耐不住寂寞，他时不时就想出去溜达溜达，心总也静不下来，练习的效果很差。无奈之下，他横下心，挥动剪刀把自己的头发剪去一半，变成了一个怪模怪样的"阴阳头"。

如此一来，因为头发羞于见人，他只得彻底打消了出去玩的念头，一心一意地练口才，演讲水平突飞猛进。正是凭着这种专心执着的精神，戴摩西尼最终成为世界闻名的大演说家。

古往今来的智者、贤者，之所以能够成就大事，莫不是因为他们耐得住寂寞，经得起诱惑，安于平静，追求内心的纯净。因此，淡定的女人明白，要使自己的人生有所获得，就不能让诱惑自己的东西太杂太多，心灵里累积的烦恼太杂乱，努力的方向就会模糊。女人要学会用定力抵制诱惑，让自己有暇思索人生、规划人生，让自己获得一份心灵的宁静！

尊重本性，只做自己

现代社会中，人们往往喜欢追随潮流，看大家都在做什么，自己也做什么。看到满大街都是紧身裤，也不假思索地穿到自己身上，哪怕自己那肥胖的身材与衣服根本不协调。别人穿着漂亮未必就适合自己。

人生在世，短短几十年，如果我们一味在追逐别人的路上奔跑，而失去了自我，那岂不是白活一场。要想活出自我，我们就要尊重自己的内心，而不能盲目跟从，随波逐流。杨二车娜姆作为一个泸沽湖畔走出来的摩梭女人，有足够智慧和勇气教授女人怎样做最真实的自己。

杨二车娜姆出生在四川省凉山州盐源县泸沽湖畔。七岁时，有人来她所在村庄收集民歌，发现了这个会唱歌的“小百灵”。于是带上她走出村庄，参加当时正在筹办的全国少数民族歌手大赛。

杨二车娜姆凭借出色的水平得了第一名。不久，她来到成都，又顺利地进了成都市歌舞团，成为一名歌唱演员。几个月后，杨二车娜姆放弃了这份优越的工作，她考入上海音乐学院。

杨二车娜姆从上海音乐学院毕业后，被中央民族歌舞团录用，成为该团最年轻的民族独唱演员。1989年8月的一天，正准备随团去湖南演出的她接到美国《国家地理杂志》的采访邀请，并认识了一个美国小伙子叫Adrian，后与之结婚，随后移居美国。

共同生活了一年后，他们婚姻破裂，很快离婚。随后，杨二车娜姆先后到日本、新加坡、中国台湾等地讲学和演出，她还从事时装生意并做模特，还参加好莱坞电影演出为其配唱歌曲。

1996年，杨二车娜姆在北京三里屯遇到挪威帅哥石丹梧——挪威王国驻华使馆的外交官。他们的爱情终究没能逃过“七年之痒”。1997年，杨二车娜姆开始写作出版，著有《走出女儿国》《中国红遇见挪威蓝》《你也可以》等13本书。

2003年，自传体小说《离开母亲湖》轰动美国，登上《纽约时报》畅销书排行榜。她用自己的歌喉，用自己独特的美丽和天生的聪明征服了泸沽湖以外的世界，让世界对那片神奇美丽的土地惊奇地睁大了眼睛。

有人说杨二车娜姆是摩梭人的女杰，有人说她是女儿国的一道亮丽风景，也有人说她是东方最具魅力的女性。不管怎样评说，“她传奇般的人生经历，奇异的心路历程，给人以无限的思索”。

杨二车娜姆在欧洲上流社会游走了那么多年，做了很多年全职的外交官夫人。她觉得自己也收获过大把的乐趣，但是时间一长，就厌倦了。后来，当她看到别人手上带着巨大的钻戒，面对那些“公式化”的豪华派对，一味争着做派对“女皇”的时候，她则会悄悄地逃离那么一小会儿，探索一下周围的环境或者陌生人，给自己找一点私密的乐趣。

事实上，杨二车娜姆不只是派对上如此，她在自己的生活中，也经常“逃离”，然后继续走自己的路，但不一样的是，她心里多了一片自己的花园，用来存放一个人的快乐。

别看她在各种各样的派对上表现得那么自如，事实上她也有失礼的时候。一次吃法餐，她因为不懂，中途要了一杯黑咖啡，结果是和小羊排一起吃下去的，把当时的男生和侍者都吓坏了，结果第二天有人送了她一本书，内容就是讲怎么吃法餐。对此，她认为人生遇到尴尬是必然的，你不可能事事明晰，不要为这点事在自己心里打结。只要表现得很无辜很坦然，人家也就不会计较你什么了。

回到国内后，杨二车娜姆的突出表现立即引起了网友的兴趣，网友刮起一股小小的“娜姆旋风”，她曾经在2007年获得年度最佳红人大奖。在2007年的“快男”比赛中，有人说杨二车娜姆的话“太毒辣”。

对此，她否认自己是麻辣评委，她说：“我的点评并不麻辣，我只是把我看到的事实真实地说出来了而已，不像其他两个评委总是把话说得很圆。选手大老远地跑来，如果我们还不把问题说清楚，那样对他们并不是好事。”

也正是在这次“快男”比赛中，杨二车娜姆口无遮拦地曝光了谢娜和张杰的恋情。由于之前两人的感情一直遮遮掩掩，所以此番话一出，网上立刻引发波澜。对于自己一语道破天机，她依然显得很平静：“我想到这里就这么说了，说了就说了呗！”面对再三追问，杨二车娜姆显得有些不耐烦：“有些事我说了，没什么为什么。”

很多人把关注点放在了她头上的那朵大红花上。因此她被封为“红花教主”。做过模特的她在衣着上有自己独到的见解。她认为穿衣服一定要自己觉得舒服自在，最性感的衣服穿在身上不自信，不如不穿，如果穿保守的衣服让你自信，那保守的衣服就是适合你的。没经历过大场面的人穿晚装，气势出不来，衣服就浪费了。她把穿衣看得和做人一样，如果一个人穿得不自然，也不会穿得舒服。穿不好，真正的你没有表现出来，反而失去很多机会。

她还告诫女孩子千万别做“硬照女人”，就是穿衣打扮，甚至口红颜色都一切照搬模特的女人。女孩子穿衣服，要有自己的风格，不要让衣服穿你。她书里就说过：“身体是用来穿适合自己的衣服的，头脑是用来独立思考的，心灵是用来感悟自己独特的生命的，对时尚的感觉自然就好。”

当然如果心里不干净，用名牌护肤品没有用，要先把心里打扫干净。关键是要搞清楚自己是谁，要扮演什么角色，找到今天什么样的角色让自己舒服，就像吃东西、穿鞋子一样，先要自己舒服。一个人穿的衣服要融入周围的环境，上班，家居，随时随地看看穿的衣服和这个地方配不配衬。不能盲目跟潮流，时装不能硬照模特儿的，因为模特儿的服饰要适合舞台效果，跟现实有距离。

有记者问她：“你总是奔波在路上，今天还在纽约，明天却回了泸沽湖；今天穿着盛装出席豪华晚宴，一转眼，你居然和民工在泸沽湖边运木头，身份转换得这么快，你是怎么适应的？”

她淡淡一笑说：“我能这样，最重要的是我有一颗平常心。人与人之间，什么是第一位呢？不是利益，是真诚。还有就是要自信，要做最真实的自己，你不自信，就会表现得极端，会让人觉得不舒服，你交不到朋友，也就不能怨谁了。我的经验就是——做自己最真实，别人爱你也最真实。”

杨二车娜姆就是这样一个身处名利场之中，却不随波逐流，坚持尊重本性，活得有滋有味的女子。当别人都辛苦奔波换来金钱而大肆挥霍时，我们完全可以不为所动，做一个花小钱也能过精致生活的人，喝一杯咖啡，到花市去捡一枝花，插在瓶子里，一样很美。

人生短暂几十年，赤条条来，又赤条条去，何必追随他人。我们要做自己最想做的，不要模仿他人。女人只有关照内心，才能活出自己的精彩来。谁能做到这一点，谁就会遇事想得开，放得下，活得轻松，过得自在。

学会拒绝是一种豁达与明智

在生活中，多数女人往往会因不懂拒绝别人的要求而让自己整日为他人的事情忙碌，甚至影响了自己的生活。她们往往因拒绝不了对欲望的追逐，而让自己活得身心疲惫，甚至没了快乐。事实上，拒绝是一种豁达与明智的体现。学会拒绝，是一种自卫、自尊与沉稳，是一种意志和信心的体现，也是一种豁达与明智。女人只有学会拒绝，才活得真实明白。

有人去找禅师求得解脱痛苦的方法，禅师让他自己去悟。

第一天，禅师问他悟到什么，他说不知道，禅师便举起戒尺打了他一下。

第二天，禅师又问，他仍说不知道。禅师举起戒尺又打他一下。

第三天，他仍然没有收获，当禅师举手要打时，他却挡住了。

这时，禅师笑道："你终于悟出了这道理——拒绝痛苦。"

生活中，每个人都有难以启齿的苦恼。但是当我们面对痛苦时，更多的是选择掩饰、逃避，甚至选择忍受。似乎在这个时候我们想不到拒绝，因为要强的自尊心和面子已经完全遮盖了"拒绝"二字，使得我们似乎既不敢拒绝，也不会拒绝。虽然我们无力去阻挡要降临的事情，但我们可以拒绝生活中的痛苦。

《伊索寓言》讲述了这样一则故事：有一次，孙子和祖父进林子里去捕野鸡。祖父教孙子用一种捕猎机，它像一只箱子，用木棍支起，木棍上系着的绳子一直接到他们隐蔽的灌木丛中。野鸡受撒下的玉米粒的诱惑，一路啄食，就会进入箱子，只要一拉绳子就大功告成了。

支好箱子藏起不久，就有一群野鸡飞来，共有九只。大概是饿久了的缘故，不一会儿就有六只野鸡走进了箱子。孙子正要拉绳子，可转念一想，那三只也会进去的，再等等吧！等了一会儿，那三只非但没进去，反而走出来三只。

孙子后悔了，对自己说，哪怕再有一只走进去就拉绳子。接着，又有两只走了出来。如果这时拉绳，还能套住一只。但孙子对失去的好运不甘心，心想着还会有些野鸡要回去的，所以迟迟没有拉绳。

结果，连最后那一只也走了出来。孙子一只野鸡也没有捕到。

捕野鸡的孙子因为不知足，想得到更多的东西，最后却把现在所拥有的也失掉了。而那些野鸡却懂得适可而止，吃饱之后拒绝了贪婪，不仅得到了一顿美食，还安全地摆脱了危险的境地。

我们的人生要有所获得，就不能让诱惑自己的东西太杂太多，心灵里积累的苦恼太乱太杂，努力的方向也就不再明朗。我们要简化自己的人生，就要学会选择，懂得放弃，要学习经常否定自己，把自己的生活中和内心里的一些东西断然放弃掉。

嘉丽是一个主持人。年轻的时候，她比较贪心，什么都想做，都想做到最好。于是，也拼了命想抓住每一个机会。有一段时间，她手上同时拥有十几个广播节目，每天忙得昏天暗地，用她自己话来说，那是一段昏暗的、累得跟狗一样的日子。

当然她取得了一定的成绩，但凡事都有利弊。事业愈做愈大，压力也愈来愈大。到了后来，嘉丽发觉拥有更多、更大不是乐趣，反而是一种沉重的负担。她的内心始终有一种强烈的不安全感笼罩着。

几年，嘉丽遇到一系列的打击。先是她独资经营的传播公司被恶性倒账几千万美元，然后是与她交往了七年的男友绝情离去……这一连串的打击让她无法承受，就在极度沮丧的时候，她甚至考虑结束自己的生命。

在面临崩溃之际，她向一位朋友求助：“如果我把公司关掉，我不知道我还能做什么？”朋友沉吟片刻后回答：“你什么都能做，别忘了，当初你也是从.零.开始的！”

朋友的这句话点醒了她，也让她勇气再生：“是啊！我们本来就是一无所有，既然如此，又有什么好怕的呢？”就这样念头一转，没有想到在短短半个月之内，她连续接到两笔很大的业务，濒临倒闭的公司起死回生，又重新动了起来。

历经这些挫折后，嘉丽体悟到人生“无常”的一面，费尽了力气去强求，虽然勉强得到，最后留也留不住；反而是一旦放空了，随之而来的是更大的能量。

经过这件事以后，嘉丽学会了“舍”。为了舍弃不必要的生活成本，她搬离了一百五十平方米大的房子。索性以公司为家，挤在一个十平方米不到的空间里，淘汰不必要的家当，只留下一张床、一张小茶几，还有两只作伴的狗儿。

嘉丽赫然发现，原来一个人需要的其实那么有限，许多附加的东西只是徒增无谓的负担而已。

人生中有时我们拥有的内容太多太乱，我们的心思太复杂，我们的负荷太沉重，我们的烦恼太无绪，诱惑我们的事物太多，大大地妨碍我们，无形而深刻地损害我们。我们要拒绝沉重的人生，就要努力做到有所舍弃，放下生活中和内心里的一些不必要的东西。

淡定的女人敢于放弃不适合自己的职业，放弃异化扭曲自己的职位，放弃暴露你的弱点的环境和工作，放弃实权虚名，放弃人事的纷争，放弃变了味的友谊，放弃失败的恋爱，放弃破裂的婚姻，放弃没有意义的交际应酬，放弃坏的情绪，放弃偏见恶习，放弃不必要的忙碌压力。

在人生的一些关口，我们的生命中会长出一些杂草，侵蚀我们美丽丰富的人生花园，搞乱我们幸福家园的田地。我们要学会对这些杂草进行铲除和放弃。拒绝人生田地和花园里的这些杂草，我们才有机会，同真正有益于自己的人和事亲近，才会获得适合自己的东西。

罗马政治学家及哲学家塞尼加说：“如果你一直觉得不满，那么即使你拥有了整个世界，也会觉得伤心。”要是我们得不到我们希望的东西，最好不要让忧虑和悔恨来影响我们的生活，且让我们原谅自己，学得豁达一点。

女人要懂得拒绝，这是对捆绑自己的背包的一次清理，也可丢掉那些自己舍不得带走的包袱，拿走拖累你的行李，我们才可以轻松地走自己的路，人生的旅行才会更加愉快，女人才可以登得高、行得远，看到更美更多的人生风景。

化繁为简，回归纯粹人生

很多爱美的女人在出门前总是要进行一番细致的打扮，这个过程也许包含着很多复杂的程序，她们却乐在其中，完全不顾等待的人有多么的焦急和无奈。

人生如果充满了这些细枝末节的琐碎，怎么可能有精力做重要的事情呢？因此，我们的生活和人生都需要化繁为简。“化繁就简”是节省时间、人力的最佳方法，要训练自我成为能担当的通才，做事自然会简单化。在五光十色的现代世界中，应该记住这样古老的真理：活得简单才能活得自由。

住在田边的蚂蚱对住在路边的蚂蚱说：“你这里太危险，搬来跟我住吧！”

路边的蚂蚱说：“我已经习惯了，懒得搬了。”

几天后，田边的蚂蚱去探望路边的蚂蚱，却发现对方已被车子压死了。

原来掌握命运的方法很简单，远离懒惰就可以了。

一只小鸡破壳而出的时候，刚好有只乌龟经过，从此以后，小鸡就打算背着蛋壳过一生。它受了很多苦，直到有一天，它遇到了一只大公鸡。

原来摆脱沉重的负荷很简单，寻求名师指点就可以了。

一个孩子对母亲说：“妈妈你今天好漂亮。”

母亲问：“为什么？”

孩子说：“因为妈妈今天一天都没有生气。”

原来要拥有漂亮很简单，只要不生气就可以了。

一位农夫，叫他的孩子每天在田地里辛勤劳作，朋友对他说："你不需要让孩子如此辛苦，农作物一样会长得很好。"

农夫回答说："我不是在培养农作物，而是在培养我的孩子。"

原来培养孩子很简单，让他吃点苦就可以了。

有一家商店经常灯火通明，有人问："你们店里到底是用什么牌子的灯管？那么耐用。"

店家回答说："我们的灯管也常常坏，只是我们坏了就换而已。"

原来保持明亮的方法很简单，只要常常换掉坏的灯管就可以了。

有一支淘金队伍在沙漠中行走，大家都步伐沉重，痛苦不堪，只有一人快乐地走着，别人问："你为何如此惬意？"

他笑着说："因为我带的东西最少。"

原来快乐很简单，只要放弃多余的包袱就可以了。

生活看似烦琐，其实很简单，因为人们不肯主动去发问，去寻求帮助，去体会合作与和谐之美，就使整个生命变得复杂。一句简单的提问，一个简单的思考，都可能令我们的生活大有改观，变得大为不同。

有人这样说过，"简单不一定最美，但最美的一定简单"。最美的幸福生活也应当是简单的生活。幸福的真谛就在于过简简单单、内心纯净的生活。

纵观世上的人，凡是过得幸福美满的，大多是随遇而安，没有太多欲望的人。可能他们钱不多、没有大房子、不能享受豪奢的生活，但他们照样有自己过日子的一套，不用花太多钱，却能获得同样的快乐，儿孙满堂、家庭和睦就是他们最大的幸福。所以人要懂得知足，知足者常乐。

赵薇是国内知名度较高及较具影响力的著名影视女演员、流行音乐歌手。最难得的是她身处纷繁的娱乐圈，却坚持着最“简单”的生活哲学。

赵薇是一个水样女人。她快乐就开怀，悲伤就皱眉，不掩饰内心的情绪，亦不控制情绪的奔流。热闹时，她喜欢和朋友喝茶聊天；安静时，她会一个人读卡森·麦卡勒斯的《伤心咖啡馆之歌》。当身在娱乐圈的众人选择往自己身上加量、加价、加砝码的时候，她却掸落身上的风尘，化繁为简，重归校园。

当一夜成名的原点已经渐渐远去，赵薇也在经历了成长的烦恼后，笑对是非。出道十几年，赵薇已经练就了一套和这个世界打交道的办法：“面对复杂的情况，我会换上最简单的表情，做自己的事，不解释。”

说到爱情，赵薇喜欢《情人结》《夜上海》的爱情，“简简单单，相濡以沫，非常温馨”。生活中，她更像《赤壁》里的孙尚香，有点豪情、有点性情，更有很多柔情。

赵薇说：“有些人认为简单是不过脑子。我觉得恰恰相反，能简单地处理问题肯定是一种生活智慧。别想太多，好多东西都和你没什么关系，比如我拍戏，我不会想票房、不想得奖，因为那样拍戏的压力就会大，就不能专注。专注地做一件事情，就会简单。”

这就是赵薇最“简单”的生活哲学，就像水总会奔流到海，而简单处世，亦是所有问题的原点和终点。化繁为简是一种生活的大智慧，如果有一种东西，舍弃烦琐华丽的包装和复杂艰涩的方式，仍能够带给人优质体验和愉悦心情，那一定是真正的好东西。

做人也是同样，简单质朴的外表之下，未必是平淡无趣的心境。有时候不是不可为，而是不为。随时随地能够从繁华中跳脱出来，让自己变得简单，你的生活就会变得很快乐。

女人，请不要沉浸在生活的细枝末节中，不要徘徊在无聊的琐碎事务中，请卸掉不必要的包袱，轻松上路，只有这样，才能走得更远，飞得更高。

第四节 耐得住寂寞，守得住繁华

越寂寞也可以越美丽

人生在世，谁都难免被寂寞所困。有的女人在寂寞中活得越发精彩、美丽；而有的女人却在寂寞中自怨自艾，心情抑郁。最主要的原因是她们处理寂寞的方式不同，对待寂寞的态度不同。如果我们能够把寂寞当作一剂清醒剂，可以把生活调节得有滋有味，就能越寂寞越美丽。

著名歌手刘若英是一个在寂寞中独自芬芳的女人，她从小一个人就学会了与寂寞为伴，长大后一个人漂泊，常常会独自彻夜不眠。看似温暖而温和的她却承受了比别人更多的寂寞，如今她用歌声吟唱寂寞，在影视剧中传递温暖，在文字中诉说自己的心声。

在刘若英小到还不记事的时候，父母亲就离异了。做船长的父亲带走了她唯一的姐姐，两岁的她，被送到阿姨家，小小的孩子却常挨打骂。爷爷奶奶去看孙女，看到了正舔着鼻涕吃棒冰的她，便决定带她回家，给她一个真正的家。

爷爷是将军，对她家教十分严格。而奶奶对她的要求，也绝不比爷爷少。奶奶是大家闺秀，连出去开个门都会穿上丝袜。他们对刘若英要求十分严格，从小就得站有站相、坐有坐相。上学的时候，学校里常开“母姐会”（即家长会），但刘若英去的却只有奶奶。那时候的她真的很敏感，童年绝大多数时间里，她什么都不做，只是一个人坐在那里幻想，安静得像一只受伤的小兔。

那个时候，刘若英还很小。一天，奶奶牵着她的手走到一台黝黑发亮有着黑白键盘的乐器前，把住她的小手在上面抚弄出了无数个音符，然后告诉她：“这是钢琴。”后来，奶奶几乎倾尽了自己的私房钱，为刘若英买了一台钢琴。在她称作是“被逼学琴”的那段岁月里，她给自己的第一台钢琴取名为“流浪”。

刘若英有一次问奶奶：“我为什么要学钢琴？”奶奶说：“如果有一天，你老公不要你了，你还可以有一技之长，可以养自己，养小孩。”7岁的刘若英，虽然还很懵懂，但少不更事的她已经开始承受一个人的孤单，甚至开始学习未来某一天亲人有可能会离开她的时候要去做的事情。

高中时的刘若英，曾经幻想自己可以成为一个作家，一如她喜爱的三毛和琼瑶一样。她发现自己起笔时选择的词句总是那样精准，永远可以恰到好处地表达自己当时的心情。与此同时她也悲哀地发现，她的语言表达能力不强，说出的语言永远赶不上她笔下的文字，不知道什么时候，她变成了一个孤僻、忧郁的人。

和所有患上“青春期忧郁症”的人一样，她曾经一度极端厌世，甚至想到过自杀。好在最后一刻突然醒悟过来，想到自己还有亲人，哪怕已经失去全世界，却不能再失去亲人。这种被需要的感觉，让她决定好好活下去。

一个意外的机会，刘若英签约进了陈升的公司。从此开始了一个人漂泊的路。她开始从助理做起。端茶倒水，洗厕所，买便当，像用人一样。但所有这些却让刘若英很有成就感，甚至这些成就感要比她自己站在台上接受欢呼还来得汹涌。当时，她最大的愿望就是在某张CD上印上“制作刘若英”几个字。

三年过去了，助理也做了三年，刘若英曾一度想放弃做歌手。但她一想自己是如此爱唱歌，又坚持了下来。她说：“没有一个工作是不受委屈的。起码我选择了一个我热爱的工作。在里面受点委屈，我觉得是应该的。”

刘若英幸运地遇到了张艾嘉，之后就有了让她崭露头角的《少女小渔》。但出演了《少女小渔》之后又有相当一段时间的沉寂。所有的一切还不能告诉奶奶，只能骗奶奶说自己很忙很忙，然后到处混，装作自己很忙。那时候，她常常彻夜不眠。她在《一个人的KTV》一书中写道：

“躺在床上也不知道多久了，但就是睡不着，终于决定不再倔强，起来喝杯茉莉花茶。

“半夜收到公司同事的一封传真，恭喜我快出片了，我的思绪掉到了过去两年中无数一个人的日子里……

“看电影一个人，吃饭一个人，逛街一个人，挂急诊一个人，甚至一个人唱KTV。

“一个下午，算算自己已经四天没出门，突然很想唱歌。场景是东区热闹的KTV店。

“‘小姐，有订位吗？’

“‘小姐，有几位呢？’

"'小姐你需要大包厢还是小包厢呢?'

"'我，一个人。我需要小包厢。'

"我狠狠地唱了三个小时，像办了一场演唱会。唱自己的歌，想着这几年来我的改变。

"唱自己的歌，让那些日子一幕幕重现在眼前。唱别人的歌，听听别人的心情，想象别人过的日子。最后嗓子终于沙哑了，泪水也终于布满了我的脸颊。可惜，只可惜这不是发生在布景壮阔的舞台上，也没有摆着精准的摄影机记录我发自内心的呐喊，我不过是一个人在 KTV 里演出一个平凡女子的悲喜剧。

"埋了单，我以电影散场的心情走出 KTV，天色已经是灰黑的了。下班时拥挤的东区，里头有一个这样的我。有歌唱还是好的，即使是自己唱给自己听。"

刘若英说自己是个活在当下的人，正是那些人生和事业的低谷，更让她懂得珍惜自己要面对的每一部戏和每一首歌。于是，她一度变成了工作狂，长期的疲劳和对身体的忽视让她累出了肾炎。对此，她依然微笑着说："我常常以为我能撑得住。"

生活中的刘若英，素面朝天；将越野车开得飞快；依旧很节省，只在有需求的时候才去逛街；依旧最喜欢待在家里，拆掉门铃，因为不愿被人打扰……台下她还是那个刘若英，一个也许永远不会被改变的刘若英。

她只穿牛仔裤白衬衫，每天早上在同一家咖啡馆吃早餐，出门到诚品书店逛一圈。她只想要这样简单的生活。不工作的时候，她喜欢坐在屋子的角落，低头看着杯子，阳光透过落地窗洒进来，照在她肩上，还有她手里那杯奶茶。刘若英就是这样一个女子，因为寂寞更独立，因为独立更美丽。

如今，刘若英找到了自己的幸福。越寂寞，越美丽。刘若英一直走在寂寞又幸福的路上。当寂寞侵袭时，我们可以纵情欢愉，但也可以利用这样的情绪来沉淀自己。所以，寂寞可以是正面的，也可以是负面的，它本身不具有任何意义，关键是我们对待寂寞的态度。寂寞本身是不可怕的，可怕的是我们对它的恐惧和不知所措。

每个女人其实都活在自己的世界里，这意味着我们永远不可能赶走寂寞。寂寞来了，就不走了，它要成为土壤、成为泉水、成为营养，如果女人了解它、善待它、爱它、享受它，它就会让自己怒放出最美丽、最芬芳的花。

信念是驱除寂寞的良药

如今，在生活节奏紧张的状态下，越来越多的女人感觉到生活的空虚，心灵的寂寞，其实这是她们内心缺少目标甚至是没有信念所导致。信念能让人的思想和灵魂有所寄托，因此，一个有信念的女人是比较容易幸福的。

信念对于女人来说，尤其重要。一个女人如果没有坚定的信念，生活将会过得比较盲目，不知道自己为什么活着，想要什么。长此以往，她们只能混日子，做些无聊的事情来打发空虚的生活，虚度年华。一个有信念的女人，才会对生命有所敬畏，懂得对生活有所取舍。

有一位哲人曾说过：“我之所以高兴，是因为我心中的明灯没有熄灭。道路虽然艰难，但我却不停地去求索我生命中细小的快乐。如果门太矮，我会弯下腰；如果我可以挪开前进路上的绊脚石，我就会去动手挪开；如果石头太重，我可以换条路走。我在每天的生活中都可以找到高兴事儿。信念使我能够以一种快乐的心态面对事物。”

信念让人对生活充满了愉悦之感，并朝着既定的方向前进，心中自然淡定从容，寂寞将无处可藏。信念是一个人的精神支柱，寂寞时抚慰我们的心灵，给我们力量和坚定。

一个人的信念是自己发自内心的选择，一旦你选择了一个符合你人生价值的信念，这种信念将给予你更大的力量与勇气。一个女人要是有了坚定的信念，就像有一团火在自己心中燃烧，它帮助人们实现人生价值，实现理想。

波兰籍科学家居里夫人，她出生时，波兰不允许女孩上学，居里夫人克服种种困难，才上到高中毕业。由于是女性的原因，她不能在任何俄罗斯或波兰的大学继续进修，因此她做了几年的家庭教师。

居里夫人和姐姐都有想去法国留学的梦想，姐姐为了去留学已经存了一部分钱，但这些钱只够在法国学习一年。居里夫人为了完成自己和姐姐的梦想，向姐姐提议：自己先去当家庭教师为姐姐提供上学的资金，而等到姐姐毕业找到工作后，再为她筹备留学的资金。居里夫人为了留学的梦想，整整做了8年的家庭教师。同时还自修了许多门功课，为将来的学业做准备。

8年没有磨灭的梦想最终实现了，在姐姐的经济支持下她来到巴黎，并在索邦大学学习数学和物理学。学校条件特别差，尤其到了冬天，居里夫人有时因为饥饿或寒冷而昏倒，在常人眼中这或许是苦，居里夫人却并不在意，因为她有自己的信念。

于是，她带着强烈的求知欲望，全神贯注地听每一堂课，艰苦的学习使她身体变得越来越不好，但是她的学习成绩却一直名列前茅，这不仅使同学们羡慕，也使教授们惊异。居里夫人凭着坚定的信念，在索邦大学取得物理及数学两个硕士学位。在那里，她成为了该校第一名女性讲师。

为了从一吨工业废渣中提炼出镭，居里夫人要将废渣一锅一锅地煮沸、一刻不停地搅拌、一瓶瓶地倒进倒出、一丁点一丁点地结晶。她每天穿着沾满灰尘和酸液染渍的工作服，站在大锅旁，烟熏火燎、眼睛流泪、喉咙刺痒……就这样，她整整奋斗了 35 年，这是多么繁重的劳动，需要何等坚韧不拔的毅力啊！她既是世界闻名的学者，又是名副其实的工人，还是一个家庭主妇。

1903 年，居里夫妇获得了诺贝尔物理学奖。1906 年，居里先生突遇车祸逝世。居里夫人以坚强的意志战胜了巨大的悲痛，承担起全部家庭责任。很快地，她又继任了居里先生在巴黎大学的课程，并指导实验室工作。

1911 年，居里夫人参加法国科学院院士竞选，由于有人提出“女人不能成为科学院院士”而以一票之差落选。但这并不能阻挠她献身科学的追求。同年 12 月她又获得了诺贝尔化学奖。

在居里夫人对信仰的强烈坚持下，她最终发现了放射性元素镭，并奠定了现代放射化学的基础，为人类做出了伟大的贡献，成为一代杰出的女科学家。

居里夫人在成功的道路上，流的不是汗水而是鲜血，她的名字不是用笔，而是用生命写成的。信念是成功的前提条件，只有我们拥有信念，即使再苦的环境，我们都能坚持下去并适应它。

俗话说：天将降大任于斯人也，必先苦其心志，劳其筋骨，饿其体肤，空乏其身，行弗乱其所为。因此要想成就一番大业，“苦”是在所难免的，而要想在苦中坚持下来，那信念是最基本的条件。试问，哪一位名人、伟人在经历苦难和事业最艰难困苦的时候没有坚定的信念呢？

在诺曼·卡曾斯所写的《病理的解剖》一书中，讲到关于20世纪最伟大的大提琴家之一——卡萨尔斯的故事。这是一则关于信念的故事，相信我们可以从中得到启示。

他们会面的日子，恰在卡萨尔斯要过90大寿的前些天。卡曾斯说，他实在不忍看着一位老人如此过日子。从外表看来，他是那么衰老，患有肺气肿，呼吸很费劲；患有严重的关节炎，穿衣服时不得不让人帮忙；走起路来也颤颤巍巍，头不时地往前颠；双手有些肿胀，十根手指像鹰爪般地钩曲着。

但在吃早餐前，他却走到了自己最擅长的几种乐器之一——钢琴前。然后很吃力地坐在钢琴旁边的凳子上，颤抖着把那钩曲肿胀的手指抬到琴键上。

霎时，神奇的现象出现了。卡萨尔斯突然显出飞扬的神采，而身体也开始活动并弹奏起来，仿佛是一位神采飞扬的钢琴家，完全变了个人。

只见他的手指缓缓地舒展移向琴键，好像迎向阳光的树枝嫩芽，他的背脊直挺挺的，呼吸也似乎顺畅起来。弹奏钢琴的念头完完全全地改变了他的心理和生理状态。当他弹奏巴赫的《平均律键盘曲集》时，是那么纯熟灵巧、丝丝入扣。随之他奏起勃拉姆斯的协奏曲，手指在琴键上像游鱼般轻快地滑着。

此刻，他整个身子像被音乐融解，不再僵直和佝偻，代之的是柔软和优雅，不再为关节炎所苦。在他演奏完毕，离座而起时，跟他当初就座弹奏时全然不同。他站得更挺，看起来更高，走起路来双脚也不再拖着地。他飞快地走向餐桌，大口地吃着，然后走出家门，漫步在海滩的清风中。

由此可见，信念的力量是多么强大。卡萨尔斯热爱音乐和艺术，那不仅会使他的人生美丽、高贵，而且每天都带给他神奇。是信念，让他每天从一个疲惫的老人化为活泼的精灵。说得更玄些，是信念，让他活下去。

信念是黑暗中的光亮，让我们在极度困苦中找到自我，无论在多么艰难，多么苦的环境中，只要我们拥有坚定的信念，我们就可以迎“苦”而上。俄国的列宾曾经说过：“没有原则的人是无用的人，没有信念的人是空虚的废物。”一个人不怕能力不够，就怕失去了前进的信念。拥有信念的人，在某种意义上说，就是不可战胜的人。

对于一个普通的女人来说，内心拥有坚定的信念，可以驱除现实生活中的空虚、无奈、寂寞，让人们明确生命的意义。因此，女人要重拾并坚持信念，让寂寞的我们不再沦入空虚的魔境。

耐得住寂寞的人，才能成就人生

寂寞是决定人的命运的情境。耐不住寂寞的女人，往往会去寻求排解的办法，比如会与朋友闲聊、沉缅于酒色之中、或者沉迷于网络游戏……这样的人最终会成为一个平庸的女人。而那些在寂寞中沉淀，忍受住孤单，并靠内心的力量战胜寂寞的女人，必是成大事者。

人们通常会说：“吃得苦中苦，方为人上人。”说的就是耐得住寂寞的人往往可以走向成功。人生的道路上，总会有迷惘、困顿、彷徨、无助的时候，如果我们能够坚持熬过这一段寂寞的时光，在寂寞中沉淀，将会获得内心的淡然，找到前进的方向，指引我们走向成功，从此我们的人生也将变得与众不同。

“音乐之父”巴赫曾经被父亲的一句“要耐得住寂寞才

能成就人生”的话所点醒，从此刻苦钻研音乐，并最终做出非凡的成就。

巴赫家族是一个人丁兴旺的音乐家族，这个家族从16世纪中叶就开始出现音乐家，一直延续到19世纪末，300多年中共出现了52位音乐家。

在巴赫还是个幼儿的时候，他的叔父就发现他对音乐非常敏感，由于叔父是当时市乐队的指挥，于是，他的叔父找到他的父亲建议让巴赫走音乐这条道路。起初，巴赫的父亲并没赞同叔父的意见。

巴赫的父亲通过一段时间的观察，看到巴赫自己确实对音乐十分痴迷，发现巴赫的确具有音乐天赋，巴赫的父亲这才勉强同意让巴赫学音乐。他非常严肃地对巴赫说：“学习音乐需要不断努力和勤奋才行。你要记住：耐不住寂寞，是不会成功的。”

于是，3岁的巴赫就开始步入了音乐之路。巴赫先从练习小提琴开始学习，每天不停地拉啊、推啊。开始学拉小提琴时，动作不过是一推一拉，非常单调枯燥，吱吱呀呀的声音更是不堪入耳。很多人就是不堪忍受初学期间枯燥和噪音的折磨而放弃的，而巴赫每当坚持不下时，就想到了父亲的那句话，硬是让自己坚持了下来。

巴赫的儿子在一本书中对父亲出色的小提琴演奏水平做了这样的描述：“从青年时代起，直至临近老年，他演奏的小提琴音色纯正，深切感人，从而控制了一般要用古钢琴才能控制的乐队。”当然，巴赫的演奏水平与刻苦练习是分不开的。据说，巴赫每天在院子里的草坪中间练琴，每当手指痛疼难忍的时候，他就拔几根草，用草汁止痛，时间长了，他站的那块草地竟然被他拔秃了一圈。

巴赫在学习小提琴之后，又学习了中提琴、管风琴等乐器。由于巴赫心中对音乐的喜爱，不怕枯燥、寂寞难耐的时光。在他18岁的时候，就担任了多处教堂和宫廷乐长及管风琴师。

巴赫学习了多种乐器，他在世时，是以演奏管风琴而出名的。事实上，演奏乐器只是巴赫的音乐才能之一，真正带给巴赫世界性影响的是他的音乐创作。巴赫一生创作了200多部作品，但在巴赫生前，他的作品却一直没有得到音乐界的认可和重视。直到巴赫去世后近100年，这些作品才得到应有的尊重。

“耐不住寂寞，是不会成功的。”这是巴赫苦练乐器时用来激励自己的，也是他音乐创作的真实写照。巴赫耐住了寂寞，最终获得了成功。巴赫生前创作了那么多优秀的作品，却并没有得到认可，而在他逝世后100年，人们才意识到这些作品的价值。这期间，难以想象他要承受多少寂寞。

由此可见，大凡成功者都是孤独而执着的。耐得住寂寞，是一个人思想灵魂修养的体现，是难能可贵的一种风范。寂寞是一种考验，面对寂寞，有的人能够做出惊人的伟业，有的人却成了寂寞的俘虏；寂寞是一种坚守，面对寂寞，有的人能够坚守精神的底线，有的人却成了道德的叛徒；寂寞是一种修炼，面对寂寞，有的人能够参悟人生的真谛，有的人却跌到地狱的深渊。

人生在世，寂寞是在所难免的，能不为寂寞所伤害，不在寂寞中消沉，学会走出寂寞，把生活调节得有滋有味，那才是一个真正会生活的人。寂寞是一种境界，自有一种雅士的淡定。有人说：“如果你想出人头地，你要耐得住寂寞，因为成功的辉煌就隐藏在寂寞的背后。”

耐得住寂寞的人，能够坚守忠诚，不会被外界所迷惑。只有耐得住寂寞，受得了诱惑，坚持心中的信念，才能经历我们的精彩人生。享受寂寞，为自己的人生做一个小小的点缀，其实是一件很美丽的事。

现实生活中，许多女人喜欢忙碌，有些女人是由于害怕寂寞而刻意让自己忙碌起来，其实，忙碌可能会让人失去自我，忘却生活的本来面目，最终丢失了自我。人生需要寂寞，独守一份清静，甘受一份落寞，其实是一种人生境界。

所以说，耐得住寂寞是一种心境、一种智慧、一种精神内涵，而女人的情感相对更加脆弱，更需要我们耐得住寂寞。耐得住寂寞，就不会怨天尤人，就不会萎靡不振，就能笑容满面地工作、生活，明天才会更美好。

提一盏感恩之灯，照亮寂寞的每一处角落

我们常常处于拥挤的环境中，人与人之间在相互干扰中缺失了敬意；我们常常周旋于人际关系之间，不断与别人讲话，却很少跟自己讲话。于是，我们开始感到身心上的疲惫，寂寞的内心一度让我们对外界的一切失去了兴趣。

如果我们在内心点亮一盏对生命、对他人的感恩之灯，在无可逃脱的寂寞中勇敢独行，我们的内心将是满足、安静的。凭借一份感激之情，让我们能够有力地站在人群当中而不失自我，自信地伫足于孤单之中而不再害怕与退缩，从而照亮内心深处的每一个寂寞的角落。

怀着感激去生活的女人，便拥有了一份理智、一份平和、一份进取，才不会浮躁、不会抱怨、不会悲观，更不会放弃。人们常说，保持微笑可以延缓衰老，使女人更显年轻；那么常怀感激，则会使女人的心永远淡定从容，不寂寞。

有这么一个寓言，一只老鼠掉进了一只桶里，怎么也出不来。老鼠吱吱地叫着，它发出了哀鸣，可是谁也听不见。

可怜的老鼠心想，这只桶大概就是自己的坟墓了。正在这时，一只大象经过桶边，用鼻子把老鼠吊了出来。

“谢谢你，大象。你救了我的命，我希望能报答你。”

大象笑着说：“你准备怎么报答我呢？你不过是一只小小的老鼠。”

过了一些日子，大象不幸被猎人捉住了。猎人们用绳子把大象捆了起来，准备等天亮后运走。大象伤心地躺在地上，无论怎么挣扎，也无法把绳子扯断。

突然，小老鼠出现了。它开始咬绳子，终于在天亮前咬断了绳子，替大象松了绑。

“你看到了吧，我履行了自己的诺言。”小老鼠对大象说。

大象感激地对小老鼠说：“谢谢你。”

小老鼠开心地笑了。

感恩是爱的根源，也是快乐的必要条件。如果我们对生命中所拥有的一切能心存感激，便能体会到人生的快乐、人间的温暖以及人生的价值。班尼迪克特说：“受人恩惠，不是美德，报恩才是。当他积极投入感恩的工作时，美德就产生了。”

人生在世，免不了要遭受苦难。它有时是个人不可抗拒的天灾人祸，例如遭遇乱世或灾荒、患上危及生命的重病乃至绝症、挚爱的亲人死亡；有时也是个人在社会生活中的重大挫折，例如失恋、婚姻破裂、事业失败的折磨。同样的境遇在不同的人身上就呈现两种完全不同的结果。

很多女人在面对种种寂寞和折磨的时候，听天由命，最后平庸地度过一辈子。而有些女人却超越了这一切，她们对寂寞抱持一种感谢的态度，世界在她们的眼中变了一个样。她们每天都有快乐的笑容，她们让幸福洋溢在自己周围，从而拥有幸福快乐的一生。

世间的事往往就是这样，如果我们无法拒绝寂寞，那提一盏感恩之灯，换一种眼光去看世界，将会发现所有的寂寞其实都是促进生命成长的“清新氧气”。

一位哲人说，世界上最大的悲剧和不幸就是一个人大言不惭地说：“没人给过我任何东西。”对生活常怀有一颗感恩之心的人，即使遇上再大的灾难，也能熬过去。

拥有感恩之心的人，即使仰望夜空，也会有一种感动，体会到一丝快乐，正如康德所说：“在晴朗之夜，仰望天空，就会获得一种快乐，这种快乐只有高尚的心灵才能体会出来。”生活中确实需要感恩，不懂得感恩，生活便会黯然失色，人生便没有滋味。

感恩之心会给我们带来无尽的快乐。感恩不是炫耀，不是停滞不前，而是把所拥有的看作是一种荣幸，一种鼓励，在深深感激之中采取积极的回报行动，与他人分享自己的拥有。为生活中的每一份拥有而感恩，能让我们知足常乐。

寂寞的时候，提一盏感恩之灯，可以使我们警醒并积极行动，更加热爱生活。心怀感恩是指一种深刻的情感积累，它能够增强女人的魅力，开启神奇的幸福之门，发掘出无穷的智慧源泉。感恩是一种处世态度，也是一种生活智慧。女人要学会感恩，感谢生活对我们的赠予。

女人就是要有气质

（上册）

黎 娜 编著

哈爾濱工業大學出版社
HARBIN INSTITUTE OF TECHNOLOGY PRESS

图书在版编目 (CIP) 数据

女人就是要有气质：全 2 册 / 黎娜编著 . -- 哈尔滨：哈尔滨工业大学出版社 ,2017. 10

ISBN 978-7-5603-6330-1

Ⅰ . ①女… Ⅱ . ①黎… Ⅲ . ①女性 - 气质 - 通俗读物 Ⅳ . ① B848.1-49

中国版本图书馆 CIP 数据核字 (2016) 第 307906 号

策划编辑 常 雨
责任编辑 王晓丹
出版发行 哈尔滨工业大学出版社
社 址 哈尔滨市南岗区复华四道街 10 号 邮编 150006
传 真 0451-86414749
网 址 http:/ / hitpress. hit. edu. cn
印 刷 厂 三河市同力彩印有限公司
开 本 880mm × 1230mm 1/32 印张 12 字数 280 千字
版 次 2017 年 10 月第 1 版 2017 年 10 月第 1 次 印刷
书 号 ISBN 978-7-5603-6330-1
定 价 59.00 元（全 2 册）

前言

女人不一定要美丽，但一定要有气质。对一个女人而言，气质的价值远远胜于外表的美丽。外表的美丽就如同昙花一现般稍纵即逝，然而气质却是伴随女人一生的资本，它绝非父母天生所赐，它可以通过后天多方面的努力和培养使女人崭露风采。所以，一个女人自身的气质如何，是把握在自己手中的。

那么，什么样的女人才算得上是有气质的女人呢？罗曼·罗兰说过："气质是很抽象的东西，但是它给人的印象却非常明显。"气质是一种内在的修养，它是思想内涵的体现，洗练出了超凡脱俗的"女人味"。在女人的成长过程中，气质会融入个性，并不断地更新，最终造就女人与众不同的韵味。气质是一种智慧，它在点点滴滴的细节中对女人本身进行着雕塑，让女人散发出迷人的味道，拥有持久的魅力。气质女人不仅仅是如诗如画的女人，更重要的是她们已学会如何绘织如诗如画的风景；气质女人不依附于男人，不脱离女人本质，在自己能力之内尽量做得更好；气质女人拥有独立的思考能力，拥有美好的理想，也有为这个理想不断付出、持续前进的激情。

气质决定着女人在公众心目中的形象，是女人在现代生活的各个领域中获得成功的必要前提。气质是女人获得幸福的最大资本，在很大程度上决定了女人一生的幸福。现代女人，既要温柔，又要坚强；既要注重内在修养，又要注意外在装扮；既要有幸福的家庭，又要有成功的事业；既要奉献，又要善待自己……这些都需要女人在现实的生活中不断修炼自己的气质，只有发掘出属于自己的独特魅力，女人才能找到通往幸福的路径，拥有完美的人生。

如何才能让自己拥有超凡脱俗的气质呢？女人的气质模仿不来，它不同于时尚，时尚可以追、可以赶，可以花大钱去“入流”，气质比时尚更恒久，它是一种文化和素养的积累，是修养和知识的沉淀。许多女性将希望寄托于一些教女性气质的书上，这些书实际上所教的不过是如何抛弃自我原有性格去取悦男人。在这样的教育中，女性与这个世界的关系永远都是通过男人的观点来维系的，女性的行为、女性的审美标准都是男性偏好的一种诠释——以此为标准，女性根本不会获得期望中的气质，只可能沦为众多男性声音中的一个回应。女性要想摆脱男性眼光的左右，成为真正的气质女人，不妨翻开这本书。本书从关注女性自我生存、生活状态入手，对现代女性培养自我气质与修养、内涵与品位的重要方面进行了总结。本书旨在告诉女性朋友们，如何让自己活得更精彩，如何让自己在发挥自我性格优势的同时，拥有更出色的气质。它会让你无论何时都可以做到秀外慧中、优雅贤淑，更能让你从现实残酷的生活中挣脱羁绊、从容自由。

气质是女人永恒的化妆品。动人的容颜无法抗拒岁月的印痕，唯有气质，如陈年佳酿般随着人们自身修养的完善和自我价值的提升，体现出无与伦比的恒久魅力，永远散发着迷人的芳香。一个女性如果全靠各种化妆品装扮，生命必定是空白的，而内在的气质美却可以延缓衰老并使人年轻，可以在他人心灵上留有印记和引起震荡。气质教会女人不断地积聚正能量、扩大气场，让女人生命中的每一个层面都能够变得更加丰富而完整。气质女人是上帝心情最好的时候打造的艺术品，气质女人的一举一动、一言一语、一颦一笑都像水一样柔软，像风一样迷人，一个不经意的动作，就能吸引所有人的目光。愿每一个追求气质出众的女人在读完本书后，都能心想事成，拥有迷人的气质，活出自己生命的精彩。

目录

上册

第一章 能做女王，就不要做公主

第二章 做个平均值高的精品女人

第四章 气质就是你手中的幸福魔方

第五章 修炼气场，增强自信

下册

第六章 练习与自卑告别

第七章 接受真实的自己

第八章 性感是一种气质

第十章 乐观淡定，繁华落尽也笑对

第一章 能做女王，就不要做公主

第一节 不做女强人，要做强女人

“安稳”不是女孩最好的归宿

平凡的女人，之所以一生无大的成就，因为她们一直在追求一种安稳的生活，一旦得到，便想固守不求进取了。这样，她们一生只会机械地工作，挣来维持温饱的薪金，然后静待死神的光临。

眷恋安稳的女人在开始做一件事情之前，总是会做过多的准备工作。她们认为每一项计划和行动都需要完美的准备。她们只在自己熟悉的领域搭建一个舒适的温室，将“在家靠父母，出门靠朋友”这句话彻底执行。她们不敢向陌生的领域踏出一步，对生活中不时出现的那些困难，更是不敢主动发起“进攻”，只是一躲再躲。她们认为，保持自己熟悉的现状就好，对于那些新鲜事物，还是躲远点，否则，就有可能被撞得头破血流。安稳是一个陷阱，让她们丧失了斗志和激情，她们不敢打破现有的生活方式，不敢寻求新的改变，结果在懒散之中松弛了自己的皮肤和精神。

西方有句名言：“一个人的思想决定一个人的命运。”做任何事都寻求安全感，不敢挑战和冒险，是对自己潜能的否定，只能使自己的潜能不断地缩小。与此同时，安全感会使你的天赋被削弱，就像疾病让人体的机能萎缩、退化一般。

如果女人能够突破“安稳”这一关，在二十几岁时开始奋斗，就可能会有很大的改观。

香奈儿这个名字是一个传奇，她从来就不是一个安于本分的人。她的名字后来成为西方女性解放与自然魅力的代名词。香奈儿年轻时是巴黎一家咖啡厅的卖唱女，她经历过一次失败的情感——18岁时当了花花公子博伊的情妇。但她没有就此沉沦下去，而是借助博伊的资金开了三家时装店，使她的服装进入巴黎的上流社会。

在浮夸与矫情的上流社会，香奈儿的礼服是玛戈皇后装的翻版。香奈儿和她的服装充满了怪异，但也充满了致命的吸引力。有一次，她的长发不小心被烧去几绺，她索性拿起剪刀把长发剪成了超短发。在她走进巴黎舞剧院之后的第二天，巴黎贵妇们纷纷找到理发师给她们剪“香奈儿发型”。无论是香奈儿的香水还是香奈儿的服装，真正的魅力在它们的创造者身上。

30岁以后的香奈儿还清了欠博伊的钱，她独立了。从1930年一直到去世，她都独自住在巴黎利兹饭店的顶楼上，她是世界上最著名的服装设计师之一。

每天晚上睡觉的时候，她唯一需要确定的是，那把心爱的剪刀是否放在床头柜上。她说：“虽然上帝知道我渴望爱情，但是如果非要我选择，我选择时装。”

香奈儿给女人们的忠告是：“也许我会令你感到惊讶，但归根结底，我认为一个女人若想要快乐，最好不要遵从陈腐的道德。做出这种选择的女人具有英雄的勇气，虽然付出孤独的代价，但孤独能帮助女人们找到自我。我爱过的两个男人从来不了解我。他们很有钱，却不曾了解女人也想做些事。忙碌起来能使你的分量加重。我很快乐，但几乎没人知道这一点。”

在她最后的日子里，她说：“由种种事情来看，我的一生完全正确，我没有丈夫、孩子，但我有一堆财富。”

不安于室给了香奈儿成功的灵感和动机，让香奈儿走出了“安稳”的牢笼，创造了一个经典的品牌。每一个女人，不管你的外表是美还是丑，也不管你聪明还是愚笨，都要凭着自己的努力去过自己想要的生活，而不要被“安稳”的陷阱温柔地杀死。多一些冒险精神，做一个独立的个体，经济独立、事业有成，这样的女人永远自信快乐。

“狠女孩”才能主宰自我

有人说，女人应对自己“狠”一点，因为“狠女孩”才有福。因为“狠女孩”知道在得失中做出选择，她们敢爱敢恨、敢作敢为。即使要承担许多的痛苦，为了朝着自己的目标前进，她们毫不犹豫，狠下心来去做，直至达到自己的目标。

她从名校毕业后被分配到一个让人们眼红的政府机关，干着一份惬意的工作。

好景不长，她开始陷入苦闷，原来她的工作虽轻松，但与所学专业毫无关系。她想辞职出去闯一闯，外面的世界很精彩，但风险太大。她将自己的困惑告诉了她最敬重的一位长者。长者一笑，给她讲了一个故事：

一个农民在山里打柴时，拾到一只样子怪怪的鸟。那只怪鸟和刚满月的小鸡一样大小，还不会飞，农民就把这只怪鸟带回家给小女儿玩耍。

调皮的小女儿玩够了，便将怪鸟放在小鸡群里充当小鸡，让母鸡养育。

怪鸟长大后，人们发现它竟是一只鹰，他们担心鹰再长大一些会吃鸡。那只鹰却和鸡相处得很和睦，只是当鹰出于本能飞上天空再向地面俯冲时，鸡群会产生恐慌和骚乱。渐渐地，人们越来越不满，如果哪家丢了鸡，便会首先怀疑那只鹰——要知道鹰终归是鹰，生来是要吃鸡的。大家一致强烈要求：要么杀了那只鹰，要么将它放生，让它永远也别回来。因为和鹰有了感情，这一家人决定将鹰放生。

谁知，他们把鹰带到很远的地方放生，过不了几天那只鹰又飞回来了。他们驱赶它不让它进家门，他们甚至将它打得遍体鳞伤，都无法成功。

后来村里的一位老人说："把鹰交给我吧，我会让它永远不再回来。"老人将鹰带到附近一个最陡峭的悬崖绝壁旁，然后将鹰狠狠向悬崖下的深涧扔去。那只鹰开始如石头般向下坠去，然而快要到涧底时，它终于展开双翅托住了身体，开始缓缓滑翔，最后轻轻拍了拍翅膀，飞向蔚蓝的天空。它越飞越自由舒展，越飞越高，越飞越远，渐渐变成了一个小黑点，飞出了人们的视野，再也没有回来。

听了长者的故事，年轻的女孩似有所悟。几天后，她辞去了公职，在社会上打拼，终有所成。

面对安逸的工作环境，年轻的女孩坚定地选择了自己的道路，这就是"狠女孩"的作为。

在面临选择的时候，如果已经拥有了不错的条件，很多女孩都是不愿意舍弃的。"狠女孩"是不一样的，她们有自己的主见，并且不会被眼前的利益所迷惑。即使所选择的道路上充满了荆棘，她们也会毅然决然地走下去。

由此可见，“狠女孩”才能主宰自己的命运，聪明的女孩应该勇敢地做一个“狠女孩”。

别让“贤淑”埋没你的精彩

在现实中生活中，相当一部分的女性，尤其是婚后醉心于“柴米油盐”的女性，恐怕很少有人对自己在婚前婚后的巨大反差进行过思考：我为什么不见了往日的清纯？为什么不再拥有当年赏花吟月的情怀？这样的女性在结婚后是循着“男主外，女主内”的传统思维路线生活的。她们一旦结了婚，就会自觉地把绝大部分精力用于家庭，而放弃原先的梦想和进取精神。

以前的女性凭着“贤淑”还能维持一个安稳牢靠的家，现代女性再固守“贤淑”，情形恐怕就没那么乐观了。

一个女人如果自愿放弃对事业的追求、自我的提升而满足于屋里屋外的生活，甘愿做男人背后的那个“伟大女人”的话，终有一天岁月的风尘会淹没她昔日的灵光，烦琐的家务会将她的高贵磨平，日复一日的操劳会让她的青春黯然失色，这时，女人的生活是否还能继续下去？

这就是现代社会一些女性的血泪经历。看看如今居高不下的离婚率,其中有不少女人是起早贪黑、任劳任怨的好女人。她们不仅要“主内”，还要“兼外”，既要上班又要照顾家庭，还把自己辛苦所得的薪水全部用来补贴家用。她们承受着内外的双倍压力，日复一日地劳作，却换不来男人真心的感动，她们的一切付出，在男人眼里是“理所当然”。女人要“贤淑”，这是古训，是女人应该做的，女人的爱、美德、奉献、忘我在“贤淑”面前被一笔抹杀了。男人把“贤淑”当成女人的天职，他们认为是自己在支撑着整个家庭，女人没有他活不了，是他的“主外”成就了女人“主内”的“闲职”。

这就是女人“贤淑”所换来的后果。贤淑一度被赞誉为美德，可懂得欣赏这种美德的男人有多少？懂得珍惜这种美德的男人又有多少？

贤淑是自古以来中国男子对女子的“殷殷期盼”，今天看来，其实就是给女人套了一个“愚民”的枷锁！女人在“贤淑”里挣扎着，男人在“贤淑”外享受着，这难道就是女人“贤淑”之后想要得到的？

我们不是说“贤淑”不好，而是说在当今社会中，女人要学会为自己着想，与其辛辛苦苦换来肝肠寸断的结局，不如放开手脚创造自己的精彩。

试试做个清醒梦

有的女孩总是在“清纯”的梦里不想醒来，她们不喜欢“世故”，不喜欢“精明”，在她们的心里，一尘不染的小龙女远比精明世故的黄蓉更让人怜爱。年轻的女孩总向往一种不食人间烟火的浪漫，但清纯的仙子不是人人都能扮演的角色。既然红尘十万丈，怎可能遗世独立？

女孩们，试着做个清醒的梦，及早学会世俗。

我们当中的大多数人在生活中扮演着“凡夫俗子”的角色，比不上那些豪门千金，含着金汤匙出生，养在深闺，众星捧月，不用自己洗手做羹，不必为柴米油盐困扰，金钱的充裕给了她们心想事成的环境，她们当然有闲情逸致和条件来“清高”。可是豪门从来是非恩怨多，豪门里的世界也不清净，一个人情世故半点不通的人，怎可能舒舒服服地坐在豪华别墅里喝着咖啡安享太平？

再看看那些影视明星，屏幕前清丽可人、不染纤尘，屏幕后呢？当明星的总免不了要应酬周旋，否则别说出名难，就是出名后想继续红下去也难！一味地“清高”摆谱，一副高高在上拒人于千里之外的神情，谁来捧场？

书香世家的女子，也并非人们所说的那样“两耳不闻窗外事，一心只读圣贤书”。她们有着良好的家教和修养，但这只是个人气质的辅料，若想在人群中闪闪发光，少了智慧和谋划也是不行的。

所以说，每个人都不能避免世俗的罗网。也许人人艳羡张爱玲的高傲，但是，女孩们可否知道她年轻时经历乱世，隐居美国空守寂寞？张曼玉也是在香港错综复杂的演艺圈中历练一番，才从一个花瓶成为经典的代名词。

不经历世俗，就开不出脱尘的花朵。现在有的女孩在别人的家里捏着鼻子嫌脏，吃个柿子也要翘着兰花指一点一点地撕皮，在别人伸出热情的双手时高傲地扭过头去，插着两手爱答不理。这些人不屑为一点血汗钱哭天喊地，更不会为了一点小钱跟别人争论得面红耳赤。

但是，这些在二十几岁时不懂得世俗的人，往往在三十几岁时忙碌不堪，懊悔不已。她们在那个时候才发现，原来年轻时一直轻视的东西，竟然是那么重要。于是，她们开始后悔，为什么当初不早一点懂得世俗？

年轻女孩，如果想要在未来拥有幸福，如果想在年老的时候回想过去，没有留下遗憾，现在就要试着做清醒的梦，早日摆脱对生活浪漫的幻想，开始学会世俗。当然，这里不是说只有世俗的人才能拥有优雅的生活，不是满身铜臭的人才能拥有幸福的人生，而是说，不要对金钱和现实存有心理洁癖，了解生活并且认真生活，才不至于在年华老去时还疲于奔命。

第二节 女人的独立宣言：做我自己

想要什么，就要自己去争取

许多女人习惯于压抑自己的个性，她们将内心的需要藏得很深，明明很想要，或者很在意，却总是装作一副无所谓的样子，致使自己错过了很多的机会。可以说，这样的性格不是一朝一夕形成的，但是习惯于以这种方式生存的女人，常常会错过自己的幸福。所以，聪明的女人，想要什么就大胆地喊出来，并且努力实现自己的目标。只有这样，我们才能达成自己的心愿，过上自己想要的生活。

罗马纳·巴纽埃洛斯是一位年轻的墨西哥姑娘，16 岁就结婚了。在两年当中她生了两个儿子，之后丈夫离家出走，罗马纳只好独自支撑家庭。但是，她决心谋求一种令她自己及两个儿子感到体面和自豪的生活。

她带着一块普通披巾包起全部财产，跨过里奥兰德河，在得克萨斯州的埃尔帕索安顿下来。她在一家洗衣店工作，一天仅赚一美元，但她从没忘记自己的梦想，她要摆脱贫困，过上受人尊敬的生活。于是，口袋里只有 7 美元的她，带着两个儿子乘公共汽车来到洛杉矶寻求更好的发展。

她开始做洗碗的工作，后来找到什么活就做什么。拼命攒钱直到存了 400 美元后，便和她的姨母共同买下一家拥有一台烙饼机及一台烙小玉米饼机的店。

她与姨母共同制作的玉米饼非常成功，后来还开了几家分店。直到最后，姨母感觉到工作太辛苦了，便把股份卖给了她。

不久，她经营的小玉米饼店成为美国最大的墨西哥食品批发商，拥有员工300多人。在她和两个儿子经济上有了保障之后，这位勇敢的年轻妇女便将精力转移到提高美籍墨西哥同胞的地位上。

“我们需要自己的银行。”她想。后来她和许多朋友在东洛杉矶创建了“泛美国民银行”。这家银行主要是为美籍墨西哥人所居住的社区服务。如今，银行资产已增长到2 200多万美元，这位年轻妇女的成功确实得之不易。

起初，抱有消极思想的专家们告诉她：“不要做这种事。”他们说：“美籍墨西哥人不能创办自己的银行，你们没有资格创办一家银行，同时永远不会成功。”

“我行，而且一定要成功。”她平静地回答。结果她梦想成真了。

她与伙伴们在一个小拖车里创办起他们的银行。可是，到社区销售股票时却遇到另外一个麻烦，因为人们对他们毫无信心，她向人们兜售股票时遭到拒绝。

他们问道：“你怎么可能办得起银行呢？我们已经努力了十几年，总是失败，你知道吗？墨西哥人不是银行家呀！”

但是，她始终不愿放弃自己的梦想，始终努力不懈。如今，这家银行取得伟大成功的故事在东洛杉矶已经传为佳话。后来她的签名出现在无数的美国货币上，她由此成为美国第三十四任财政部长。

通过上面这个故事，我们可以看出，在女人成就梦想的路上，总是会遇到很多的困难，也经常会有人提出异议。可是，只要我们勇敢地喊出自己的目标，并且拿出勇气应对一切困难和挫折，那么我们就能摆脱一切困难，实现自己的目标。

当然，社会的发展还没能让我们摆脱“淑女”的枷锁，女人像男人一样在社会上打拼，也常常会使身边的人不解。但是，周围的一切不过是社会给予女人的“精神监牢”，只有勇敢地打破它，女人才能获得自由和快乐。

外表要温顺，内心要强大

美国前总统老布什的妻子芭芭拉是一位很坚强的女性，面对家庭诸事，她总能沉着应对。她患有甲状腺炎，布什也有心脏病，女儿多罗蒂离婚，儿子尼尔职位被解除，特别是1953年女儿罗宾死于白血病，但这一切都没有压倒布什夫人，她总是竭尽全力保护他们。有一次，布什出席一个宴会时突然晕倒，在场人员不知所措，芭芭拉却当机立断，打电话叫急救车，亲自送丈夫去医院。

坚强，是每一个成功人士必备的品质之一。《易经》曰：“天行健，君子以自强不息。”也许有时候，我们无奈于生命的长度，但是坚强能够让我们选择生命的宽度与厚度。在这个世界上，我们会遇到赏罚不公，会遇到就业压力，会遇到竞争，会遇到病魔，会遇到……但是，女人可以运用自己手中坚强的画笔，为自己在逆境中描绘一片属于自己的蓝天，为自己绘出红花绿草，清风习习。

2004年3月8日晚上，中央电视台《半边天》节目对6位女性做了访谈。

第一位是一个阿姨辈的女人——王自萍，54岁。但是她的状态，也可以说是心态，丝毫不亚于年轻人，甚至强过年轻人。她的乐观、自信、热情，瞬时感染了现场及电视机前的观众，也让人们羡慕不已。她是在不惑之年闯北京的，在这之前，她坚决地结束了一段不幸的婚姻。到了北京，种种努力自不必说，她终于做上了一家会计事务所的经理，通过了三项非常困难的资格认证考试。工作之余，她有着同样精彩的业余生活，她的幸福是每个人都可以感受到的，我们从她风趣的话语中知道了幸福的来源——坚强。

还有一个残疾姑娘，她身上所拥有的自信同样让她光彩照人。她来自石家庄，尽管残疾，但偏偏是个不服输的人。为了做一名职业歌手，她坐着轮椅跑到了北京，要实现自己的梦想。

设想一个四肢健全的人假若要到北京生活，都是那么艰难，何况她是一个残疾人。她有一千个不会成功的理由，但就有第一千零一个成功的理由给予了她成功。她现在是一名签约歌手。这第一千零一个理由便是永不放弃、坚强。主持人问："上帝为什么要给你一个这样的命运？"她说命运只是要她活得更艰难一点。她在地铁站中的歌声嘹亮而高亢，远远地听去，就像是对命运的宣战。坚强是她的武器，任何困难都不能逃过它的冲击。

另一位是云南昆明一家饭店的老板，手下有200余名员工，有2 000多平方米的大楼。主持人关于她身家的渲染并没有引来多少人的羡慕，大家的心情很快被她的叙述所吸引。她有一个不幸的童年，险些被母亲以400元的价钱卖掉，从此她与母亲断绝了关系。这之后便是她如何努力，如何奋斗，才有今天的成就。在她身上，所洋溢的依然是坚强二字。

人生不可能一帆风顺，所以自从你有自我意识的那一刻起，你就要有一个明确的认识，那就是人的一辈子必定有风有浪，绝对不可能日日是好日、年年是好年。当你遇到挫折时，不要觉得惊讶和沮丧，反而应该视为当然，然后冷静地看待它、解决它。

很多女人遭逢生命的变故时，总会不停埋怨老天：“为什么是我？”“为什么我就这么倒霉？”……即使哭哑了嗓子，事情也不会无缘无故地好转，所以要坚强地面对。碰到令人伤心的事情发生时，你第一个念头要告诉自己：“它来了！这是必经的过程，只有自己能帮助自己，所以我要勇敢面对，现在就想办法处理！”不断用心灵的力量来为自己打气，然后要比平时更精神百倍，才能让自己走过生命的黑暗期，迎来灿烂的明天。遇到困难时，越是坚强的女人，越有一股让人尊敬与心疼的魅力。唯有自己表现得更坚强，别人才能帮助你。

坚强也是一把双刃剑，多则盈，少则亏。少了坚强做伴的女人，或是唯唯诺诺，没有自我；或是哀哀怨怨，陷在一件可小可大的事里，挣扎在一段越理越乱的感情里不能自拔。只有坚强的女人，为了坚强而追求着坚强，从不停下脚步，坚强于她只是一种习惯。

总而言之，女人要活得自我，活得幸福，坚强是第一要素。不管你的外表多么柔顺，多么小鸟依人，有一颗坚强的内心，女人才能活得更加精彩。因为它就是开山的斧，远航的帆。面对挫折或者失败，女人更需要的是从失败中站起来，微笑着面对风霜的袭击，用宽阔的胸怀去拥抱挫折。女人用怀抱守护心灵的沃土，懦弱才不会乘虚而入，灵魂才会在美好的港湾停泊、歇息。

学会说“不”，没主见的女人往往没自尊

在与人交往的过程中，我们经常会遇到很多自己不愿意做的事。这时，只要我们轻易地说出一个“不”字，也许就能轻松、坦然了，但有些人就感觉这个“不”一字千金，憋

足了劲也说不出口，结果苦了自己，也苦了别人。所以，该说“不”时，我们要毫不犹豫、斩钉截铁地说“不”。

身边常有这样的女人，一味地照顾别人的感受，凡事都习惯于说“是”的女人，经常给别人面子，认为那是一种对别人的尊重。然而，她们没有意识到，自己这样做却不一定会得到别人的尊重。聪明的女人应该学会如何果断而礼貌地拒绝。

米勒刚参加工作不久，姑妈来到这个城市看她。米勒陪着姑妈把这个小城转了转，就到了吃饭的时间。

米勒身上只有50元钱，这已是她所能拿出来招待姑妈的全部资金，她很想找个小餐馆随便吃一点，可姑妈却偏偏相中了一家很体面的餐厅。米勒没办法，只得硬着头皮随她走了进去。

两人坐下来后，姑妈开始点菜，当她征询米勒意见时，米勒只是含混地说:“随便，随便。”此时，她的心里七上八下，衣袋中仅有的50元钱显然是不够的，怎么办?

可是姑妈一点也没注意到米勒的不安，她不停地夸赞着可口的饭菜，米勒却什么味道都没吃出来。

最后的时刻终于来了，彬彬有礼的侍者拿来了账单，径直向米勒走来，米勒张开嘴，却什么也没说出来。

姑妈温和地笑了，她拿过账单，把钱给了侍者，然后盯着米勒说：“米勒，我知道你的感觉，我一直在等你说不，可你为什么不说呢? 要知道，有些时候一定要勇敢坚决地把这个字说出来，这是最好的选择。我来这里，就是想让你知道这个道理。”

有人认为受人请托，倘若拒绝，面子上过不去，若不拒绝又实在无能为力。如此一来，只好勉强答应，结果发生后悔的情形就相当常见了。

事实上，那些顾于面子不敢说“不”的人其实是自己意志不坚的表现。他们通常认为断然拒绝对方的请求未免显得太过无情，而若是在答应后方觉不妥，且又力不从心难以履行诺言时，再改变心意拒绝对方，显然已经太迟。因为，等无法做到允诺的事情，再提出拒绝，给人的印象更糟。甚至需要付出相当的代价去弥补缺失或兑现承诺。如果这件事只限于个人的烦恼，还称得上不幸中的大幸，就像米勒那样，姑妈只是想考验她、教育她。若是换成朋友真想让米勒请客，那就会发生不愉快的情形，甚至产生怨恨、敌视，演变成双方人际关系上的对立与冲突，岂不更得不偿失？

当你不得不拒绝别人时，也要讲究礼貌，这对于你的形象是大有益处的。人都是有自尊心的，一个人有求于别人时，往往都带着惴惴不安的心理。如果一开口就说“不行”，势必会伤害对方的自尊心，引起对方强烈的反感，而如果话语中让他感觉到“不”的意思，从而委婉地拒绝对方，就能够收到良好的效果。所以掌握好说“不”的分寸和技巧就显得很有必要。

敢于说“不”的人是果断的人，做事情不会拖泥带水、犹豫不决；敢于说“不”的人是有主见、有魄力的人。当然随意说“不”的人也可能是轻率而怕负责任的人。我们需要的是在慎重考虑以后，权衡利弊以后的断然否决。敢于说“不”是需要勇气的，很多不敢说“不”的人往往缺乏勇气，顾虑太多。

敢于说“不”是一种人格魅力，能给自己树立一个硬朗的形象。因为敢于说“不”是对自己的负责，也是对别人的负责。

特立独行的你最美

上天赐予我们每个人最珍贵的礼物就是独一无二的脸孔和个性。世界上所有珍贵的东西，都是不可仿制也无须仿制的。

成功女性往往都具有独特的个性，无论是着装打扮、言谈举止，还是思维方式、处世风格，都与众不同。正是因为有了这许许多多的“不同”，才孕育出了她们不同凡响的成功。因此，每个想要成功的女性，都应该坚守自己的个性，保持自己的本色。

“保持本色的问题，像历史一样的古老，”詹姆斯·高登·季尔基博士说，“也像人生一样的普遍。”不愿意保持本色，即是很多精神和心理问题的潜在原因。安吉罗·帕屈在幼儿教育方面曾写过13本书和数以千计的文章，他说：“没有比那些想做其他人和除他自己以外其他东西的人更痛苦的了。”在个人成功的经验之中，保持自我的本色及以自身的创造性去赢得一个新天地，是有意义的。你和我都有这样的能力，所以我们不应再浪费任何一秒钟，去忧虑我们不是其他人这一点。

你是独一无二的，你应该为这一点而庆幸，应该尽量利用大自然所赋予你的一切。说到底，所有的艺术都带着一些自传色彩，你只能唱你自己的歌，你只能画你自己的画，你只能做一个由你的经验、你的环境和你的家庭所造就的你。不论情况怎样，你都是在创造一个自己的小花园；不论情况怎样，你都得在生命的交响乐中，演奏你自己的小乐器；不论情况怎样，你都要在生命的沙漠上数清自己已走过的脚印。

玛丽·玛格丽特·麦克布蕾刚刚进入广播界的时候，想做一个爱尔兰喜剧演员，结果失败了。后来她发挥了自己的长处，做一个从密苏里州来的、很平凡的乡下女人，结果成为纽约最受欢迎的广播明星。

著名的世界影星索菲亚·罗兰第一次踏入电影圈试镜时，摄影师抱怨她那异乎寻常的容貌，认为她的颧骨、鼻子太突出，嘴也太大，应当先去整容再试镜。她却说："我不打算削平颧骨、换个鼻子和嘴巴，尽管你们摄影师不喜欢灯光照在我脸上的样子。要解决这个问题，不是我去整容，而是你们要好好琢磨琢磨应当怎样给我拍照。我认为，如果我看上去与众不同，这是件好事。我的脸长得不漂亮，但长得很有特色。"这就是自信自爱、特立独行。

在每一个女人的成长过程中，她一定会在某个时候发现，羡慕是无知的，模仿也就意味着自杀。不论好坏，你都必须保持本色。个性是一笔财富，一个可爱的个性会让你一辈子受益无穷。

"尺有所短，寸有所长"，各人有各人的优势和长处，没有必要拿自己和他人去对照，更没有必要通过有意对比给自己造成某种压力。

个性就是特点，特点就是力量，力量就是美。

第三节 你可以无价，但不能廉价

你不需要活在别人的认可里

总有这样一类女人值得我们欣赏——她们无论在任何情况下，都对自己的美丽深信不疑。每天走在街上，对旁人的眼光视若无睹，就那样微笑地信步走着，把自信的身影拖得很长很长。事实正是如此，有些时候，别人的建议再好也权当参考，你要按照自己的方法去思考和行动。毕竟有些事情自己是当事人，更清楚要怎么做，虽然现在你无法完全摆脱这种状态，但只要你下定决心，总能够果断地做出自己的正确决定。

玛丽亚每天都在房前的空地上练习唱歌。一位邻居听了，冷笑着说：“你即使练破了嗓子，也不会有人为你喝彩，因为你的声音实在是太难听了。”

玛丽亚回答道：“我知道，你所说的这番话，其他人也对我说过多次，但我不在乎，我是为自己而活，不需要活在别人的认可里。我只知道在唱歌时我很快乐，所以无论你们怎么指责我的声音难听，都不会动摇我唱下去的决心。”

你不需要永远活在别人的认可里，快快乐乐地为自己活，潇潇洒洒地“自恋”，哪怕别人把自己当成“精神病患者”，我们也要做一个快乐的“美人症患者”。玛丽亚就是这样一位快乐的“美人症患者”，但是谁又知道，她的执着和热情不会成就她的梦想呢？

如果你追求的快乐是处处参照他人的模式，那么你的一生只能悲哀地活在他人的阴影里。事实上，人活在这个世上，并不是一定要压倒他人，也不是为了他人而活，一个人所追求的应当是自我价值的实现以及对自我的珍惜。一个人是否实现自我并不在于他比别人优秀多少，而在于他在精神上能否得到幸福和满足。

然而，在现实生活中，很多女人却常常为同学一句无意的嘲笑，或在工作中同事一次无心的抱怨而闷闷不乐，甚至开始彻底地怀疑自己、否定自己。其实，这样的心态是不对的。

虽然我们有必要听取别人对自己的评价，但也不能过分在乎，否则，烦恼的是你自己，痛苦的也必定是你自己。

范晓萱在一次访问时说：“以前我很辛苦，因为我太在乎别人的感觉，太在乎其他人怎么看我，所以，我很多时间都要去想别人怎么看，我想做得面面俱到，把自己弄得很辛苦。现在，我开始跟着感觉走，也能比较清楚地表达我的看法。我只是想活得轻松一些，不要那么辛苦。”

的确，一个人一生为别人的评论而活着是很累的，也很愚蠢。艾莉诺·罗斯福说：“未经你的同意，没有人能使你感觉卑微。”古希腊谚语也说：“除了自己，没有人能够侮辱我们。”

我们每个人都不可能孤立地生活在这个世界上，很多的知识和信息来自别人的教育和环境的影响，但你怎样接受、理解、加工和组合，是属于你个人的事情，这一切都要你自己去看待、去选择。谁是最高仲裁者？不是别人，正是你自己！歌德说：“每个人都应该坚持走为自己开辟的道路，不被流言所吓倒，不受他人的观点所牵制。”让人人都对自己满意，这是不切实际、应当放弃的期望。

如果你期望人人都对你感到满意，你必然会要求自己面面俱到。不论你怎么认真努力去尽量适应他人，能做到完美无缺，让人人都满意吗？显然不可能！这种不切合实际的期望，只会让你背上沉重的包袱，让你因此顾虑重重，活得太累。只有懂得享受自己的生活，不受别人的消极情绪影响，不管别人如何评论你，只要你自己觉得高兴、满足、自得其乐，你的生活就是幸福的。

我们周围的世界是错综复杂的，我们所面对的人和事总是多方面、多角度、多层次的。我们每个人都生活在自己所感知的现实中，别人对你的看法大多有一定的原因和道理，但不可能完全反映你的本来面目和完整形象。别人对你的态度或许是多棱镜，甚至有可能是让你扭曲变形的哈哈镜，你怎么能让人人都满意呢?

我们永远都不要跟自己较劲儿。过分强调别人的看法，那样只会徒增烦恼。最重要的莫过于自己的体会，把那些不相干的议论丢到一边，学着做一个有主见的女人。重新回归自我，你才能真正快乐起来！最后，我很想把亦舒说的一句话送给大家：“人生短短数十载，最要紧的是满足自己，不是讨好他人。”所以，我们千万不要迷失在别人的眼光里。

不怕万人阻挡，只怕自己投降

生活中，很多时候你越是想不要痛苦就越觉得痛苦，越是想要放弃或逃避越是逃脱不了：父母生活在社会的底层，不能给做你强有力的靠山，还要你赚钱贴补家用；你没有过人的才华，不懂得为人处世的技巧，在办公室里，你要小心翼翼地做人，唯恐一时失言把别人得罪了；你没有漂亮的脸蛋、魔鬼的身材，走在人群当中，你不知道该用怎样的资本去高昂起头颅，展露属于自己的那份自信……

有一首歌的歌词中写道：“逆风的方向，更适合飞翔。我不怕万人阻挡，只怕自己投降。”一个人无论面对怎样的环境，面对再大的困难，都不能放弃自己的信念，放弃对生活的热爱。很多时候，打败自己的不是外部环境，而是你自己。

只要一息尚存，我们就要追求、奋斗。那么，即便遭遇再大的困难，我们都一定能化解克服，并于逆风之处扶摇直上，做到“人在低处也飞扬”。

许多年前，一个妙龄少女来到东京酒店当服务员。这是她的第一份工作，因此她很激动，暗下决心：一定要好好干！她想不到的是上司竟然安排她洗厕所！

洗厕所！实话实说没人爱干，何况她从未干过粗重的活儿，细皮嫩肉，喜爱洁净，干得了吗？她陷入了困惑、苦恼之中，也哭过鼻子。

这时，她面临着人生的一大抉择：是继续干下去，还是另谋职业？继续干下去——太难了！另谋职业——知难而退？人生之路岂有退堂鼓可打？她不甘心就这样败下阵来，因为她曾下过决心：人生第一步一定要走好，马虎不得！

这时，同单位一位前辈及时地出现在她面前，他帮她摆脱了困惑、苦恼，帮她迈好了人生第一步，更重要的是帮她认清了人生路应该如何走。但他并没有用空洞的理论去说教，只是亲自做个样子给她看了一遍。

首先，他一遍遍地抹洗着马桶，直到抹洗得光洁如新；然后，他从马桶里盛了一杯水，一饮而尽，竟然毫不勉强。实际行动胜过万语千言，他不用一言一语就告诉了少女一个极为朴素、极为简单的真理：光洁如新，要点在于“新”，新则不脏，因为不会有人认为新马桶脏，也因为马桶中的水是不脏的，是可以喝的；反过来讲，只有马桶中的水达到可以喝的洁净程度，才算是把马桶抹洗得“光洁如新”了，而这一点已被证明可以办得到。

同时，他送给她一个含蓄的、富有深意的微笑，送给她关注的、鼓励的目光。她热泪盈眶，恍然大悟！她痛下决心：“就算一生洗厕所，也要做一名洗厕所最出色的人！”

从此，她成为一个全新的、振奋的人；从此，她的工作质量也达到了那位前辈的高水平。当然她也多次喝过马桶水，为了检验自己的自信心，为了证实自己的工作质量，也为了强化自己的敬业心。

几十年后她已是日本政府的主要官员——邮政大臣。她的名字叫野田圣子。

野田圣子坚定不移的人生信念，表现为她强烈的敬业心："就算一生洗厕所，也要做一名洗厕所最出色的人。"这一点就是她成功的奥秘之所在；这一点使她几十年来一直奋进在成功路上；这一点使她从卑微中逐渐崛起，直至拥有了成功的人生。

缺点并不可怕。人生之中，无论我们处于何种在他人看来卑微的境地，我们都不必自暴自弃。只要渴望崛起的信念尚存，只要我们能坚定不移地笑对生活，那么，我们一定能为自己开创一个辉煌美好的未来！

只需改变自己一点点

我们常说：世界上唯一不变的就是改变。这个世界处在不断地变化中，变是绝对的，不变只是相对的。只有承认改变，接受改变，把握改变，我们才能不断取得进步，突破自我，跟上时代改变的脚步。

埃莉诺起初并不热衷于政治，只因嫁给了罗斯福总统，才与政治结缘。为了帮助和支持丈夫，她积极参与政治活动，她曾说过："你一定要去做不能做的事。"正是这种敢于挑战和突破自我的精神，带来了她的精彩人生。

《中国美容时尚报》社长兼总编辑张晓梅女士，是"中国美"概念的首倡者，被称为"中国美容经济女掌门"。她也是一位勇于在改变中求发展的成功女性。

张晓梅出生于一个军人家庭，从小随父母一起生活在四川一个偏僻山区的部队里。长期封闭的环境以及狭小的交际范围让她备感单调无趣的同时，亦令她对自己的未来感到十分迷茫。参加工作后，张晓梅被分配到某部队的一个军事研究所，从事计算机类科研工作。如果按照正常的轨道，她大可安稳地就此工作生活下去，并一步一步地走向更高的位置。但是，张晓梅发现，这似乎并不是她想要的，她希望找到一个人生目标，实现自己的人生价值。

尽管在工作中表现出色，但是经过一番深思熟虑之后，张晓梅最终还是决定转业。1988年，张晓梅离开了那个“有安全感、有保障”的舒适环境，她先是进入了香港的《亚洲风物》杂志社，做了一名记者。凭借着天资和勤奋，才两个月左右的时间，她就当上了社长助理。而在这家杂志社工作了1年后，她向社长递交了辞职。后者当时对此特别不能理解：“你们内地的记者能拿到我的一本记者证，是梦寐以求的事情，你为什么要离开这？”她说：“我很想独立地做一些自己想做的事情。”

1989年12月，这个渴望独立的女人在成都开设了自己的第一家美容院。随着生意的日渐红火，她的店面也越开越大，从最初的几平方米到一两百平方米再到几百平方米，她成功地淘到人生的第一桶金。

从部队转业，然后打工，最后自己创业，张晓梅用实际行动完成了自己的职业三级跳，也最终找到了理想中的舞台。

同样不贪图安逸，勇于在变化中不断突破自我的还有凤凰卫视的著名主持人吴小莉。

1998年，由她主持的《小莉看时事》成为当年凤凰卫视最红的节目，而这个在镜头前滔滔不绝的女人也因此成为凤凰名嘴。

2001 年，吴小莉的身份悄然发生变化，她已经不仅仅是凤凰卫视一个知名的主持人，她新的身份标签是凤凰资讯台副台长，同时，她还是中华慈善总会的形象大使。

为什么转型？因为一位聪明的职业女性懂得在事业上瓶颈期未到的时候，适时地转型，为自己的职业生涯注入新的活力。所以，如果能再有多一点的空余时间，她会去读书，读关于媒体管理的专业。从台前到幕后，虽然吴小莉一直在强调自己是一个从来不规划人生的人，只要是大方向对了，一切都顺其自然，但其实细心的你会发现，她又在敏锐地往前跳了一步。没有人能随随便便成功，吴小莉已经张开了双臂，迎接那随时可能降临的机会。在她这里，机遇不会擦肩而过，也不会敲错门，因为，她早就等在了那里。

很多人说吴小莉是一个善于把握人生的人，把家庭和事业都经营得很好。但有人总会觉得这样很不真实，一个人怎么可能没有点波澜起伏的事情，而总是一帆风顺？

吴小莉承认说："其实每一年也会给自己新的突破、定位，每一年都在想让自己有新的变化。但后来明白，可能是做一个职业新闻人，你的职业比你本人的变化更快，比你的风格变化更快，所以有些时候，你还没来得及变，新闻在变，所以你也得变。所以后来索性放手，不为自己限定目标，因为一路走来，总会看到路边有很多自然风光，这样不经意间地采集而来，反倒有意想不到的惊喜。所以只要大的方向确定，就会一直走下去。碰到机会了，就抓紧机会，突破原有的束缚，静悄悄地转了型。"

吴小莉并不是刻意转型，她对大部分事情都认为顺其自然就好，却唯独对"快乐"二字是用心经营的。在复杂的成人世界中寻找儿时单纯的快乐实属不易，吴小莉自言在内心有一种对抗伤害的堡垒，痛苦也因此得到化解，从而保持健康的心理状态。对她而言，她希望能一直保持现在这样“阳光”的心态，而经营的方法其实也很简单，就是按部就班地，一步步，把每一件事情做好，等待下一个快乐的时刻。我们都需要这样一份定力与智慧来经营“快乐”。

今天，很多年轻人在不适合自己的岗位上耗费着时间和精力，想追求自己的梦想却又害怕改变。有时候，人生的逆转要的仅仅就是这样一点勇气。当你用尽办法也不能在现在的职业中实现自我价值的时候，请鼓起勇气改变，过多地思前想后只会贻误时机。赶快行动起来吧，在实践中突破自我。

女人不是男人的私有财产

热播的电视剧《婚姻保卫战》中的都市女性个个都是独立自信、事业有成的女人。可见，在这个物欲横流的年代里，女人已经不再是男人的私有财产。

独立是魅力女人的必备要素，人格独立才算得上魅力女人。在事业上有主见，不受他人摆布；在生活上有自己的朋友，不会因脱离男人而孤独。独立是一种很高的境界，它需要高素质的心态和全新的价值观。

女人的独立包括物质上的独立和精神上的独立。这种独立不是世俗意义上那种“女强人”的不可一世的特立独行，而是拥有自己的生活空间、内心感受和表达方式。

有工作的女人在物质上有独立感，这种感觉能使她们的精神独立有相对坚实的地基。但不少年轻的女人在经济上很依赖男人，不少男人也为此自傲，把女人视为自己的私有财产，甚至轻视女人。尽管没有社会工作，但持家也是一种职业。如果男人在外面打拼能有工资，那女人持家也应有报酬。

以往男人总把给家庭的生活费视为对女人的报酬，这是不对的。生活费只是一种家庭必需的成本，它没有在经济上体现持家女人的价值。关心和尊重女人不是一句空话，男人应主动量化女人持家的价值，并愉快地付给这笔象征着对女人价值尊重的工资。千万不要小看这个程序，这是女人走向物质独立的关键。女人有这种独立感才会有尊严，有尊严的女人在男人面前才会被重视。女人如果缺少这种独立感，表现得依赖性很强，那么男人对这种女人就不会有长久的好感，就很容易背叛。所以，女人首先一定要在物质上、经济上保持独立，那样才会有持久的魅力。

相对于物质独立来说，女人的精神独立更为重要。女人的精神是无比神秘和无比丰富的诱人世界，女人精神的独立是对自己的确认。当女人的精神世界被别人支配时，这个女人就会十分悲哀。女人可以在自己的精神世界里建立起一个美好的王国，当她自豪地感觉到自己就是这个王国的女王时，就会在现实生活中找到自信。女人的精神独立还体现在她的思想是受自己支配的，而不会为别人盲目改变自己的行为。

有个年轻的姑娘爱上了一个她感觉极好的男人，由于感觉太好，她想让其他女朋友分享她的感觉，于是她去征求她们的意见。朋友都认为，这么好的男人一定会有很多女人追，将来很难说他能挡得住诱惑。分析的结论是这种男人没有安全感，不值得交往。于是她和这个男人分手了，但又长期痛苦。后来听说她认识的一个女人和他结婚了，她气愤至极。

女人精神的动摇是一种不独立的表现。还有很多女人都像得了“预支恐惧症”，一接触男人就想将来可不可靠。越想越不对，明明有很好的感觉，一下就恐惧了。其实生命的意义就在此时此刻的分分秒秒，如果你对一个人的感觉很好，就应该跟他去共同营造更好的感觉，哪一天不好了，再与他分手也不迟。

有些女人总认为恋爱就必须结婚，假如中途分手就觉得丢人，多几次分手更是坐立不安，怕别人议论，这是一种不成熟的想法。现在的人各自都有自己的事，谁也没工夫来关注你的分手。你分不分手是你个人的事，完全不必要紧张别人的反应。即使有人留意到你分手了，也不会放在心上。所以，女人一定要学会在精神上独立。精神独立的女人才能真正地坚强和自信起来，即使面对变幻无常的社会，她们也不会丢掉自己的微笑。

说到底，女人独立自主的意识最终决定了女人的独立，也让男人对她们刮目相看。

第二章
做个平均值高的精品女人

第一节 没有品位就不会有地位

品位是时间打不败的美丽

每个女人都渴望成为一个有品位的人，因为真正的品位，会使终日蒙尘的生活闪闪发亮。执着于品位的女人是热爱生活的人，追寻有品位生活的女人，绝对是优雅与别致的女人。我们从来不会吝啬把“美女”的头衔给一个女人，而我们却很少夸一个女人有品位。

高品位是内涵的外在表现。因为一个人的品位，是与其环境、经历、修养、知识分不开的。只有有意识地培养良好的修养，积累丰富的知识，才能有充实的内心世界，才能表现出高尚的思想和高雅的品位。有品位的女人是机智的，又是成熟的；而且知识广博丰富，思想深刻充实，谈吐文雅大方，衣着雅致得体。女人可以容忍男人有种种缺点，却不会容忍男人无所事事。反之亦然，男人可以容忍女人没有工作，没有收入，没有好的家世相貌，但绝不会容忍一个不学无术的女人作为自己的另一半。

而且，不学无术的女人也就失去了自身的魅力，更谈不上品位二字。一个只会注重着装打扮的女人是浅薄的，内涵是空虚的，底蕴是单薄的。想要依靠男人的女人是脆弱的，她失去了自我，成为别人手中的玩偶，命运之线也就操控在别人的手中。真正有品位的女人，绝对不会让自己陷入这样的境地。

凌菲菲是一家知名房产集团的副总裁，几年前，她到一个破产拍卖的机械厂考察。这里到处是大树和杂草，还有一些废旧的机械和厂房。在别人眼里，这块地方改造难度太大。但凌菲菲决定把这个破旧的花园式工厂彻底改造成一个低密度、高品质、50%原生态绿化覆盖率的大型艺术生态居住小区。

她请12名国内外知名艺术家以工厂原有的机器设备、生产的产品零部件为原料开始创作，那些原先看起来毫无用途的破旧厂房和废旧机器竟然成了园区的点睛之笔。为了保护分散生长的树木，她邀来美国某知名大学景观设计系主任做技术指导，再请来园林工人，将这些大树进行全冠移植。造房挖出的土，也被她像宝贝一样保存起来，而且还专门安排了两个人每天浇水。土里有很多珍贵的树种和草籽，可以让新建小区充满自然的野趣。不久，小山一样的土堆已经长满了不知名的野花和狗尾巴草。

这就是凌菲菲的品位。她不会跟风去做什么“欧式风”“小镇系列”等楼市概念，而是在复杂细节中融合历史文化和现代技术，使自己的房子既有极高的品质，也凸现出大气的现代风格。这个生态小区一经推出就引发了购房热潮。凌菲菲的事业获得了巨大的成功。

从凌菲菲的故事中，我们可以看到，女人的品位其实是与她的博学程度相联系的。所以，不要做一个除了基本生活技能外什么都不知道的女人，多懂一些知识，就会多一些品位，让自己成为一个成功的女人。

人们常说，做人要有气质，做事要有风格。作为一个女人，也要有自己的特色。纯真的气质体现着女性深邃的内涵，高雅的风采闪烁着赏心悦目的亮光，这就是“女人的品位”。就像凌菲菲以独到的品位创造了自己事业的辉煌。

有品位的女人会用自己的眼睛发现身边的美，并用心去感受它。其实品位的培养并不复杂，每一个注重细节打造的女人，都有机会成为有品位的女人。一瓶花、一杯茶、一首歌……都可以在无形中烘托出一个有品味的女人。

插花是有品味的女人的一堂必修课。把大自然的绿色和鲜花带回家，通过自己动手布置，可以调剂生活、陶冶情操。在安静的房间里，让自己平静，看着摊开一桌的香艳花草，赏心悦目，为平凡的都市生活增加典雅的意味。

音乐是有品位的女人应具备的艺术素养。在假日悠闲的午后，沏一壶绿茶，闭上眼睛，走入音乐的世界。想象自己正漫步在斜阳下的山坡上，沐浴着清香的微风；或是静坐在斜阳西照的花园里，回想往事……经典音乐，使女人如醍醐灌顶，一切烦躁都变得云淡风轻。

茶道让有品位的女人心灵更安静。好茶一壶，能让女人的心更加宁静，散发柔美内涵和女人独有的味道。在闲暇之余，还会领悟到一些其他的东西。闲暇之余，泡一壶好茶，约二三知己，一盏香茗，促膝清谈，只谈风月，无关名利，享受这滚滚红尘里片刻的柔软时光。

读书让有品位的女人更充实。腹有诗书的女人，好比一坛尘封已久的女儿红，打开来，香气扑面而来，令人迷醉。经典的书籍能让你具有洞察世事的通透。你的文字使你与众不同，在你的身上呈现出一种高雅，一种“可远观而不可亵玩”的清冽。腹有诗书的女人，历久弥新，回味悠长。

厨艺让有品位的女人更幸福。系上漂亮围裙，挽起缕缕长发，走进清淡雅致的厨房，切丝削片，快炒慢炖之间打点出曼妙美味，或是煲一锅好汤，与心爱的人一起分享，又何尝不是女人的另一种韵味呢？为了爱，倾尽手艺，烧一桌好菜，更能使女人赢尽爱人的心。

装扮让有品位的女人更美丽。可可·香奈儿曾说，“永远要以最得体的打扮出门，因为，也许就在你转弯的墙角，你会遇到今生至爱的人”。这可以理解为女人装扮的最高境界：不能放过每个细节，一秒钟都不能懈怠。装扮是女人的第二语言，哪怕不交谈，它也一目了然地告诉别人，你的职业、品位、个人气质和文化层次。所以，即使是周末的午后，在阳台的躺椅上小憩，也要穿上最雅致的便服。

旅行让有品位的女人更悠闲。对于女人来说，旅行是漫无目的地行走，直到遇到好风景、好朋友，再也迈不开步伐。女人的旅行没有计划，没有日程，走到哪里都是欣喜。在日复一日的工作里，要懂得放下手头的文件，走出去，享受艳阳天，晾晒自己发霉潮湿的心情。在山野的风里自在地呼吸，你会发现世界的美丽。

女人的品位，是时间打不败的美丽。

钱买不来品位，满身名牌不等于有品位

一个房地产投资方面的天才发现，在越来越多的场合，自己被要求发表讲话。例如，对各种各样的商业人士、投资者以及顾客群体等。然而，因为他对于自己的形象缺少自信，对于应当选择什么样的衣服出席这种场合，他非常没有把握。他让助理为他购置了许多名牌时装，阿玛尼、路易·威登、罗夫·罗伦应有尽有，可是每次出场仍然得不到别人的认可。很明显，在着装的品位上，他远不如在商业领域里的职位那

么高。

为此，他非常苦恼，终于有一天，他鼓起勇气去拜访一位著名的形象设计师。当设计师第一眼看到他时就已经找出症结所在，于是这位设计师简单地给他讲了一些关于着装的基本内容，比如合适时尚而非保守的着装等。等他再一次见到这位设计师时，已经以一个成功的职业形象生动地出现在设计师面前了。他买了几套上好的羊毛套装、全新的衬衫（纯粹的颜色不再杂有条纹）、新的领带（当前最适合的宽度，并且带有浅浅的暗纹）。

身着名牌有助于提升形象，但如果穿得过于夸张，浑身上下珠光宝气，或者虽然满身名牌却搭配不当，也很容易给人不舒服的感觉。品位可以透过一个人的装扮展露出来，但是周身名牌不等于有品位，因为钱买不来品位。同理，一个人即使财力不足，没有华服、没有奢侈品，也能够拥有品位。

当你没有财力、物力时，只要注意穿着美丽、优雅，搭配合理、艺术，也能够体现你的良好修养和对服饰独到的审美品位，这样，你也可以释放出强大的吸引人的气场。尤其对于刚刚步入社会求职的大学生来说，认识并清醒地把握这一点是非常重要的，切忌不要盲目跟风，只要你能根据自身情况，打扮得恰到好处，给招聘者留下一个好印象，面试时，即使在僧多粥少的竞争状态下，你也能脱颖而出。

通常，个人形象对于能否被录用有着举足轻重的作用。值得注意的是，良好的形象是得体的装扮等衬托出来的，而不是衣服的“牌子”所传达的。

要记住，服饰并非以新、奇、贵为最好，学习服饰艺术，了解其中的精华，也不仅仅是跟着流行走，重要的是服饰应与自己的年龄、职业、形体、肤色、性格、气质、所处场合等诸要素相吻合。一个整洁大方、和谐美观、洒脱优雅的人，肯定是一个有品位和气场强大的人，也必定是社会中受欢迎的人。

良好的教养是品位的前提

良好的教养是品位的前提。良好的教养一般体现在以下这些方面：

（1）守时。无论是开会、赴约，有教养的人从不迟到。他们懂得，不管什么原因迟到，对其他准时到场的人来说，都是不尊重的表现。

（2）谈吐有度。注意从不冒冒失失地打断别人的谈话，总是先听完对方的发言，然后再去反驳或者补充对方的看法和意见，也不会口若悬河滔滔不绝，不给对方发言机会。

（3）态度亲切。懂得尊重别人，在同别人谈话的时候，总是望着对方的眼睛，保持注意力集中；而不是眼神飘忽不定，心不在焉，显得一副无所谓的样子。

（4）语言文明。不会有一些污秽的口头禅，不会轻易尖声咆哮。

（5）合理的语言表达方式。尊重他人的观点，即使自己不能接受或赞同，也不情绪激动地尖锐反驳，更不会找第三者说别人坏话，而是陈述己见，讲清道理，给对方以思考和选择的空间。

（6）不自傲。在与人交往相处时，从不凭借自己某一方面的优势而在别人面前有意表现自己的优越感。

（7）恪守承诺。要做到言必信，行必果，即使遇到某种困难也从不食言。自己承诺过的事，要竭尽全力去完成，恪守诺言是忠于自己的最好体现形式。

（8）关怀体贴他人。不论何时何地，对妇女、儿童及上年纪的老人，总是表示出关心并给予最大的照顾和方便，当别人利益和自己利益发生冲突时能设身处地地为别人着想。

（9）体贴大度。与人相处胸襟开阔，不斤斤计较、睚眦必报，不会对别人的一些过失耿耿于怀，无论对方怎么道歉都不肯原谅，更不会嫉贤妒能。

（10）心地善良，富有同情心。在他人遇到某种不幸时，能尽自己所能给予支持和帮助。

爱因斯坦曾经说过："不管时代的潮流和社会的风尚怎样，人总可以凭着自己高贵的品质，超脱时代和社会，走自己正确的道路。" 因此，尽量学习并做到以上10点，做一个有教养的人，你才能成为一个有品位的人，使自己的形象光彩照人。

你的爱好透露你的品位

一个人的爱好是属于自己精神的、内心的东西，有什么样的爱好就能代表这个人的品位如何。人是千差万别的，爱好也会千差万别，所以人的品位也千差万别。要想让别人看到我们的良好品位，我们就要努力追求一些高品位的东西，不断升华自己的灵魂，培养一些有良好品位的爱好：

1. 读书，怡情悦性

书籍是人类进步的阶梯，我们的生活离不开书籍。尽管网络阅读的时代已经来临，但我们依然离不开书籍，因为我们需要的不仅仅是阅读，还有从中得到的乐趣和收益。阅读书籍让你浑身充满书卷味，给人留下一种有知识、有学问的印象，人们总是乐意和有知识的人交往。

腹有诗书气自华。品位虽然是通过一种外在的形式表现出来的，但它却与一个人的知识水平、精神面貌、道德修养、审美观念等密切相关。罗曼·罗兰说："多读一些书，让自己多一点自信，加上你因了解人情世故而产生的一种对人对物的爱与宽恕的涵养，那时你自然就会有一种从容不迫、雍容高贵的风度。”

读一本好书，就是在和许多高尚的人对话。当你徜徉于唐诗宋词里，你会觉得正在和李白、苏轼对酒当歌；当你漫步于那些长篇小说里，你会觉得像是坐在托尔斯泰、巴尔扎克面前听他们诉说；当你步入哲学的殿堂时，你会觉得是在听爱默生、黑格尔讲课。每每与作品产生共鸣时，我们就能深深地体会到这种乐趣。

有的人常常抱怨自己没时间读书或者抱怨学习的环境太差，其实这都是非常拙劣的借口。读书本来是很简单的事情。只要你有兴趣，什么时候都可以读，而没有必要非得要求一个好的环境。一个不爱读书的人，给他任何好的条件也没用；而喜欢读书的人，在什么地方都可以随手翻开书来阅读。

这是一个知识经济的时代，掌握了知识就掌握了改变世界、创造财富的力量。所以成功人士的书架上摆满了各种各样的书籍，虽然这些人中不乏有一些摆样子、走形式的“作秀者”，但是也确有人从中吸取知识，为己所用，而这些人在说话办事时，从内到外都透露出一股儒雅的气质和夺人的魅力。

我们不该停止读与自己专业相关的书，为了使自己在工作上出类拔萃；也不该连一本有关生命意义的书也不看，那样我们会渐渐失去做人的深度。

总之，读书可以使人明心、清脑、益智、养气。明心是指读书可以开阔人的心胸，涤荡人的灵魂；清脑是指读书可以拓宽人的思路，开阔人的视野；益智是指读书可以增长人的智慧和才干；养气则是指读书能陶冶人的情操，提高人的自身修养和品位。

2. 运动，让你活力四射

运动能够增强体质，塑造完美形体，让你的形象散发着迷人的魅力。同时它还可以让你心情愉悦，彻底发泄出胸中累积的郁闷之气。

人们都知道“生命在于运动”，这是公元前300年，古希腊伟大思想家亚里士多德提出的名言，它深刻说明了运动对身体健康所起的重要作用。

人们早已发现，身体健康受损引起的各种生理障碍，皆因人体对外部环境不适应所致。为了保证机体内部与自然界的变化相适应，必须让身体始终处于运动状态中。后来，医学和生理学关于“适者生存”的理论明确地说明：人的健康状况和工作效率，不仅取决于全身各器官、系统的功能和相互协调，而且还取决于整个身体对自然和社会环境的适应能力。

人们都知道运动有助于身体健康，但研究证明人的心理健康状况也受运动的影响。运动塑造良好形象也会让人的内心平和、舒爽。人们日常可从事的运动项目很多，不同的运动项目，对人的心理所起的作用不尽相同。难怪有人说：“让身体快乐起来，精神也就会快乐，治疗烦恼的最佳‘解毒剂’就是运动。”

适当地运动，可以让你的身体各部位都变得健康，能够加快你的新陈代谢，还能够使你的精神愉悦，进而使你具备非同寻常的形象特点，显示了你独特的品位。

总之，一个人的爱好显示了他的品位，而他的品位也体现在他的爱好里。因此，我们更应该注重兴趣爱好的培养，为我们的品位和形象做一切准备。

用艺术的情趣去品味生活

人的品位是其气质内涵的外在表现。一个人的品位是与其环境、经历、修养、知识分不开的。只有有意识地培养良好的修养，积累丰富的知识，才能有充实的内心世界，才能表现出高尚的思想和高雅的气质魅力。

有品位的人乐观向上，拥有高雅的爱好和情趣，会用自己的眼睛发现身边的美，并用心去感受它。他有丰富多彩的内心世界，兴趣广泛、人文素养深厚、学识渊博。当他们谈起话来，古今中外，信手拈来，旁征博引，才华横溢。他们像一部百科全书，有探索不尽的无穷宝藏，却无丝毫酸腐的陋习俗气。他们举手投足之间都挥洒出艺术的才能与风范。

有品位的人不在乎人生的功利。他们为自己营造一份平和的心境，随遇而安，不强求身外之物，不愤世嫉俗，面对物质的诱惑、世俗的刺激，待之安然。他们在人生崎岖的旅途中，学会自我安慰、自我松绑、自我释放、自我陶冶。有品位的人有独立的思想和人格，绝不会人云亦云、随波逐流。他们恰如流畅的散文诗，不低下，不媚俗。他们痛恨粗俗，而把气质奉为精神风骨。

有品位的人是善良、机智的，又是成熟、稳重的。他待人真诚而不虚伪，心性热情而不浮躁。在喧嚣的人群中，他可能只是一个沉默者，但绝不是个麻木者。

品位是真挚的博爱和慈善的宽容，是浓郁的书香和美的诗韵。拥有了品位，你的形象也就拥有了时间打不败的魅力。

现代的生活日益紧张忙碌。但是，紧绷了一天的神经会在艺术的情趣中得到松弛，压抑了数天的情绪会在艺术情趣中得到宣泄，发自心底的快乐也能在艺术情趣中获得飞扬。

艺术的美，还能在咖啡牛奶浓浓的香气中带走你的思绪，给创作者以灵感，给奋斗者以希望。因此，高品位的生活、高品位的形象、艺术的爱好和情趣是必不可少的。那么，哪些行为才能体现艺术的情趣呢？

1. 音乐

音乐绝不仅仅是一串单纯的音符，而是一种深蕴着人的精神的文化现象。无论在我国传统的音乐中，还是西方古典音乐、浪漫音乐中，我们都可以感受到音乐的精神"脉搏"。音乐大师们在五线谱间发出的对天、地、人的畅想，对命运的慨叹，对未来的展望，给懂得欣赏的人们带来心灵的震颤。

音乐是一道美丽的风景，但只有少数人有幸欣赏，因为这道风景不是用眼睛看的，而是用心去体会的。音乐就是这样，有着无穷无尽的、无法用语言描述的"魅力"，你可以在它的世界里，尽情放纵自己的欢笑、自己的泪水，在流动的音符中寻找往昔生活的印迹，编织你七彩的梦，获得心灵超越无限的自由之境。

2. 影视

影视作为一种特殊的艺术越来越多地走进人们的生活，成为一种不可或缺的娱乐方式。随着近几年影视业的繁荣，各种影片异彩纷呈，因此，在花样百出的影视节目中有选择性地欣赏才是明智之举，而选择什么则要取决于一个人的品位。

一个有品位的人不会整天坐在电视前，看电视时必会讲究一个度，在看电视时也会有所选择，记住：只选可以增加知识、扩大视野、愉悦身心的节目，不要选那些只会消耗你的时间的节目。

3. 绘画

绘画作品是人类创造的一种精神产品，它有别于听觉艺术的音乐、语言艺术的文学，是具有造型性、可视性、静态性、物质性的一种空间艺术。正因为有以上基本特征，绘画作品首先应该是可以被人感知的；其次，它通过其物质媒介向人们展现一个静止状态的相对理想的客观世界，进而触发人们二次创造特定的情感情绪。

提升美术素养是大有裨益的。懂得欣赏绘画作品的人，不一定有出众的外表，但绝对有超凡脱俗的魅力。

4. 书法

书法欣赏同其他艺术欣赏一致，需要遵循人类认识活动的一般规律。由于书法艺术的特殊性，又使书法欣赏在方法上表现出独特性。

“琴书诗画，达士以之养性灵”，寄情于水墨丹青之中，沉浸于那洒满音符的氛围之中，你的心胸会顿觉舒畅。感受艺术情趣之美的同时感受生命之美，生活中一切不快便会烟消云散，你的形象自然会由内而外地清丽、优雅。

第二节 越淑女越无敌

卡耐基之好性格使你幸运

一天晚上，我的好朋友查理·约翰逊突然到我家来拜访，他现在是纽约一家心理诊所的主治医师。对于他的到来我感到非常高兴，因为我们的确有很长时间没见面了。我让桃乐丝给我们准备一顿丰盛的晚宴，因为我要和查理好好叙叙旧。

闲谈间，我告诉查理自己正打算给女性写一本有关心理学方面的书，希望他这位专家能给我提一点儿建议。查理想了想，对我说：“性格，戴尔，你应该研究一下性格对人一生的影响。以我的经验来看，凡是成功的人都有自己成功的性格。事实上，好性格会使人幸运，也会让人成功，对女人来说也是一样。”

当时的我并不太同意查理的话，于是我说：“查理，你可能对自己的感觉和经验太自信了。虽然我知道性格对于一个人来说很重要，但我一直都认为人的成功是和机遇、社会环境、个人素质等因素有关的。实际上，性格不过是和成功有关的很小的一个因素罢了。”

查理似乎早就料到我会这么说，所以他很平静地对我说：“好，戴尔，我们假设你的说法是正确的。那么同样是机会，为什么有的人就能抓住，有的人就抓不住？不管处于什么社会环境下，为什么总有少数人能获得成功，而却有相当一部分人过着平庸的生活？还有，为什么具备同样能力的人命运却不尽相同？戴尔，请你解释一下这是为什么？”

我真的哑口无言了，因为查理说的的确都是事实。我绞尽脑汁，想找一些例子来驳倒查理，然而却怎么也找不到。没办法，最后我只能承认查理是胜利者。

女士们，如果你们当时在场的话，会选择站在哪一边？我希望你们支持查理，因为无数的事实都已经证明，查理的观点是正确的。

我想，对于每一位女士来说，善良都是她们的天性。曾经有人说过：“女性的善良是和母爱有着密切联系的。”女人之所以不喜欢争斗，是因为她们不愿意看到有人受伤害。有时候，为了满足别人，她们宁愿牺牲自己。

第二次世界大战开始不久，法国就被德国占领了。那时候，很多法国人为了躲避战争都逃亡到国外。苏丽的家人都死于德军的炮火之下，她只好孤身一人逃到了英国的一个小村庄。在那里，一位善良的老妇人收容了她。同时，这位老妇人也收容了另外几名不幸的女孩子。

老妇人对这几位远来的客人非常热情，甚至到了疼爱的地步。时间一长，其他几位姑娘看出了一些端倪，都陆陆续续地离开了那里，只有苏丽自己留下了，因为她不愿意再忍受漂泊之苦。

终于有一天，那位老妇人对苏丽提出，希望她能够答应嫁给自己弱智的儿子。苏丽虽然心中并不愿意，但最终还是答应了她的请求，因为她不想伤害到老妇人的心。当然，女士们一定都能够猜到苏丽最后的命运将会是怎样的。

有些女士会对我有些不满，甚至可能会质问我说："怎么？卡耐基先生，难道你认为苏丽应该选择离开？你认为苏丽应该做个忘恩负义的家伙？"是的，女士们，我认为苏丽应该拒绝老妇人的要求，因为这关乎她一生的幸福。她的确应该对老妇人感恩戴德，但报恩的形式有很多种，不一定非要选择那种。我承认，苏丽女士是善良的，但她的这种善良超过了底线。其实，与其说苏丽女士性格善良，还不如说她的性格软弱。苏丽不懂得拒绝别人，更不想拒绝别人，因为她不愿意看到任何人受到伤害。然而，在这件事中，唯一受到伤害的就是苏丽自己。也许我们应该同情苏丽的遭遇，但我们却无能为力，因为这一切都是由她的性格造成的。

如今，我已经对查理的话深信不疑了，因为我以前的邻居罗斯姐妹印证了它的正确性。罗斯姐妹是一对双胞胎，两人长得非常像。在很小的时候，父母对这对姐妹一视同仁，从来没有表现出偏爱某一个。然而，随着年龄的增长，情况发生了变化。

姐姐露丝性格耿直，总是想到什么就说什么，而妹妹姬丝则性格乖巧，总是会想各种办法来讨父母的欢心。坦白说，露丝做得要比妹妹好，可是她似乎总是得不到父母的喜爱。罗斯夫妇感情很好，不过他们也像其他夫妻一样经常吵架。每当这个时候，露丝总是会站出来批评有错的一方，而姬丝则总是想办法逗生气的父母开心。虽然露丝经常会买一些礼物送给父母，但是父母似乎只惦记着妹妹。最后，罗斯夫妇在他们的遗嘱中清楚地写道，他们所有的财产全部都归姬丝所有。

虽然露丝和她妹妹的感情非常好，但她始终不能理解为什么自己的父母会如此偏心。于是，她找到了我，希望从我这里得到一丝安慰。听完她的叙述，我问露丝："你为什么不能像你妹妹那样讨好你的父母呢？"露丝有些苦恼地说："我并不是没有尝试过，但是我根本做不到。当我向父母献殷勤的时候，连我自己都觉得太做作了。我就是我，根本没办法成为姬丝。"我马上想起了查理的话，就对她说："露丝，这一切都是由你的性格造成的。"露丝在听完我的话后，也表现出一副恍然大悟的样子。

老实说，我非常同情露丝，因为她真的没有做错什么，而她的父母也不应该对她有任何意见。可是，事情已经发生了，而且一切都是顺理成章的。

那么，究竟什么样的性格才算好的性格，什么样的性格算是不好的性格呢？纽约著名的心理学研究专家汉斯曾经说："对于一个人来说，拥有诸如坚忍、勇敢、冷静、理智、独立等性格，无疑就等同于拥有了一笔巨大财富。坚忍会让你在困难面前永不低头，勇敢则让你能够面对一切挫折，冷静和理智会让你永远保持清醒，独立则会让你不受他人的摆布。相反，如果一个人的性格懦弱、胆怯、冲动、依赖性强的话，那么恐怕他一生都将一事无成。"

我知道，并不是所有的女士都有事业心。她们不渴望成功，也从没奢望过会有什么轰轰烈烈的大事发生在自己身上。在她们眼里，嫁一个好丈夫，做一名合格的家庭主妇就是最终目标。因此，很多女士并不认为拥有好的性格对她们有多重要。

然而，事实并非如此。如果你的性格懦弱，那么在面对丈夫的无理要求时，你是无论如何也不会拒绝的；如果你的性格胆怯，那么不管丈夫做了什么，你都不敢出声；如果你的性格冲动，那么一点小矛盾都可能在你们之间引发一场大的战争；如果你依赖性很强，那么就无疑会给自己的丈夫增加一份负担。

因此，不管女士们给自己的一生制订了什么样的计划，拥有好的性格对你们来说都是一件非常重要的事。特别是对于那些至今还没有被命运垂青过的女士，你们应该赶快行动，改变自己性格中的缺陷。不过，在改变性格之前，女士们首先要弄清楚，性格究竟是怎么形成的。

美国心理学协会前任主席拉帕克·道格拉斯曾经说：“性格是指导人行事的准则。实际上，人在刚出生的时候并没有形成真正意义上的性格，性格往往是后天培养出来的。每个人都有不同的思维方式，因此每个人也都有不同的行为习惯。这种行为习惯长期支配着人们，久而久之就变成了性格。举个简单的例子来说，一个人如果认为世界太冷漠，人情太冷漠，那么他就会养成不与人交往的行为习惯。在这种行为习惯的支配下，这个人就很容易形成孤僻的性格。”

由此，我们可以看出，一个人的性格是由他的思维方式决定的。因此，要想改变自己的性格，首先就要改变自己的思维方式。女士们在改变自己的思维方式的时候，一定会遇到很多困难，因为人的思维方式一旦形成，是很难改变的。不过，女士们可以试一试我的这个方法：反向思维。

反向思维的意思就是，女士们遇到什么事的时候总是会根据思维习惯做出判断。这时你们不要马上行动，而是朝着先前做出的判断的反方向思考问题。比如说，苏丽在听到老妇人的邀请后，马上做出不能拒绝的判断。因为她的思维习惯告诉她，如果她拒绝，那么就一定会让老妇人很伤心。这时候，苏丽就应该想，这件事是可以拒绝的，因为那样做会让自己获得幸福。这就是我说的反向思维。相信如果苏丽当时知道这一方法的话，也不会选择留下。

当然，单靠着一种方法是不能改变一个人的性格的，还需要女士们自身做出很多努力。

改变性格的方法有：

使自己树立改变性格的决心。

广交朋友，特别是多交一些拥有好的性格的朋友。

到处走走，感受一些不同的环境。

多读书，让自己对性格有深层次的认识。

虽然我不敢肯定上面的方法一定能够帮助女士们改变自己的性格，但它至少是给女士们提供了一些参考意见。不管怎样，拥有一个好的性格对于女士们来说都不是一件坏事。因此，我建议，女士们不妨试一试我的那些方法，说不定真的会给你们带来意想不到的收获。

善良：魅力女人的底线

有人曾说："女人的美德，应首推善良的心灵。"试想想，一个女人如果心胸狭窄、心地险恶的话，她的外形、声音再美丽，男人也不会长久地欣赏她。即便开始他或许会迫不及待地追求她，但一旦认清她的"庐山真面目"，就会避而远之。

而与一个善良的女人相处，男人不仅无须戒备，而且会特别放松，时不时还会被她的美德善行所感动，除爱情之外，更对她有一份敬意。这样彼此相敬如宾、关爱有加，便铸就了双方感情的铁打江山。

善良，主要体现在对弱者的同情和对处于困境者的支援。在大街上经常会看到一些女人，遇到乞丐，总会送上几元几角；看到行动不便的老人、残疾人，有需要时便上前搀扶一把。如果看看伟人的传记，往往就会发现：伟人的母亲都是特别善良，特别乐善好施的女人。

善良的女人，不仅能够做到“己所不欲，勿施于人”，而且还会设身处地为对方着想。如有一位在大城市工作并成家的男士，一次突然接到住在乡下老家父母的信，信中说：“家中房屋被洪水冲塌了，好在你及时寄钱来，现在房屋已重新建起来了。”接到这样一封信，他蒙了，因为他不知道家乡遭了灾，更没有寄过钱。一问妻子，她才说：“是我接到的信，就汇款过去了，也忘了告诉你。”她的这一举动，使丈夫感动不已：有妻如此，夫复何求？于是，他在心中暗暗发誓，以后一定好好珍惜这样的爱妻。

善良是魅力女人的底线。只要你有一颗善良的心，便会有夫妻关系的良性循环，家庭关系的良性循环，社会人际关系的良性循环，最终你自己也会获益良多，处于丈夫疼爱、子女敬爱、亲戚朋友关爱的融融乐境之中。这样的女人自然是幸福而富有魅力的。

宽容：女人最有魅力的财富

大海因为能够容纳百川，所以可以成为浩瀚的海洋。富兰克林说：“对于所受的伤害，宽容比复仇更高尚。因为宽容所产生的心理震动，比责备所产生的心理震动要强大得多。”如果自己能够宽容别人，不但自己能够及时释放心理垃圾，而且别人也能够因此而宽容自己，同时与自己友好相处。假如别人伤害了自己，千万不要只会怨恨，关键是要学会宽容，并避免被别人再次伤害。心胸太狭窄绝对是一件坏事。报复心太强烈，最终只能害自己。宽容别人不仅是自己的一种美德，更是让自己健康长寿的秘诀。愤怒是毒药，宽容是良药。

宽容是一种仁爱的光芒、无上的福分，是对别人的释怀，也是对自己的善待。宽容是一种生存的智慧、生活的艺术，是看透了社会人生以后所获得的那份从容、自信和超然。宽容是一种非凡的气度、宽广的胸怀，是对人对事的包容和接纳。女性的宽容更是一种高贵的品质、崇高的境界，是精神的成熟、心灵的丰盈。所以，女人应该学会宽容。

学会宽容能使自己保持一种恬淡、安静的心态，去做自己应该做的事情。整日为一些闲言碎语、磕磕碰碰的事情郁闷、恼火、生气，总去找人诉说，与对方辩解，甚至总想变本加厉地去报复，这将会贻误自己的事业，失去更多美好的东西。女人要成为一个生活的强者，就应豁达大度、笑对人生。有时一个微笑，一句幽默，也许就能化解人与人之间的怨恨和矛盾，填平感情的沟壑。

学会宽容是一个女人成熟的标志。宽容的人常常表现出勇于承担责任的作风，如果肯检讨一下自己，就可以从失败和差错中找到自己所应负的责任。当一个人心平气和的时候，才可能保持清醒的头脑，找出失败的原因，采取克服差错的有效措施，以便更加努力地工作。

宽容，首先表现在处世上不愤世嫉俗、不感情用事。

生活中，确实存在很多矛盾和困难：物价上涨、住房拥挤、人际关系紧张，还有这个“难”那个“难”，真让人有点喘不过气来。谩骂、生闷气都无济于事，倒给疲惫的身躯又增加了几分新的负担。只要冷静观察，就会发现人们的生活本来就是苦、辣、酸、甜、咸五味俱全。在生活中，“看不惯”的有很多，理解不了的有很多，让人失望的也有很多。但人的能力毕竟是有限的，愤世嫉俗不会改变事态的发展，不会使关系缓和。所以，首先应当适应事件的发展，在适应中发现“破绽”，掌握改造的契机和应知应会的本领，而不是游离其外去指手画脚。这就是一种宽容的表现，人要顺利走完生命的旅程，就离不开宽容。

其次，宽容体现在对别人的不苛求，“但能容人且容人”。每个人都有自己的思维、工作、学习、生活习惯，既有其长处，也有其短处。在社会生活中，人们总要同各种各样的人打交道。所以，为了生存和发展，为了事业的成功，我们必须习惯于人际交往，善于同各种各样的人，特别是同能力、天赋等各方面不及自己或脾气秉性与自己不同的人友好相处、协调共事。就是对于有各种各样的缺点和毛病的人，我们也应注意发现其所长，尊重其所长。如果你只注意到别人的缺点，就容易使自己陷入孤立无援的境地。相反，换个角度，多注意别人的好处，用理解、同情和爱心去影响别人，使他既能认识自己的缺点，又能心悦诚服地改正，你就会处处碰到信赖和爱戴自己的朋友和下属，你的人际关系也会因此得到很好的发展。

当然，宽容不是无条件的、绝对的，要因人、因事、因时、因地而异，所谓“大事讲原则，小事讲风格”，即是应取的态度。

处处宽容别人，绝不是代表软弱，绝不是面对现实的无可奈何。在短暂的生命历程中，学会宽容，意味着你的心情更加快乐，宽容可谓女人一生中最有魅力的财富。

温柔是魅力女人的本色

温柔的女人，是微笑的天使。温柔的女人，是美丽的永恒！

阴柔之美是女性美的最基本特征，其核心是温柔，温柔像春风细雨，像娇莺啼柳，像舒卷的云，像皎洁的月，更像荡漾的水。女性之美，美就美在“似水柔情”。

作为女人，你尽可以潇洒、聪慧、干练、足智多谋、文韬武略，但有一点不能少，你必须温柔。

“温柔”这两个字很自然地就和关心、同情、体贴、宽容、细语柔声联系着。温柔有一种无形的力量，能把一切愤怒、误解、仇恨、冤屈、报复融化掉。在温柔面前，那些吵闹吼叫、斤斤计较、强词夺理、得理不饶人，都显得那么可笑可怜。

女人，最能打动人的就是这温柔。温柔像一只纤纤细手，知冷知热，知轻知重。只这么一抚摸，受伤的灵魂就愈合了，昏睡的青春就醒来了，痛苦的呻吟就变成甜蜜幸福的鼾声了。

女性的温柔是民族遗风、文化修养、性格培养三者共同凝练所致。一个女人，善于在纷繁琐事、忙忙碌碌中温柔，善于在轻松自由、欢乐幸福中温柔，善于在柳暗花明时温柔，善于在关切和疼爱中表达温柔，善于在负担和创造中温柔，更善于填补温柔、置换温柔。温柔是女性走向成功的不可轻视的艺术。

温柔是女性独有的特点，也是女性的宝贵财富。如果你希望自己更完美、更妩媚、更有魅力，你就应当保持或挖掘自己身上作为女性所具有的温柔禀赋。

你应该努力变得通情达理，这是女性温柔的最好体现。待人以宽，为人谦让，凡事多为人着想，别让人难堪。

你应该努力变得更加细致周到。那份适时的细心关怀和体贴比什么衣着打扮都更能让人心动。

你应该努力达到“以柔克刚”的境界。不要遇到不顺心的事就火冒三丈、风度全失，或者痛哭失声、无力把持。温柔女人应笑对人生，永远安详美丽。

你应该努力变得更有见识。知识能够充盈你的头脑，丰富你的内涵，更能使温柔的你散发由内而外的光彩。

你应该努力变得更大方。不小气，不嫉妒，不讲闲话，不闹脾气，不耍小性子，那些不成熟的小女孩做派不应属于温柔的你。

最后，请记住：温柔绝不等于软弱。娇滴滴、嗲声嗲气、小女孩腔、乱撒娇这些刻意的东西与温柔无关，除了能吸引一些肤浅的男子，只会被大多数人看成是惺惺作态。这样的女人一遇到问题，就希图装一把“假”温柔，博取别人的同情，而自己却欠缺处理问题的能力，软弱得可怜。

世上绝少会有哪个男人喜欢女人的蛮、野、悍、泼、粗、俗。女性的似水柔情，对男性来说，是一种迷人的美，也是一种可以将其征服的力量。一位诗人说：“女性向男性进攻，温柔常常是最有效的常规武器。”女人的温柔包含了很多，善解人意、宽容忍让、谦和恭敬、温文尔雅。不仅有纤细、温顺、含蓄等方面的表现，也有缠绵、深沉、纯情、热烈等方面的流露。有的女人无限温存，像牝鹿一般；有的女人像一道淙淙的清泉，通体内外都充满着柔情……总之，女人的柔情各式各样，都像绚烂的鲜花，沁人心脾、醉人心肺。

真正的好女人，应该是爱的使者，温柔的化身，暗香长留，幽美温馨。

第三节 才女请打扮，美女请充电

书中自有颜如玉

一个正在读书的女人，能给人以无限的美感。因为读书会使她产生一种情调，一种超越了形体的持久的妆容，一种不会被衰老所剥夺的美丽。读书为女人的美丽增添了厚重的文化底蕴和质感。这种美丽乃是女人灵魂之美。灵魂之美远远高于一副无可挑剔的好容貌。没有了灵魂的空间，没有了思想的闪现，无可挑剔的容貌也是黯淡的。或许美化灵魂有不少途径，但正如一位女作家所说，阅读是其中易走的、不昂贵的、不需求他人相助的捷径。

爱读书的女人，不管走到哪里都是一道风景。也许她貌不惊人，但她的美丽却是骨子里透出来的，她谈吐不俗，仪态大方。那是静的凝重，动的优雅；是坐的端庄，行的洒脱；是天然的质朴与含蓄的交融。爱读书的女人，她的美，不是鲜花，不是美酒，她只是一杯散发着幽幽香气的淡淡清茶。

爱读书的女人，她们心有琴弦，纵然是独自漫步，也并不寂寞与孤单。

爱读书的女人，她们生活情趣高尚，很少去叹息、忧郁或感到孤独、惆怅。因为她们懂得与其长吁短叹，不如把时间和精力用来读书，使自己从忧郁的心境中解脱出来。

爱读书的女人,她们拥有从容的心态,能保持年轻的心境,从而对于年华的逝去无所畏惧。不埋怨环境，也不艳羡别人，让心态一天比一天愉快年轻。

爱读书的女人，她们以聪慧的心、博大的爱、善解人意的情怀，将美丽写在心灵上。读书，使她们更潇洒；读书，为她们添风韵。即使不施脂粉，她们也显得神采奕奕、风度翩翩。

16岁时，毕淑敏开始在苍凉的西藏阿里高原某部当卫生员，晚上值班，一守就是一夜。每当轮到她值班，她都事先把照明用的那一盏马灯灌满油，天亮了，油也点完了。司务长好生奇怪:“你把油干吗使了？是不是把油都喝了？”其实，她是就着马灯暗淡的光读书。《鲁迅全集》就是在那盏马灯的陪伴下读完的。转业回北京时，毕淑敏摩挲着那盏马灯不忍分离。《红处方》是毕淑敏的第一部长篇小说。为了更好地表达毒品与人性的主题，在1993至1994年，毕淑敏阅读了大量关于药理学、植物学、国外黑帮贩毒集团写实作品的书籍。有一位朋友给她借来一本中国吸毒史，她一看，里面写到的她都读过了，这时，她才感到可以动笔了。

读书让毕淑敏成为一名成功的作家，读书更将她打造为一个拥有丰富内涵的知性女子。

的确，一个女人，在读过足够的好书之后，她会变得很优秀，因为书给了她底气，熏陶了她至真、至美、至纯的情感，使她变得温文娴雅、善解人意，充满书卷气息。这就是所谓的“腹有诗书气自华”。

爱读书的女人是善于思考的人，有思想的人。因为读书能使人变得睿智与坦荡。

读书能使人修德养性、智慧无穷、目光远大、美化心灵。人生在世，吃山珍海味是一种享受，读一些振聋发聩的书更是一种享受，前者只能饱一时的口福，后者会让你终身受益。读书可健脑去病。读书就好像服用“超级维生素”，可以使大脑，甚至身体重新充满活力。

读书，可以让你的心里有一盏明灯，守得住心灵这个宁静的港湾，始终视书籍为精神的伴侣，身居闹市，却能远离红尘的烦琐与喧嚣。

读书，可以让你没有时间唠叨饶舌，没有时间拨弄是非，不会像别的女人那样日渐粗俗。

读书，可以让你交上一群高尚的朋友。正如毕淑敏所说：“好书对于女人，是她们招之即来的永远不倦的朋友。”

读书的用脑强度可恰到好处地增加脑血流量。正所谓“唯书有真乐，意味久犹在”。

读书可以美化形象。经过长期的读书熏陶，身上便有股书卷味，不讨人嫌，那是读书的惠泽。现代人越发热衷于美容了，各种美容手段花样迭出，但所有的美容手段中，读书是最佳之道。余秋雨这样说过："读书可以使自己成为一个健全的人、可爱的人、健康的人。"

做个爱读书的女人吧，把读书作为你终生的功课，你就能够把生活读成诗，把人生读成散文，你就能够拥有世上最好的化妆品，把美丽写入心灵！

女人的知性美源于书香

北宋著名书法家黄庭坚曾经说过："人不读书，一日则尘俗其间，二日则照镜面目可憎，三日则对人言语无味。"

男人女人固然都需要读书来充实自己的精神，尤其是女人。人们都欣赏优美灵慧的女人，而读书能帮助女人们培养优雅的气质。

有人说："书，是女人最好的饰品。"女人化妆有三层。其中有一层的化妆是多读书、多欣赏艺术作品、多思考，保持积极的、阳光的心态。

总会有一些经典书目历久弥香，有些书是优质女人不得不读的珍宝，在这里就为大家推荐几本好书，这些优秀的书籍就像是最好的朋友、最好的老师。在浮华的世界中，打开它们，投入多彩的书中世界，你的心灵将得到最大的滋养。

1.《简·爱》

这是一部以爱情为主题的小说，女主人公简·爱是一个生活在社会底层、受尽磨难却不甘忍受社会压迫、勇于追求个人幸福的女性。她那倔强的性格和勇于追求平等幸福的精神很值得现代女性学习。

简·爱认为爱情应该建立在精神平等的基础上，而不应取决于社会地位、财富和外貌，只有男女双方彼此真心相爱，才能得到真正的幸福，她的爱情观体现了她的倔强性格。简·爱以对爱情执着追求的精神为现代女性树立了良好的榜样。有人说，爱人者是强者。为了追求自己的幸福，现代女性应好好阅读《简·爱》这部世界名著，做一个爱情的强者。

2.《飘》

《飘》的女主人公也是一位坚强、具有执着精神的女性，所以这部名著也是女性应该读的，在这部书里，作者玛格丽特·米切尔会教你如何做一个成功的女人。这里没有中美差异，郝思嘉能够做到的，你也能够做到。坚强、独立、积极，是现代女性的必备素质。即现代女性要学习的是郝思嘉那种坚强风范，永不放弃，敢于直面现实，与残酷的现实抗争。从某种意义上说，这个世界男人的优势还是明显的，而女性要想在这个世界中做个坚强、成功的女人就更应该好好读一读《飘》。

3.《红楼梦》

一个女人如果没读过《红楼梦》的话，简直不可思议。理由很简单，只有看过《红楼梦》，才会明白原来女人是如此哀婉动人，如此仪态万千，如此楚楚可怜，如此冰雪聪明……作者曹雪芹会告诉你什么样的女人才是真正的女人。

豪迈如史湘云，也有醉卧芍药的娇憨；聪慧如薛宝钗，也有花间扑蝶的稚气；也唯有幽怨如林黛玉，才有掩埋落花的闲情。《红楼梦》让读者真正看到女人的精彩，领略什么是水做的女人的深刻含义。即使势利狠毒如王熙凤，她的善于交际、果断坚决、处变不惊还是值得今天的女性学习的。

4.《第二性——女人》

有史以来讨论女人的最健全、最理智、最充满智慧的书。

5.《情人》《世界上最疼我的那个人去了》

这两本书将向你展现出女人爱做梦的本性，以至于达到不顾一切的疯狂地步。

6.《流动的圣诞节》

通过此书，你就会知道为什么小资女人们大多都向往巴黎的生活。

7.《喜宝》

这本书将让你知道，再美丽、聪明、练达的女子也逃不过命运的潮起潮落，每个人都要好好把握现在。

不太漂亮的女人更有福

在格林童话里，王后每天都会对着梳妆台上的魔镜问："小镜子，小镜子，请你告诉我，谁是世界上最美丽的女人？"当镜子回答说："是你，王后！你是这儿最美丽的女人。"她就会满意地笑起来。可当魔镜回答说"王后，你很美丽，但是白雪公主要比你漂亮一千倍"的时候，她就勃然大怒，要将白雪公主害死。

从小到大，我们都会讨厌恶毒的王后。但是每个女人却都希望小镜子会对自己说"你是世界上最美丽的女人"。美丽，几乎是每个女人心里梦里都想得到的东西。但是你是否想过，有时候太美丽也是一种错误，它太容易耽误人。

漂亮的女人可以吸引一千个情人，却未必能找到一个丈夫；漂亮的女演员得奖了，会被说成是花瓶，不太漂亮的女演员得奖了，就说是实力；漂亮的女职员晋升了，人家说你靠的是美色。

丽丽属于那种回头率很高的超级美女，她在一座城市里做车模，并且很有名气。城里的每次车展，车商们都会找到她，她的收入也颇为丰厚。但令她十分失落的是，城内最大的车商却从来没有找过她。他们告诉她："你太美丽了，如果让你当车模，让顾客去看你呢，还是看车？”

几年前，丽丽的一位同学认为女人有自己的事业才靠谱一些，并邀她投资一家主题咖啡馆。尽管她有足够的钱来经营咖啡馆，但是她不以为意，因为她有美丽，美丽是可以创造价值的。更何况她喜欢那种被闪光灯包围着、被男人们的眼睛聚焦着的感觉。3年之后，她的同学已经开了10家连锁店，而她却依然是一个被车商担心抢了车子风光的车模。5年之后，她容颜渐老，已经没有多少人来找她做车模了。关于未来，她没有其他的生存本领。关于爱情，她也不知道应该跟谁谈恋爱，大众情人其实是没有情人的。面对着已经身价上亿且早已结婚成家的同学，她突然发现，如果不美丽，也许现在她会更好。

太过于美丽的容颜，不一定有完美的结局。上帝总是公平的，在赐予你某种礼物的时候，也会夺走这个人所拥有的一些东西。有人总结，太过于美丽的女人容易被夺走7样东西。

1. 机会

美丽的女人无论在恋爱、求职、做事，还是谈生意的时候，都很容易得到好机会。但是机会太多了，美女们渐渐地就养成了好高骛远的恶习，从不懂得珍惜眼前的一切，总相信自己还有更奇迹般的机遇。并且，机会的实现过程是建立在才华和实力之上的，只握着美貌这张底牌是十分单薄和不靠谱的。

2. 宽容

美丽的女人容易被家人和朋友宠坏，习惯了把别人对自己的好当成理所当然。在年轻美丽的时候男人也许可以忍受你的霸道和嚣张，但是等到年老珠黄的时候日子肯定就不好过了。

3. 信任

由于人们太了解漂亮女人的德行，所以无论你有多么的善良，也难免遭人误解，需要付出很大的努力来让那些心怀戒备的人看到你同样美好的内心。与那些一脸憨厚、淳朴的女人来比，美丽女人容易被视为花瓶，也难以让老板放心并委以重任。

4. 坚强

美丽的女人在遇到困难的时候大都希望有英雄来救美，她们习惯了被保护，一旦某一天失去了保护就很难坚强地在这个无比艰难的社会中生活得很好。

5. 自由

由于美女天生的诱惑力,所以哪个男人娶了都不会放心，她想像婚前那样随心所欲可就没那么方便了。

6. 安宁

美女总是令人惦念的，各种诱惑和攻势也非常猛烈，要保持一颗安宁的心还是需要很好的心理素质的。

7. 好男人

最令美女们无法理解的是，好男人往往不娶美丽女人。原因很明显，美女们太喜欢享受那种被人穷追不舍的感觉，而好男人自尊心一般都很强，只要一个脸色不对立即就会扬长而去。

由此可见，美丽虽是一种幸运，但并不代表着仅此一项就获得了通往幸福的捷径。生命本身有很多种滋味，何必苛求自己一定要是倾国倾城的大美女？只要不是特别丑，就没有必要为了追求美丽在自己的脸上、身上动刀子。一旦手术失败，结局只能是“没有最丑，只有更丑”，不仅浪费了大笔的金钱，还造成了人生的遗憾。

追求美丽没有错，但千万别太过度。除了美丽，还有很多值得我们追求的东西。

比漂亮女人聪明，比聪明女人漂亮

美国哥伦比亚一家公司曾经对办公室女郎的外表做过一项调查，结果显示美女很容易找到办公室文职这样的工作，她们的起薪水平高于其他相貌平平的女子，但是她们很难进入更高层的领域。因为这些领域对能力的要求要明显高于外表。《杜拉拉升职记》中，海伦就是这样一位外表出众的漂亮女郎，而她在公司的定位仅仅局限在秘书这个职位，而相貌平平的拉拉却凭借聪明的头脑和热情的干劲，在公司步步高升。

海伦和拉拉的经历告诉我们，良好的外表的确能给人带来很多优势，但外表只是“开场白”，它可以成为敲门砖，却不是成功的保证。

不够漂亮就会错失机会，但只有漂亮也是万万不行的。只有兼具了美丽与能力，才能让自己耀眼。

只在某一方面突出并不能称之为优势，强大的综合实力才能让你胜人一筹。就好比木桶原理，最高的那一块木板再高，水最多还是只盛到最低的那一块木板。所以，单有美丽的外表或者聪明的大脑不会保证你脱颖而出，但如果你既聪明又漂亮，还会有谁注意不到你呢？

英国伦敦大学一位系主任在谈到一位女讲师时，说：“她应聘本系讲师职位时，从她一进门，我就感到她是我所渴望的人。她身上有着某种气质，把她那庄重的外表衬托得越发迷人。只有有高度素养、可信、正直、勤奋的人才有这样的光芒。第一分钟我就定下了人选，30分钟之后，我就让她第二天来系里报到。她没有让我失望，现在她已是最优秀的讲师。”

在众多的竞争者中，女讲师为什么散发出这种气质，系主任说得似乎很玄乎，但聪明人一眼就看得出来，因为她既有过硬的专业实力，又有极富吸引力的外表。这两项优点叠加起来与其他竞争者相比较就显得格外突出。系主任还有什么理由不选择她呢？

这个时代里，美女太多，有能力的女性也不少。如何在她们中间显露自己，女性朋友不妨想着从提高自己的“综合素质”入手，这里的“综合素质”就包括内在和外在两部分。外在就像你的硬件条件，你要修饰好你的面容、保持合度的身材、选择得体的穿着，并且要保持优雅的举止。而内在就像你的软件条件，你要积累丰富的学识、懂得为人处世的原则、修炼自己的品性，这样内外兼备的你才是最完美的。

聪明的女人都不如你漂亮，漂亮的女人都不如你聪明，这样完美的你走到哪里都是最抢眼的风景。

第三章
将优雅当成一种习惯来培养

第一节 让自己优雅一辈子

怎样做一个优雅女人

优雅的女人都从容。她们经历过人生的风浪，岁月的痕迹不光留下风霜后的苍凉，更有资深的阅历，好像大树的年轮一样一圈一圈积累着人生，积累着智慧。

优雅的女人，淡定从容，谈笑风生。你若要她们受到你的惊吓，那只是小孩子的一种尝试，她们会一笑了之。或是包容，或者是云淡风轻，举重若轻的优雅已经达到美丽的极至。这又何尝不是人生最美丽的风景？

优雅女人活泼主动。她们是都市的靓丽风景，或者她们是白领，有着令人羡慕的工作，或者她们生活舒心，谈笑自若，雍容大方。她们会和你矜持却不失亲切地交谈，她们会和你讨论今夏最流行的颜色，她们会提到她们家的小猫是怎样的调皮。轻声细语，眉目含笑，举止有度，点到为止。母性的光辉和智慧刺得你睁不开眼。

优雅女人懂生活，懂情趣。她们拥有最好的品德，既不忘古典传统文化的谆谆教导，又具有接受最新文化的能力，兼容并包，和蔼可亲。当你和她讨论生活、讨论喜好时，她们总是给你最好的建议并且她们的建议几近完美；她们是幼稚少女的人生指南，步步到位；她们和任何人都能成为朋友，让你相见恨晚。她们在人前是如此的矜持又开朗，进退适宜不惹人尴尬，谦虚又可爱。

没有哪个女人不想成为优雅的女人，而许多人又常苦于找不到优雅的秘诀，或者抱怨缺乏应有的条件而信心不足。优雅，真那么难吗？其实，做优雅的女人并不难，不需要很高的条件，秘诀是从身边的小事做起。没有过度的装饰，也不流于简单随便，坚持独立与自信，热情与上进。由中国红变成亮眼蓝的羽西曾言：快乐就是成功。她说人在可以站着的时候，就一定要坚持站着，而且还要保持着漂亮的样子，这是对自己的尊重，也是对别人的尊重。女人要保持自己的优雅。

要做一个优雅的女人，就必须增长自己的知识，将优雅之树的根深扎在文化的沃土之中，这样才能使它枝繁叶茂。因为优雅的女人必定是心灵纯净的人，净化心灵的最好办法是吸取智慧，吸取智慧的最好办法则是阅读。“书中自有好风光”“书中自有黄金屋”“书中自有颜如玉”。读破万卷书的人，心中不会存有一池污水。知识能够改变命运，同样，知识可以培养女人的优雅。所以，要想做一个优雅的女人，就要多读一些书，尤其是一些励志的书，不断地充实自己，完善自己。喜欢读书的女人，永远都是不俗的人，只有不俗的人才有资格做优雅的人！

优雅的女人一定要有自己的事业。优雅的女人不是依附的小鸟，不是攀岩的凌霄花。优雅的女人就是一只展翅高飞的鲲鹏，就是一棵参天的大树，而事业则是这一切的基础。所以，要做一个优雅的女人，必须热爱自己的工作，因为只有热爱自己的工作，才能做好自己的工作。从事自己所热爱的工作是一种幸运，热爱自己所从事的工作是一种幸福。幸运不是每个人都能遇到的，幸福却是大家都可以追求的。优雅的女人一定是幸福的女人，追求幸福就是追求优雅。

优雅还包括一个女性对美独到的见解和追求。倘若整日衣冠不整，不修边幅，无论怎样也是同优雅联系不上的。所以，优雅的女人，她的着装永远都不张扬而富有格调，那感觉就像静静地聆听苏格兰风笛，清清远远而又沁人心脾。

如果说女人似水，那么优雅的女人就可以水滴石穿，用智慧去获得爱与尊严。外在的美随风易逝，肤浅也耐不起寻味，而优雅的女人用丰富的内心世界和生活的智慧，让自己永远是一棵有 101 种风景的花树。

优雅是可以修炼出来的

渴望拥有魅力的愿望很简单，但真正获得魅力、提升魅力，就需要具备修炼魅力的意识和习惯。形象地说，就是如果你想成为一个魅力女人，你就得把修炼视为一项艰巨的人生工程，天天在路上，苦练不止。

如果我们遵照哲人的名言“命运掌握在自己的手中”，那么，优雅魅力的钥匙一定是掌握在你自己的手里。

“你想拥有优雅的魅力吗？”用这个问题去问每个女人，回答一定是肯定和明确的。事实上，“想”字并不像回答得那么简单和轻松，“想”的后面需要紧跟着一项“艰苦”的工程，一项需要用女人一生的时光来完成的工程。女人们在回答这个问题时，潜意识中多会认为魅力是天生的，比如美丽的眼睛、迷人的形体、柔滑的肌肤……人们喜欢把这些上天赐予的东西称为漂亮或者美丽。很多女人潜意识中总认为自己没有美的外表，或者青春已逝，不再拥有年轻和美貌，往往会缺少甚至丧失追求美的动力和激情。这是女性特别是中国女性的一大认识误区。美丽可以构成魅力的一个部分，但美丽不等于魅力，魅力是需要后天努力挖掘才能展现的一种迷人的力量。

凡是特别富有魅力的女人，一定是为这份魅力付出了超常的努力。魅力握在你的手中，但是你为魅力付出的努力足够吗？你能够坚持天天修饰自己吗？能够坚持控制饮食、天天运动吗？能够坚持学习提升魅力的方法吗？能够调整甚至改变一生形成的生活方式吗？如果真的可以，你就会不断地获得魅力，就像生活中那些吸引我们的魅力女性一样。

渴望成功的女人，大多懂得为学历、知识、技能等付出足量的努力，同样，如果你期望与魅力结缘，你的一生就得绷着一股劲，这也如同你热爱文学、摄影或者绘画什么的，你不绷着一股劲哪会出什么好作品？

人的现状更多源自幼年生活习惯的积淀，就魅力而言，更是如此。

法国女人是公认的全世界最优雅的女人，她们世世代代富有修炼魅力的意识。法国的母亲们非常注重膝下女儿的体态、皮肤、神情、态度，热衷于让女儿参加舞蹈、音乐、表演等艺术方面的学习和训练课程，她们会为孩子们这方面的出色表现感到欣慰和自豪。

漂亮和美丽是通过视觉来感知的，而魅力则是需要用心去体味和感悟的，是女人修炼的结果。魅力是通过不断修炼而获得的，每个女人都可以今天比昨天、明天比今天更有魅力。重要的是：你是否认识魅力的重要性，是否愿意不断学习和实践提升魅力的方法，是否能够把提升魅力作为生活的重要内容，并为此做出长期不懈的努力。

优雅的魅力是不会丢弃任何人的，只有我们自己会丢弃它。会不会丢弃关键在于你想不想要，是不是真的想要，并真的为之付出了努力。每一个女人都可以去尝试，从今天开始，只要你真的想要，真的努力了，10年后，你一定会比今天活得更精彩，更有魅力，赢得更多的赞誉。

优雅女人是这样炼成的

端庄优雅的女人应具备的条件：

（1）拥有靓丽的肌肤，并保持良好的身心健康状态。

（2）抬头挺胸，背部随时都是挺直的。

（3）举止得体，声音动听悦耳，谈吐优雅。

（4）对任何人都彬彬有礼。

（5）生活中不会感到无趣，有自己热衷的事物和兴趣。

（6）无论何时何地，取出的物品都能收拾整齐。

（7）厨艺精湛，心灵手巧，能做好家庭中的一切事务。

（8）每天关注新闻，随时了解国内、国际重大事件。

（9）早睡早起，作息有规律，每晚都有良好的睡眠。

（10）成为别人倾诉的对象，并能够自己解决烦恼。

（11）紧急关头能发挥带头作用。

（12）有一生相随的好友。

（13）不惧年岁的渐长，还有许多将来想做的事情。

（14）认为今天的自己比昨天更美丽。

（15）感到幸福，而且看起来真的很幸福。

孟德斯鸠说：“一个女人只有通过一种方式才能变得美丽，但是她可以通过千万种方式使自己变得可爱。”女性魅力不是单纯的、机械的，而是流动在一颦一笑中，在不经意间的一个转身一次低头里。优雅的女人应该举止端庄而不失女性的妩媚，雅致的韵味从头流到脚，又从脚流到头。女性的这种举止端庄妩媚可以通过后来的训练得到。

优雅的举止应该从日常生活中的点点滴滴开始培养。女性的姿态最具美感，一位举止优雅的女性自然会光彩照人。但在日常生活中，人很容易全身自然放松，不太注意自己是否举止优雅。要想让自己举止优雅，就要在平时把优雅当成习惯，所以在平时就要注意自己的一举一动，无论是站立、走路，还是坐靠，都要保持四肢平稳、端正。要特别注意不要弯腰驼背，或者歪着肩膀叉着腿，这些都会给人一种散漫的印象。身体应该保持端正挺直，举止要落落大方，展示出一种精干利落的形象。那么如何才能做到这样呢?

第一，站姿中展现女人特有的韵味。在交际活动中，女人站立时不仅要挺拔，还要优美和典雅。站立时要抬头、颈挺直，双目向前平视，下颌微收，嘴唇微闭，面带笑容，动作平和自然，身体有向上的感觉。

第二，坐姿优雅从容。坐下时，应面带笑容，双膝应自然并拢，双腿正放或侧放，双脚并拢或交叠；立腰、挺胸，上身自然挺直；双臂则自然弯曲放在膝上，也可以放在椅子或沙发扶手上，掌心朝下。

第三，流云般优雅的步姿。款款轻盈的步态流露出一种温柔端庄的风韵。走路时应以腰带脚，重心移动，以腰部为中心，膝盖伸直，脚跟自然抬起，两膝盖互相碰触，面部应带微笑，双目平视。

因公务或个人交往出入社交场合时，则应注意举止要大方礼貌、稳重自然，而过于张扬炫耀、引人注目，是缺乏修养的表现。还要注意，即使在自己家中，也不要过于松懈、不讲美感。因为如果你平时在家散漫惯了，外出和上班时就不容易改变自己的姿态了。林徽因就很注意自己在家的形象。萧乾第一次见到患着严重肺病的林徽因时，她不是穿着睡衣躺在床上，而是穿着骑马装，神采奕奕地迎客，完全没有提到一个“病”字。

当然，如果你在行为举止方面走到另一个极端，则同样令人讨厌：因为害怕弄皱自己的裙子，所以直挺挺地像根棍子；为了不坐在外套上面，因此把外套掀起来，或者任何时候一坐下就把裙子撩起来；搔首弄姿地做出过分优美的动作，弄得自己像舞台上的演员；没完没了地在镜子前顾影自怜；故意设计一些动作，并不断练习，力求完美，尽管第一次做这些动作时也许会很迷人，但要知道，如果一个女人的动作完全不自然，那也是非常令人生厌的，这种做作的举止和粗俗的举止一样，最终也会让她失去优雅之感。

用品位做底蕴的女人最优雅

就像蒙娜丽莎的微笑一样，优雅是一种恒久的魅力。从一个女人优雅的举止里，可以看到一种文化教养，让人赏心悦目；从一个女人的优雅中，亦可以品味出一种独特的意蕴，让人开怀大笑。

优雅的女人无人不喜欢，不管是男人还是女人。

愚钝的女人总是在抱怨：上天是如此不公，为何不将那样的身材与美貌赐予给我？而优雅的女人往往是通过后天的努力，让人心服口服的。当女人呈现出一种升华过后的极致美丽，与从前相比，便不可再同日而语。一如水涨船高，是一样的定律。

在一次世界文学论坛会上，有一位相貌平平的小姐端正地坐着。她并没有因为被邀请到这样一个高级的场合而激动不已，也不因为自己的成功而到处招摇。她只是偶尔和人们交流一下写作的经验。更多的时候，她在仔细观察着身边的人。一会儿，有一个匈牙利的作家走过来。他问她：“请问你也是作家吗？”

小姐亲切而随和地回答：“应该算是吧！”

匈牙利作家继续问：“哦，那你都写过什么作品？”

小姐笑了，谦虚地回答：“我只写过小说而已，并没有写过其他的东西。”

匈牙利作家听后，顿有骄傲的神色，更加掩饰不住自己内心的优越感：“我也是写小说的，目前已经写了三四十部，很多人觉得我写得很好，我的作品也很受读者的好评。”说完，他又疑惑地问道：“你也是写小说的，那么，你写了多少部了？”

小姐很随和地答道：“比起你来，我可差得远了，我只写过一部而已。”

匈牙利作家更加得意了：“你才写一本啊，我们交流一下经验吧。对了，你写的小说叫什么名字？看我能不能给你提点建议。”

小姐和气地说：“我的小说名叫《飘》，拍成电影时改名为《乱世佳人》，不知道这部小说你听说过没有？”

听了这段话，匈牙利作家羞愧不已，原来她就是鼎鼎大名的玛格丽特·米歇尔。

这就是有品位的女人，她不经意间所流露出来的优雅，让人佩服得五体投地。可见，优雅不是天生的，也不是夸夸其谈地知道几个所谓的时尚代名词就是优雅了，优雅是一种气韵，一种坚持，一种时间的考验。

时髦，可以追可以赶，可以花大钱去“入流”，而优雅却是模仿不来、着急不得的事。

女人怎样才能够优雅呢？有人说，除非她遇到一个好男人，这个男人给予她所有优雅的动力与勇气，还有物质条件。男人们总有一种感觉，认为赚了足够的钞票供养女人，让她衣食无愁，在丰富的物质面前，女人优雅的气质和内容就会表现出来。其实并非如此，女人的优雅不是物质生活堆积出来的，但优雅的生活多少与物质有一定关系。

你想知道一个女人是否过着优雅的生活，你首先要问她，她是否有能力创造幸福？她的生活内容是否真实？她的感受是否是自然流露出来的？如果她无法确定，那么她必然是生活在别人设计的图纸上，优雅的生活就无从谈起。其实，女人只有不断提升自己的品位修养，才能逐渐向优雅靠近，品位高了，你的生活中优雅的内容也就会自然而然地增加。

优雅的生活是简单而丰富的，个人的品位和素养或许是其中的关键。

优雅，是一种知识的积淀，不管是直接还是间接的，都是一种必需的积累；优雅不是一种形式上的东西，它需要你在生活中学习，需要你以丰富的人生经历来成就。优雅有着终生学习的特性，它是台阶式的，学一点，修一点，修一点也就提升一点。优雅需要女人学一生，坚持一生，这样它才会让你受益一生。

“品位”二字，没有内涵是强装不来的。品位不是虚无缥缈的一种良好的自我感觉，它是全面的，整体的，由表及里的综合表现。品位是一种集个人的出生背景、文化层次、生活素养为一体的，只能靠感觉去体验的东西，而不是什么人都能够拥有的。

女人优雅之树的根要深扎在文化与经济的沃土里才枝繁叶茂。当优雅成为一种自然的气质时，你一定显得成熟、温柔；当优雅代表你的性格时，事实上你已经把握了自己的人生。

女人的优雅又像一口泉，智慧之水在涌动中充分展示人格魅力，散发着令人仰慕的内在品位。生活中的女人们尽量提高自己的品位，多一些优雅，实在是人生中的崇高境界。

有品位做底蕴的优雅女人不见花开，只闻暗香浮动。

女人要自信而优雅地生活

陈燕妮是一个众所周知的优雅女人。说起她，就要说一说她的文字。在文字里，陈燕妮是个敏感多于沉稳干练的女子。

因为在她的笔下，女人所有的触觉和感性的思维都在轻轻地颤动，让那一个一个被人们忽略、遗忘的故事重新以鲜活的面目再现。你可以不佩服她细腻的文笔，但你不能不为她纯属女性的敏感的洞察力而倾倒。这样的一个女子，又如何不会充满着优雅，不成为其他力求完美的女人学习的对象呢？

从《遭遇美国》的轰动开始，陈燕妮的书就成了中国人认识美国的一个感性的窗口，人们在她的充满女性意识的笔下认识了美国更多的角角落落，也看到了更多中国人在大洋彼岸的艰辛和奋斗，以及中西文化碰撞中曲折的心灵体验。从做《美东时报》的新闻记者，到在中文电视台工作，陈燕妮在5年后出了第一本书《告诉你一个真美国》，随后几本讲述华人在美创业以及华人回国经历的书一经面市，就成了当季的畅销书。后来，她创办了《美洲文汇周刊》，自己担任总裁。

在陈燕妮的言谈举止中，有种不经意流露出的自信。对于一个经历丰富的女人来说，这种自信比年轻美貌的自信来得似乎更有理由。

当有人问她："你一直就是这么自信吗？"

陈燕妮沉思片刻，眼睛里开始浮动着一些朦胧的东西。"或许吧。在很多时候，我的脑子里会突然出现'第一名'这个词，一定要做第一名的想法支撑我度过了很多艰难的时刻。可能我是个好胜的人，但人有什么理由不好胜呢？你的资质、才干都不比别人差，那你为什么要甘于人后呢？当然，要在美国有足够的自信，就要有足够的实力。比别人更多的付出，是在所难免的。在做记者的时候，我是最勤奋的。每期的报纸大到头条小到消息，几乎被我一个人包揽。白天上班，晚上写书，把所有的业余时间都用在写书上。即使如此，在美国写书也仍然是件奢侈的事。要知道，美国人把所有的时间都用来挣钱，维持生计。好在现在我已经没有了这方面的困扰，但自己办报也是件头绪很多的事，白天忙得团团转，到晚上开始整理思绪写书，经常要写到夜里三四点钟。”原来大家熟悉的这些书，这些充满感情的文字，竟然都是她在工作之余写的！

那么，陈燕妮怎么看待优雅女人呢？

“我认为优雅的女人首先应该知道自己是谁。其次她应该是个成功的女人。试想一个身着高贵晚礼服的女人，在宴会上可能会做出各种优雅的姿态，可一转身，她却向身后的男人要生活费，你还会觉得她优雅吗？有了成功事业的女人，才会有充足的自信体现出的气质的优雅。”

有人问陈燕妮：“作为一个成功而忙碌的女人，你认为最幸福的是什么？”

“当然是家庭的和睦。”陈燕妮笑了。看得出来，她有个幸福的家庭。

“在过去我并没有真正认识到，可能是在美国的时间里我才慢慢意识到的。可以说，年纪渐渐大了，觉得一个和睦的家庭对女人的影响太大了。不然，人在社会里感觉特别漂浮，很难受的。”

与陈燕妮接触过的人都说她是那种可以在说笑间让你接受其想法的人，不经意间，让你感受到她的力量，是那种有特殊魅力的人。

在女人的心目中，优雅有着特殊的内涵：优雅是女人最美丽的衣裳。用拆字法对“优雅”进行分析的话，“优”所指的是一个人内在的品质、涵养、气度、心态所具有的完美状态，而“雅”则是你内心所处的完美状态的外化，是你那优雅的举止、文雅的谈吐和高雅的形象。因此，优雅实际上是内在和外在完美结合的产物，要找回我们生活中的优雅，就必须从内、外两个方面共同着手。

真正的优雅是来自内心的“神韵”之美，是充实的内心世界、质朴的心灵付之于外的真挚表现，是自信的完美个性的体现。而所有的这些都来自于你所受的教育、你的自身修养以及你对美好天性的培养与发展。但是同时必须注意的是，真正的优雅是装不出来的，最真诚的往往才是最动人的。优雅是你完美的自信个性的体现，要知道你要做的不是奥黛丽·赫本或张曼玉，而是做你自己，培养那份真正属于你自己的优雅气质。只要你自信自己是优雅的，并时刻提醒自己这一点，那么，你的优雅必定会闪耀出属于自己的光芒。

拥有优雅内心的你必定也会具有优雅的仪态，但是在平常的生活中经常听到有人抱怨说：“我也希望自己长裙拖地、步履轻盈、神情高贵地行走在华丽的宫殿里面，展现无限的优雅；我也希望在落日沙滩、椰树摇曳的美丽画面中悠闲地躺在长椅上，展现迷人的优雅啊！可是，我没有金钱，也没有时间，更糟糕的是，现代社会这么紧张快速的生活节奏已经不允许为优雅保留生存的空间了，为赶时间上班我只能在拥挤的公交车或地铁上大口大口地啃手里的汉堡而不顾任何不雅，你怎能要求我端坐桌前，举止文雅地一小片一小片撕好手中的面包，再从容地放进嘴里呢？总而言之，对现代女性，尤其是上班族谈优雅是一种奢侈！”

确实，忙碌的生活节奏、为生存而奔忙的压力让现代女性无法生活得悠闲、精致，但是，我们至少应该在现实的生活背景下尽可能地活出优雅的品位来。

实际上，优雅的展现方式有很多种，一个眼神、一句话语、一个动作、一抹微笑，无不让你优雅万分。曾听人说起过俄罗斯女郎的浪漫与优雅，哪怕她身上穷得只剩下一个卢布，也要为自己买一枝玫瑰花，而不是几块可以充饥的面包，这样的优雅让人吃惊，甚至想流泪。所以，不要以没有时间和金钱为理由而允许自己丧失能让你魅力指数大增的优雅，正所谓“只要有心，立地成佛”，只要留意，优雅无处不在。

怎么做可以减轻无休止的压力，营造一个优雅的你呢？

每周至少一次，关上电视，听一曲优美的莫扎特小夜曲或外国经典萨克斯曲等柔情似水的轻音乐。

不要偏爱廉价化妆品。你应该拥有至少一种以上的优质香水。

选用声音悦耳的闹钟来叫醒你。由一个既设计美观又声音柔和的闹钟每天早晨把你从睡梦中唤醒，开始美好的一天。

举办晚宴时，你不必亲自下厨，可事先从各餐厅预订一桌精美的饭菜；或者是请哪位想露两手的朋友代劳，这样你就可以远离满是油烟的厨房，而保持着优雅的仪态来好好招待客人了。

购买纸巾时，最好买那些带清新空气味道的湿纸巾。其他女性随身用品也应注意情调和色泽，粉红色的物件给人的感觉最有情调。

坚持定时做健身运动，而不要在工作得筋疲力尽之后，径直去洗桑拿浴。

尽量经常微笑。没有比快乐的、开朗的面容更令人喜爱的了。

优雅的魅力不是模仿人或跟着时尚的东西就能得来的，它是靠女人从自身的各个方面一点一点修炼出来的，女人在交际场上适度展现自己迷人的优雅能让自己光彩照人。优雅是女人最美丽的衣裳，穿上她，再普通的女人也会神采奕奕。

修炼曼妙身影和优雅姿态

曼妙的身影，优美的姿态，是女性美的一种展现，是女性献给生活的一束常开不谢的鲜花。

塑造性感迷人的曼妙身影和优雅姿态，要从举止开始。

中国古代对人体的姿态和举止就有“站如松，坐如钟，行如风”的美的要求。得体的举止，可以使人显得有风度、有修养，给人以美的印象；反之，则显得不优雅，甚至失礼。在日常生活中，我们经常碰到这样的人：她们或是身材曼妙，或是漂亮可人，然而一举手、一投足，却粗俗尽现。这种人虽金玉其外，却是败絮其中，只能招致别人的厌恶。所以，在社会交往活动中，要想给对方留下美好而深刻的印象，外在的美固然重要，而高雅的谈吐、优雅的举止等内在涵养的表现，则更为人们所喜爱。这就要求我们应当从举手投足等日常行为方面有意识地锻炼自己，养成良好的站、坐、行姿态，做到举止端庄、优雅得体、风度翩翩。

良好的姿态能为女人倍添风采。女人以亭亭玉立的站姿、含蓄得体的坐姿、轻盈敏捷的步履为美。亭亭玉立是一种挺拔而不僵硬，柔媚而又富于曲线的娇美姿态，这种站姿能充分体现女性的纤细身材和柔美的曲线，给人以高雅、俊美之感；女性落座，轻盈无声，坐时两腿自然并拢，两手轻放在沙发扶手上或相叠放在大腿上，头部平直，目光平视，充分显示出女人性静、含蓄之美；女人走路，注意轻盈快捷，快抬腿，迈小步，轻落地，使人感到她们是一缕轻柔的春风，妙不可言。

小珊是一个外资公司的客户服务人员，长得非常漂亮，看到她就让人有一种眼前一亮的感觉。她的学历和能力在公司里都是一流的，但进公司两年多了，她还是一个普通的员工，没有得到升职的机会。

小珊自己也很苦恼，她知道都是自己的行为举止拖了后腿，可一时半会儿还改不掉。比如，开会的时候，小珊总是无意识地就趴到了桌子上，让在座的领导和同事都冷眼看她；和同事聚餐的时候，她动不动就拿出小镜子和木梳来梳理头发，有时还会有几丝乱发不听话地飘到餐桌上，让其他人很厌烦；小珊还有很多类似的不好的举止习惯，有时候和客户在一起的时候，让客户很不满意，从而也影响了公司的形象。

女人能随时随地表现不同的美，也能随时随地毁灭美。得体的表现，优雅自然的体态和漂亮合体的服装，让人觉得她无论是在家中还是在单位都是受到尊敬和爱戴的。而那些虽然穿得很漂亮时尚，可一坐在那里整个人就松松垮垮的，一副无精打采的样子的女人，看上去就很不自信。最不能让人容忍的是，有的坐在那里，跷起二郎腿还不停地抖动，像是一副不耐烦的样子，这样的女人穿着再漂亮的衣服也会让人不屑一顾。小珊不就是这样的例子吗？她平时不优雅的举止已经严重影响了她的生活和工作。

是女人，就要做一个美丽、典雅的女人。相貌平平不是做一个美丽女人的绊脚石，真正的绊脚石是我们失当的行为举止。因此，千万不要让这样或那样不雅的动作和举止成为我们的绊脚石。要避免这些，就应该从平时的一点一滴做起，使自己不但有曼妙的身影，还有性感优雅的姿态。不管是坐、站、行、走，还是点点头、伸伸腰，都要体现女性的风度，都要让别人感受到我们女性的美。

第二节 美丽是一种生产力

生命如花，女人就是要美丽

有网友发帖：“身边很多朋友，只要是长相漂亮的都很快找到了工作，我不知道现在的招聘究竟是选美还是选能力。看到那些几科补考的美女都找到了很好的工作，长相平平的我越来越郁闷。听说，现在有很多人为了工作去整容，大家说有这个必要吗？”

当然，帖子不足以说明什么问题，但从适合女性的职业看，相貌好、气质佳的女性还是占优势的，比如最适合女性的 8 大金领职业：公关、人力资源、传播媒介、外企白领、注册会计师、保险经纪人、职业经理人、金融业的职员，哪一个不需要跟别人打交道？只要是需要跟人打交道的职业，就一定会对应聘者的样貌气质有要求，因为样貌气质好的肯定讨人喜欢，毕竟良好的第一印象是不容易改变的。

难怪女人都希望自己是花容月貌，不惜把大把的金钱和时间用在大衫小衫、瓶瓶罐罐上面。

也有女人说，我才不是为了别人而打扮自己，我是为了我自己，我打扮漂亮了，心情就会格外好。

其实，就女人幸福而言，工作、事业和爱情这三者中，爱情还是最重要的。

女人要为自己而美丽。

如果女人再有机会做选择题，不要选择“美貌”，因为“美貌”如花，终有一天会凋谢。女人要选择的应该是“美丽”，从美丽的女孩到美丽的少妇，再到美丽的母亲，最后到美丽的老太太。

林肯说，40岁，人就应该对自己的相貌负责了。还有人说，人的相貌，30岁以前由父母的基因决定，30岁以后就由自己决定。不管是哪种说法，都讲明了一个道理，人的相貌是可变的。“心善则貌美，心恶则貌丑”就是这个道理。

我们身边不乏这样的例子，那些心地阴暗、冰冷、狭隘的女人，越长越刻板、僵冷，少有生气，何来美感？而那些心地善良、心胸宽广的女人，懂得不断提升自己，则会越长越开朗、热情、自信、讨人喜欢，美感自生。

任何女人都有美丽的权利和机会，美丽的内涵不应仅停留在容貌姣好的层面上，在女人身上，美丽更多时候指的是由内而外散发出的气质和魅力。这是所有女人都能通过修炼得来的。

不论命运是以悲剧还是喜剧开始，女人的自我塑造才是自己幸福的根源，用爱去塑造，用情去塑造，用一切美好的东西去塑造，就会让自己美丽，让生命美丽。

在这个世界上，的确没有不凋零的花，也没有不老的红颜。女人如花，从含苞待放到鲜艳夺目，再到凋零花谢，这是女人的一生，但这并不意味女人的美丽就是那短暂的一瞬。如果女人总能想着在生命中留下善良、自信、坚忍、独立、修养、个性等方面的明显痕迹，那么她的生命就会一直美丽着。

女人生命如花，更要常葆美丽。

美丽是生产力，要舍得为它投资

1974年，心理学家兰德和赛格尔做了一个实验，他们让一些男人看几篇有关电视对社会生活影响的论文，要求他们看完后对论文做出“好”或“差”的评价。心理学家同时还告诉他们，这些论文都是某些女人写的（其实并非如此），每篇论文上都相应贴着女性“作者”的照片，照片既有漂亮的也有不漂亮的。结果发现，无论文章在客观上的质量如何，漂亮、有魅力的女人所“写”的文章往往被认为是一篇好文章。

心理学家 E. 阿伦森组织大学生们进行关于教育改革问题的讨论，他把参加实验的大学生分为两组，请两组被试者听取一个女大学生的发言。这个女大学生在对一个组发言时刻意打扮了一番，显得很漂亮；而对另一组发言时却换下了时髦的服装，改变了发式，不再具有在第一组发言时的吸引力。实验结果是，尽管发言内容相同，但她在第一组的发言让更多的人接受了她的观点。

“美丽的面孔是一半的好运”“美貌是一封无声的推荐信”。已经有统计显示，那些长相漂亮的人，不管是女人还是男人，他们在社会上成功的概率更高。他们往往更能得到别人的好感和接纳。

难怪在论及人为什么爱美这个问题时，大哲学家亚里士多德会那么毫不客气地说：“只要不是瞎子，谁都不会问这样的问题。”我们也可以把大哲学家的话篡改一下：只要不是傻子，女人都应该为自己的美丽投点资。

1. 健康的女人最美丽

美好的形象和高雅的气质都是以健康为基石的。伊丽莎白·泰勒曾经这样忠告女人：要为自己和家人的健康做好打算，而且越早越好。在年轻时就注意健康，拥有健康的身体，确实是一项比其他投资更重要的投资，对健康的投资不但不会亏本，而且回报率很高。

如今的女人正面临前所未有的越来越大的压力，工作、婚姻、孩子、家务……紧张的一天下来，很多女人往往感到精疲力竭，长此以往，各种疾病也会不请自来。西班牙有句俗话：“不是负担，而是过重的负担杀死了熊。”作为女人，一定要培养积极乐观的心态，养成好的生活习惯，并学会舒解压力，多运动，只有这样，女人才能让自己的生活轻松起来，并且越来越幸福。

2. 三分长相，七分打扮

经常有人说，年轻本身就是最大的美丽资本，所以，年轻时就不用考虑为美丽投资了。是的，年轻是美，青春的美丽是无可比拟的，也是任何化妆品都难以代替的。但如果因此就认为年轻人不必打扮，那就大错特错了。俗话说得好：“三分长相，七分打扮。”适当的打扮可以提升人的魅力。外貌再漂亮的女人，不打扮，也只不过是一块没有雕琢的玉，终究无法光彩照人。

漂亮的女人应该使自己更夺目，不漂亮的女人更应该通过打扮来弥补自己的不足。

3. 不妨多读些书

女人的美丽不仅美在漂亮的脸蛋和着装上，更多的还是体现在高雅的气质上。“腹有诗书气自华”，女人不妨多读些书，多增加点知识，以免跟不上潮流。不要觉得读书无用，“书中自有黄金屋”“书中自有颜如玉”对女人来说也不是谎言。

诚如励志大师史蒂夫·钱德勒所说：对于所有的人，都有一本书可以改变他的命运。在茫茫书海中，总有一本书似乎是为你量身定做的，看到它就像遇到一位知心的老师，心中的疑惑就会释然而解，面前的路就会豁然宽广。既然读书有这么大的作用，那女人何乐而不为呢？

邋遢的女人没人看得上

猜猜看，一个邋遢男和一个邋遢女同时出现在街上，人们会怎么想？

这男人肯定没女人管，要不他怎么邋遢成这样？一个女人邋遢成这样，怎么过日子？

就是这样。男人邋遢，人们会怪罪女人；人们十分不喜欢邋遢女人。这不是公平不公平的问题，而是长期形成的一种认识——整洁干净应该是做女人的底线。

在别的条件差不多的情况下，一个着装得体、整洁利落的女孩总会比邋遢女孩容易得到别人的喜爱；如果让她们去办同一件事情，邋遢女孩一准儿会遭到拒绝无功而返；不论是职场还是情场，整洁利落的女孩总能比邋遢女孩获得更多的机会。这和人的第一印象有关。第一印象的建立就像在一张白纸上画画，美也好，丑也罢，画上了就难以抹去，甚至还会左右人的行为和判断力——人们往往会无缘由地将好感和支持给予第一印象好的人，可能是因为“爱美之心，人皆有之”吧！

英国形象大师罗伯特·庞德说：“这是一个两分钟的世界，你只有一分钟展示给人们你是谁，另一分钟让他们喜欢你。”看来为了这可怜的两分钟，女人再不能为了追求舒适而懈怠穿着打扮了。

懂得爱自己的女人，一定不是个邋遢的女人，即使是平常布衣，也会被她穿得干净整洁，别有韵味。即使是在家里，她也会穿着漂亮整洁的家居装，而不是一件旧的或者过时的衣裳。懂得爱自己的女人，是讲究生活品位的人，她是在认真地“过日子”，而不是“混日子”。

女人应该学会爱自己，会爱自己的人才有能力过上好日子。她会给自己留出专门的属于自己的钱和时间：学外语，定期体检，参加一个兴趣班，适当地做头发，购买衣服、化妆品，看时尚的杂志书籍，听音乐，约朋友一起去跳个舞或吃个烧烤……不管她是已婚女人或是单身贵族，她都活得充实、快乐。

她的居室也充满女人的气息：墙上挂几幅色彩美丽的画或是几张家人的照片；阳台或居室里放几盆花；藤篮里装满时令水果或几本闲书……总之，她不会因为还没有成家或别的原因就把自己的居室弄得又脏又乱，像个学生宿舍，她总是让自己的居室充满温馨。

几乎所有的男人都喜欢穿着讲究、打扮得体的女人，而无数的妻子却越来越让他们失望。结婚之后，尤其是生完小孩，逐渐进入中年以后，有很多女人都邋遢起来：穿着睡裙、拖鞋去买柴米油盐；像个工作狂，8 小时以外也穿着工作服；不修边幅，艳俗邋遢，破了洞的丝袜也会穿；不讲卫生，不追求健康，开口说话不是带着怪味儿就是带着脏字……男人给她提建议，她还指责男人管得太多。这些女人或许在想：革命已经成功，幸福已经在手，还讲究什么啊？还是怎么舒服怎么来吧！

虽然女人是否爱整洁、爱打扮自己跟个人的性格有关，跟父母从小的教诲和训练有关，但后天的自我控制和管理能力则是女孩邋遢或整洁的关键原因。那些连脏衣服都能穿上身，家里不整洁的女孩，她们的自我管理和自控能力一定很差，而这样的女孩大多命运不会好到哪儿去。因为这样的女孩一般没有什么判断力和意志力，她们不但不愿意为人生成功付出辛苦努力，还会很容易受到外界的诱惑。

不要拿没有时间、没有钱当借口。同样的工作，同样的生活环境，为什么有的人能把自己打理得像模像样，而有的人却丝毫不把自己放在心上？要知道，干净利落的外表和生活作风是不会花费很多钱和时间的。这不仅仅是家庭教育问题，这更是观念问题、生活态度问题。这样的女人要想改变命运，必须先从生活态度、生活习惯改起。

有些女人终日游手好闲、无所事事，无论干什么都舍不得花力气、下功夫，但这种人的脑瓜子可不懒，她们总想不劳而获，总想占有别人的劳动成果。正如肥沃的稻田不生长稻子就必然长满茂盛的杂草一样，那些好逸恶劳者的脑子中就长满了各种各样的“思想杂草”。

如果你只想享受劳动成果，而不愿从事艰苦的劳动，时间长了，人们自然会明白你是一个什么样的人，一定会对你感到厌烦并敬而远之。生性懒惰的人不可能在社会生活中成为一个成功者，他们总是会失败的。

女人的美丽是一道风景，能让世界因之变得不再单调沉闷，也能让女人自身因之变得更加快乐和自信。作为女人，一定要将美丽进行到底，不给邋遢任何理由和机会。

不要把艳俗当成惊艳

北方有佳人，绝世而独立。一顾倾人城，再顾倾人国。宁不知倾城与倾国？佳人难再得！

李延年就是靠这首《佳人歌》，让雄才大略的汉武帝对自己的妹妹李夫人生出一见伊人的向往之情的。李夫人也确实没让汉武帝失望，楚楚动人，巧笑妩媚，美目顾盼……汉武帝一见之下何止是怦然心动、心驰神往，简直就是惊为天人，从此难以释怀。

常想，古代女子是不是有什么特异功能或有什么秘籍，所以才会有那许多人常常因美貌让人在惊鸿一瞥后就失了魂魄，像沉鱼的西施、落雁的昭君、闭月的貂蝉、羞花的杨贵妃……从进化论角度讲，人对美的追求能力应该是越来越胜及前人的，可是，不知为什么，当下盛世之中，却有无数女子不知道如何让自己“绝世而独立”了。

骨子里透着艳俗的女人，即使全身珠光宝气，也会因为搔首弄姿让别人怀疑她身上穿戴的都是地摊上的廉价货；即使将她包装成一个文化女人，也会全身由内而外透着不和谐。看来，想靠艳俗让男人惊艳的算盘是一定要落空的。

或许，心存如此幻想的女人真的不知道什么叫惊艳？

惊艳是最能形容女人风情的一个词。让人惊艳的女人是月光下的游园惊梦，是黑夜里乍放的焰火，她的不同凡俗的美丽让观者惊羡，一生不能忘怀，即使付出生命也在所不惜。

埃及艳后克娄巴特拉就是个绝对能让人惊艳的女人。当她以毛毯裹身出现在恺撒面前时，恺撒立刻臣服在了她的石榴裙下。当恺撒被刺身亡后，她的迷人风姿、优雅谈吐又让安东尼神魂颠倒，不知所措……她凭借自己倾国倾城的姿色和智慧，让强大的罗马帝国的君王心甘情愿地为其效劳卖命，赢得了22年的和平。

世间让人惊艳的女子，哪一个没有点手段？埃及艳后如此，李渔笔下的女子也如此。只不过有的人是主动用万种风情、万般心思打动人，有的人是让自己生命的颜色自动自发地感染人罢了。

李渔写春游遇雨，避一亭中，见无数女子妍媸皆慌忙奔至亭内。其中一三十岁贫女子独立檐下，并不往亭内无隙地再挤。人皆抖湿衣，她则听其自然，因檐下雨侵，抖之无益。一会儿，雨将止，人匆散，她仍立于亭中。不一时，雨复作，众人奔回，那些女子衣衫之湿，数倍于前，姿态百出，其状甚狼狈。而那女子仍平和而立，自有从容之态。

李渔为此感慨，此女子之态缘自平素之养，虽贫并年三十，“然使二八人与颈珠顶翠者皆出其下”。女人生命中的颜色来自“态”。李渔笔下的女子无华中有态，故佩珠翠者不及之“惊艳”。

想来，女人之让人惊艳，不是绝世美貌，不是出奇的扮相，而是那一种“态”，如埃及艳后深藏于美丽之后的智慧和心机，如李渔笔下布衣女子的自在从容，不惊处自有一番惊心……女人之让人惊艳，是一种心性，一种态度，一种对真美的深刻理解后的本真表达。

别把性感误解成裸露

退回到20年前，如果哪个男人对女人说“你很性感”，估计女人非给那男人一记耳光不可。现在不同了，如果哪个女人再听到男人的“你很性感”的恭维，她多半会心花怒放，稍后再轻启朱唇微笑着说上一声“谢谢”。

这种现象说明现如今的社会风气已经大不一样。人们在谈论的时候还大大方方地融入了欣赏的意味——时髦、含蓄、神秘，还有那么一丝暧昧。性感成了美丽动人、风情万种的代名词。

于是，很多女性开始大胆追求性感——漂亮的脸蛋，丰满的胸部，修长的大腿，她们不愿意再把自己曼妙的身材包裹在密不透风的衣装中，她们要毫无顾忌地把身体上的一切美好都展示出来。

她们的确打造出了一种性感——刻意的、最大限度的暴露。这种表达虽说有点原始，有点庸俗，也的确招惹来了许多放肆的目光和非分之想。

男人的确喜欢性感女人，对于身材火辣、衣着豪放的女人，要不是碍于身旁女人的“家教”，他们从来不会主动收回火热的目光。但如果让他们把那种豪放女娶回家，他们却是万万不敢的，因为他们没勇气生活在提心吊胆中。

有男人曾毫不留情地说，抛去那一层诱惑的含义，太暴露的穿着其实是没有什么美感可言的，就更别说性感了。男人更看重的是女人在不经意间以自然的表情、举止或服饰流露出来的迷人气质。这种气质能激起男人欣赏、接近她的愿望，但那愿望中却绝不含有亵玩的欲望。

“性感”岂能等同于暴露？露不在多，一点点足矣。半遮半掩，欲露还羞，时隐时现，才能营造出巫山神女般的迷幻意境，才能让男人看过一眼后生出无限爱怜。在男人的心目中，骨子里散发着性感的女人，不庸俗、不造作、不轻浮、不放荡、不妖媚，她们的性感是自然的、健康的、感性的、优雅的、柔情的。当然，风尘女子的妖冶和暴露也在一定程度上能对男人构成诱惑，但那只是短暂的感官刺激而已，而一个自信、优雅、正派的女人所具有的性感则是来自精神并可以穿透精神的。

女人的可以穿透精神的性别感染力来自于不同侧面，外表、内涵、肢体语言、言语、自信等都能分别或综合地显现出女性区别于异性的独有魅力，并且这种魅力还是呈多样化的，概括起来可以分为 3 个层次：内在气质，举手投足引起的感觉，迷人的身材和外表。

浅薄之人常会把 3 个层次倒过来去追求，所以才会陷入求而不得的苦恼之中。

性感不只是美貌者的权利，姿色平庸的女人也可以很性感。玛丽莲·梦露的性感是性感，陈文茜的性感也是性感。媚俗的性感，优雅的性感，引起人性冲动的性感，诱人遐想的性感，放之于不同的女性身上自会散发出不同的味道或产生不同的效果。任何女人都可以凭着自己的好恶去努力造就出一种自己喜欢的性感。

第三节 你是个优雅的女人吗

优雅的气质来自完美的内心

孔雀常为自己有一身美丽的羽毛而得意，它认为自己可与人类的皇后相媲美。遗憾的是，鸟类中几乎没谁把它当成最有气质的皇后来看待。

一天，有只鹤刚好经过孔雀身边。

“喂，你就不能停下脚步看我一眼吗？”正在开屏的孔雀喊住了步履匆匆的鹤。

“对不起，我还有很多事等着要做，没时间欣赏你的羽毛。”鹤说完，又迈开了大步。

孔雀却拦住了鹤的去路，并嘲笑它，讥讽它灰白色的羽毛，说：“我的衣饰像个皇后，不仅有金色还有紫色，还具有彩虹所有的色彩，而你呢，你的翅膀上连一点点彩色也没有。”

“这一点儿都不错，但是我一飞上天，声音闻于星空，而你却只能在地上来回闲逛。”

孔雀因为有一身漂亮的羽毛，就理所当然地认为自己最高贵、最有气质。它趾高气扬地去嘲笑鹤，却不知道气质来自于内在和心灵而不是外表、衣饰。气质是内在的自然表现。

人们往往对举止粗鲁、不讲文明的人嗤之以鼻，即使这种人腰缠万贯，也没有人愿意把他们当上宾看待。但优雅的人则不同，即使他们没有钱，即使他们没有什么名声、地位，就凭他们的优雅举止，便能有一个良好的形象，足以赢得人们的尊重。

优雅是从内而外释放出来的气质，它来自你的内心。对于一个人而言，优雅的气质主要包括以下 4 个方面：

（1）吸引力。来源于内心的涵养、对礼仪的理解、优雅的谈吐和得体的穿着。

（2）良好的形象。包括仪容、仪表和仪态。

（3）好修养。包括品德修养和文化修养。

（4）好心态。是人们在感情、事业、生活中如鱼得水的保证，也是增添自身魅力的重要法则。

优雅是一种恒久的时尚，当优雅成为一种自然的气质时，这个人一定显得成熟、温柔，更加吸引别人的关注和喜爱。

美貌或许会离去，但是优雅的魅力却历久弥新，所以，人必须学会改变自己，去读书、学习、发现、创造，它能让你获得丰富的感受、活跃的激情。要学会爱自己、赞美自己，善待自己也善待别人，让生活充满意义，让内心更加完美，让气质更加优雅。

优雅是不分阶层、贫富贵贱的，它是一种处乱不惊、以不变应万变的心态。真正的优雅来自完善的内心，是充实的内心世界、质朴的心灵形之于外的真挚表现，是自信的完美个性的体现。而所有的这些都来自于你所受的教育、你的自身修养以及你对美好天性的培植与发展。

那么，什么样的人才是具备优雅气质的人呢？

1. 装扮得体、举止大方

不可能每个人都拥有美貌。如果你的长相并不十分出众，那你就要懂得改变自己，弥补自己的先天不足，通过服装、发型等把自己装扮得体，显示出你特有的魅力。在言谈举止中要落落大方，既有女性的温柔，又有高雅的气质。人的高贵并非指要出身豪门或者本身所处的地位如何显赫，而是指心态上的高贵。高贵的人往往会给人生活的信心和勇气，因为他们生命里潜存着一种净化心灵、激励斗志的人性魅力。他们不媚俗、不盲从、不虚华，最让人欣赏。

2. 富有同情心

优雅的人都有一份同情心，对弱者或是受到委屈的人们总会表示出由衷的同情，并理解他们，给他们以适当的安慰和帮助。

3. 心地善良、宽容待人

善良是人的特性。假如你有一颗善良的心，并且待人宽厚，从不苛求他人，而且经常帮助一些老人、小孩子，那么，即使你不是很漂亮，你不俗的优雅气质依然会让人心动。

4. 健康、开朗、乐观

身体是生活的本钱，只有健康才能让自己活力四射，趋于完美。优雅的人开朗乐观，遇到挫折时敢于认真面对，用他的韧性在克服困难的过程中寻求属于自己的幸福。

5. 有理想和自信

优雅的人对未来有着崇高的理想，他们追求事业上的成功，用充满自信的目光看待每一件事和每一个人。人们往往也更欣赏这种乐观自信的人。

6. 兴趣广泛

优雅的人有着广泛的兴趣爱好，并能持之以恒。

人的美丽在于心灵之美。试问有哪个人不想成为优雅的人？那就从现在做起，丰富你的内心，提升你的气质，做个优雅的人，打造良好的形象，让自己散发永久的魅力。

笑得优雅，是种境界

一位日本著名造型师在他的一本书中，收集了几十位他认为很美的女性的头像，各个年龄段的都有，而她们的共同点是都展示给读者一张灿烂的笑脸。

一位学者说："对人笑是高超的社交技巧之一，也是获得幸福的保障。"

一项调查询问数百位男士："你最喜欢的女人脸部表情是什么？"答案大多是：微笑。

津巴布韦的乔伊夫人在巴克莱银行负责公共关系，她的办公桌就放置在银行大门内进口处的右边。她总是面带微笑，不厌其烦地解答顾客遇到的各种问题，在她的办公桌上，有一篇用镜框镶起来的题为《一个微笑》的箴言："一个微笑不费分文但给予甚多，它使获得者富有，但并不使给予者变穷。一个微笑只是瞬间，但有时对它的记忆却是永远。世上没有一个人富有和强悍得不需要微笑，世上也没有一个人贫穷得无法通过微笑变得富有。一个微笑为家庭带来愉悦，在同事中滋生善意。它嫣然地为友谊传递信息，为疲乏者带来休憩，为沮丧者带来振奋，为悲哀者带来阳光，它是大自然中去除烦恼的灵丹妙药。然而，它却买不到，求不得，借不了，偷不去。因为在被赠予之前，它对任何人都毫无价值可言。有人已疲惫得再也无法给你一个微笑，请你将微笑赠予他们吧，因为没有一个人比无法给予别人微笑的人更需要一个微笑了。"

然而，许多人在生活中感到压力太多，时常有累的感觉，以致很少露出笑容。

命运从指缝间匆匆淌过，不能猜测也不能确定它的走向，于是，有些人就沉浸在痛苦中，就愁眉苦脸地啜饮着痛苦。

但是，明智的女人应该选择微笑着面对生活。

窗外的小鸟并不轻松，然而它们却时时有欢歌笑语盈耳，有语言的温馨和心灵的微笑。微笑，给小鸟以轻松；微笑，同样也能够给人以睿智、力量和启迪。

学会笑吧，自卑者需要微笑，自负者需要微笑，失意者需要微笑，浅薄者需要微笑，胜利者更需要用微笑来完美对生活的承诺！

学会了笑，把握了命运的经络，可以感知强者的拼搏和脉动，所有丢失的日子就不再追忆和叹息，所有刚刚来临的岁月都会被珍惜。

学会了笑，你就学会了抖落，抖落冬天包裹你心灵的冰雪寒片，抖落碰壁后的失意，抖落尘封的情感和垢积的偏见。

学会了笑，你就学会了执着地追求，再一次扬起风帆，驾驭搁浅的船，虽然滞留的时光太长太久，也不要怀疑是否能够重新得到缪斯的垂青和伊甸园的温馨。

学会了笑，你就战胜了自己这个难以较量的对手，用自信、自尊和自强黯淡了你可能存在着的悲观、失望甚至堕落。微笑会解答心灵的谜语，解释痛苦的内涵与外延，体会人生的底蕴，有如一瓶红药水，缓缓地擦洗你风雨兼程的伤痕。

学会了笑，你的生活就丰富而且充满意义，许多无法诠释的往事都突然间变得清晰、明朗和皎洁起来，即使你是物质的贫瘠者，你也会惊讶地发现自己成为精神的富有者。你将发现，在这些风风雨雨的岁月里，在你年轮的轨迹中，在生命至诚至纯的深处，镌刻了一枚枚圆圆的图章，粉红色的微笑慷慨地印满了你人生书册的每一个页码。

学会了笑，你会更容易理解他人，也更容易被他人理解。

微笑虽然是社交场合的一张不折不扣的“绿卡”，是表达感情的最好方式之一。但是，没有笑意、又没有经过训练的人却很难笑出魅力。动人的微笑需要找到最到位的表情，并将这个表情熟记在心，不断地反复练习。

经过训练的笑容，应该是可以控制的、有表达力的微笑，这与本色微笑不同，本色微笑只有在非常开心的时候才会流露出来。

寻找到最好的微笑很简单，对着镜子，嘴角微微向两边牵动，眼中由心充满喜悦之情，面部肌肉柔和而放松，不断调整嘴角牵动的幅度，找到自己最得体、最亲切、最自然的笑容和面部表情。微笑含蓄、柔和、有亲和力，也容易掌握和控制，有利于成为人际交往中的润滑剂。

女人的高品位应该是一种综合的美，笑是一种恬淡、一种自信、一种活力、一种执着，笑是女人自信的翔舞，笑是女性真诚的欢歌！当遇到困难的时候，请你笑一笑；当不安掠过你的心灵时，请你笑一笑；焦躁的时候也笑一笑；在一天之内如果你犯下了愚蠢的错误，也请你笑一笑，将它忘掉；当他人因不高兴而对你板着面孔时，也请你一笑了之。

你是个优雅的女人吗

优雅是一种味道，由内而外散发着迷人的芳香。言语中尽是撩人的思绪，举手投足间散发着成熟女人曼妙的气息。优雅不是天生的，它是悬浮于物质表面一种气度的展示。优雅是女人追求的至高境界。你能称得上优雅吗？想要知道答案，就请进行下面的测试。

假设你要参加一个大型宴会，请根据以下情境做出选择。

1. 你会选择穿哪种礼服去参加宴会？

A. 缀满荷叶边的浪漫礼服

B. 领口绣着蕾丝的清纯礼服

C. 露背或露肩的简单礼服

2. 当你进入会场时，马上有一位男士上前来迎接，你认为他会是什么样的人？

A. 英俊的二十几岁小伙子

B. 稳重的三十几岁男子

C. 亲切的老爷爷

3. 手上拿的皮包不慎掉落在脚边时，你会怎么处理？

A. 你会稍微蹲下身体伸手去捡起来，并使裙摆不碰到地面

B. 你会用一只手压住裙子再弯下腰去捡

C. 你会请附近的男子帮忙捡

4. 这次宴会来了一些各领域的超人气名人，你会希望跟哪种人交谈？

A. 演员

B. 运动选手

C. 作家

5. 这次宴会的礼物若只能从下面三项选一样的话，你会选哪个？

A. 瑞士巧克力

B. 法国手帕

C. 中国水墨画

计分标准：

以上各问题选 A 得 1 分，选 B 得 3 分，选 C 得 5 分。

测试结果：

21 ~ 25 分：优雅到极点

你优雅的程度不禁让人怀疑你是个货真价实的公主，让我们这些平民百姓高不可攀，有时你甚至让人觉得高傲。

13 ~ 20 分：普通优雅

虽然不是与生俱来的，但你还算得上是个优雅的人。你的优雅是为了避免在众人面前丢脸而自己努力学到的。

5 ~ 12 分：不怎么优雅

很遗憾，你实在是跟优雅一词沾不上边。不过你的优点是很容易亲近，与其刻意装优雅不如好好发挥你的平易近人。

心理指点：

卡耐基曾经评价一位女士说：“你的粗俗将会毁了你的幸福。我要告诉你得失，只有举止优雅的女人，才会赢得男人的尊重和喜爱。”优雅表现了女人有修养、有内涵，她们在举手投足间，都会使人觉得恰到好处，很有分寸。

第四节 优雅的行为举止让你脱颖而出

走猫步，不是猫着腰走路

毕加索说过：没有浑圆可爱的小腿的女人是没有魅力的。中国自古就用“风摆杨柳”“弱柳扶风”“莲步轻移”的步态来衡量女性之美，表明了腿对人，尤其对女人的重要性。

“美不美看大腿，正不正看脚步”，人的情绪常常会表现在腿形、步态上，没有比一个人的走路姿势更能决定这个人整体仪态的了。所以，一个女人，要想给别人留下深刻的印象，给自己以及周围的人留下美好的感受，就得认真地迈好自己的每一步。

人总是在运动着的，站立的姿势、走路的姿势都美的人，同相貌美的人一样能抓住周围人的视线。

步幅很小、弯曲着膝盖、低着头走路，无论你多么年轻，看起来也没有朝气，像个老太太。而膝盖伸直、用大腿快步走路的，哪怕上了岁数，也会给人很精神的感觉。

那么，女人最美的走路姿势是什么呢？

我们经常看到时装模特的表演，可以说时装模特在舞台上，是以如何更美地走动和移动来决定她的胜负的。从正面、侧面、后面各个角度看去，都必须是没有缺陷的、完美的走路姿势，才能够充分表现服装的内容，甚至可以说“走路姿势就足以决定一个模特的水平”。那些被称为“超模”的模特，不仅容貌、体形很完美，走路姿势也都是超一流的。

这些美丽的行走窍门又是什么呢？

姿势要正确，左右的肩胛骨向背部的中间靠近。要注意保持这种姿势，因为人在开始行走后，不知不觉注意力就会移到腿部，上半身就容易松弛下来。

因此，首先试着将手臂交叉后放在头部后面，背部中间和两臂的那些多余的肉也会因此而紧张起来。这个姿势做起来比较困难，但它对两只胳膊的变细有很好的作用，可以说是一举两得的事情，要比较努力才能做到。注意头部不要向前伸出，要有意识地将下巴尽可能伸出。这样就能让肩胛骨自然收紧，胸部自然向前挺。

这个时候，你可以想象在身体的中间放了一根棍子。棍子从脚跟开始，穿过身体的中心，从头顶部穿出。想象将从头部穿出的棍子向上拔上两三下的感觉，这样的姿势就差不多了。

在向前迈出第一步时，身体的什么部位放在最前面，看起来会最美呢？是膝盖，是脚趾尖，还是头部？

不，都不对。正确的答案应该是胸部。有意识地将胸部向前挺出，将背部稍微收紧一些，这样走路，看起来会更美。“胸部在前、胸部在前”，你可以在心里默念着向前走。

还可以找些空闲时间，反复练习将双手交叉在头后走路的姿势。最初，你会感觉很僵硬，不能松弛下来，等你习惯了以后，就可以卸掉那些多余的力气，变得可以很自然地走路了。如果你穿的是裙装，或者是需要一种看起来更有品位的走路姿势的话，你可以将步幅调小一些，就像是在直线上编绳子一样——左脚落在线的右侧，右脚落在线的左侧——就如同把脚放下的感觉。即便是裙摆很窄的裙子、走路困难的裙子，也都能得心应手，并且这种走路姿势也很女性化。

坐姿里也有“美人计”

坐姿是一种艺术，坐姿不好，直接影响到一个人的形象。对于女人来说，这一点尤为重要。因为它决定着你是一位高贵优雅的“女神”，还是一个缺乏教养的女人。一个女人的坐姿，甚至会影响她的一生。

在各种场合，都要力求坐得端正、稳重、温文尔雅，这是坐姿的最基本要求。

坐姿如何，是影响女人魅力的一大要素。虽然对于一般女人不宜用“坐如钟”来强求，但坐姿不端，这种女人在别人的心目中会留下一个不好的印象。

坐是以臀部为支点，借此减轻脚部对人体的支撑力。坐能使人较长时间地工作，也是人们日常生活、社交中的常用姿势之一。因此，端庄、优雅、舒适的坐姿很重要，而且良好的坐姿对保持健美的体形也大有益处。

那么，什么样的坐姿可使女孩显得稳重、端庄、落落大方呢?

（1）面带笑容，双目平视，嘴唇微闭，微收下颌。

（2）立腰、挺胸、上身自然挺直。

（3）双肩平正放松，两臂自然弯曲放在膝上，亦可放在椅子或沙发扶手上，掌心朝下。

（4）双膝自然并拢，双腿正放或侧放，双脚并拢或交叠。

（5）谈话时，可以有所侧重，此时上体与腿同时转向一侧。

正确的坐姿关键在于腰。不论怎么坐，腰部始终应该挺直，放松上身，保持端正姿势。

在社交场合中，坐姿要与场合、环境相适应。

1. 坐姿自然

平时坐在椅子上，身体可以轻轻贴靠于椅背，背部自然伸直。腹部自然收紧，两脚并拢，两膝相靠，大腿和臀部用力产生紧张感。如果与客人谈话时椅子坐得很浅，就显得比较拘束。以脚用力着地来平衡身体，时间稍长就会觉得酸，这样的坐姿背部微驼，下巴突出，体态也不美。不妨一开始你就坐得深一些，然后背部保持直立，膝盖并拢，这会使你显得优雅而从容。

2. 坐沙发的坐姿

一般沙发椅较宽大，不要坐得太靠里，可以将左腿跷在右腿上，两小腿相靠，双腿平行，显得高贵大方。但不宜跷得过高，不能露出衬裙，否则有损美观与风度。也可双腿并拢，让双膝紧靠，然后将膝盖偏向与你讲话的人。偏的角度视沙发高低而定，但以大腿和上半身构成直角为原则，以表现女性轻盈、秀气的阴柔之美。

3. 曲线坐姿

双膝并拢，两腿尽量偏向后左方，让大腿和你的上半身成 90 度以上角，再把左脚从右脚外面伸出，使两脚的外线相靠，使你的身形呈 S 形，优雅而妩媚。采取这种坐姿的女性一般是完美主义者，极重视自我的完美，追求每一部分、每一细节都显优雅，无懈可击。

4. 正式坐姿

膝盖与脚跟并起，背脊伸直，头部摆正，视线向着对方。这种坐姿可用于面谈之类的正式场合，可给予对方诚恳的印象。但双膝不要并得太紧，一动不动，这体现了你的紧张感和不安全感。

坐时应克服不雅的坐姿，包括半躺半坐，前仰后倾，歪歪斜斜，两腿伸直跷起或双腿过于分开，跷二郎腿并颤腿、摇腿，将两手夹在大腿中间或垫在大腿下等。不雅的坐姿给人轻浮且缺乏修养的印象，是失礼及不雅的举动。

容貌和身材是天生的，但坐相却是可以更改的，坐相不佳直接影响气质。因此，聪明女孩应时时注意约束自己，在潜移默化之中渐渐养成保持优雅坐姿的习惯。

舞会上你会是一只优雅的蝴蝶

参加舞会是社会交际的一种方式，聪明女孩如何更好地利用这个机会，使自己更受欢迎呢？方法只有一个：做舞会礼节的典范。

具体要求有以下几个方面：

1. 良好的个人形象

参加舞会时，必须先进行必要的、合乎舞会要求的个人形象修饰。修饰的重点主要有三方面：

（1）服装。舞会的着装必须干净、整齐、美观、大方。有条件的话，可以穿格调高雅的礼服、时装、民族服装。若举办者对此有特殊要求的话，则须认真遵循。在舞会上，通常不允许戴帽子、墨镜，或者穿拖鞋、凉鞋、旅游鞋等。穿的服装不宜过露、过透、过短、过紧，这样既不庄重，也不合适。

（2）仪容。参加者均应沐浴，并梳理适当的发型。女士在穿短袖或无袖装时须剃去腋毛。

特别需要强调的有两点：一是务必注意个人口腔卫生，清除口臭，禁食带有刺激性气味的食物。二是身体不适者应自觉地不参加舞会，否则不仅有可能伤害身体，而且还会影响大家的情绪。

（3）化妆。参加舞会前，要根据个人的情况，适度化妆。女士化妆的重点，主要是美容和美发。舞会多在晚间举行，舞者肯定难逃灯光的照耀，与家居妆、上班妆相比，舞会妆相对要化得浓一些。除非参加化装舞会，化舞会妆时仍须讲究美观、自然，切勿搞得怪诞神秘，令人咋舌。

2. 邀舞的礼节

对于一个注重社交的女人来说，交谊舞是一门不可缺少的必修课。参加舞会向别人邀舞时要注意，表情应谦恭自然，不要紧张和做作，以免使人反感。

3. 拒舞的礼节

拒绝邀舞也能表现出一个人良好的思想修养和高雅的文化素质。应注意的礼仪如下：

（1）一般情况下，你不应拒绝男士的邀请。如万不得已决定谢绝，必须态度和蔼，表情亲切："对不起，我累了，想休息一下。"或者："我不大会跳，对不起。"对方当然心领神会，不会强邀蛮缠。但在一曲未终时，你应不再同别的男士共舞，否则会被认为是对前一位邀请者的蔑视，这是很不礼貌的表现。

（2）如果你参加舞会时自带舞伴，当你们跳过一场或几场之后，有别人前来邀其共舞，你应开朗大方，促其接受。你的舞伴也应有礼貌地接受。

（3）如果有两位男士同时邀请你共舞，应礼貌地谢绝。如果同意与其中的一个共舞，对另一个则应表示歉意，应礼貌地说："对不起，只能等下一次了。"

（4）当你拒绝一位男士的邀请后，如果这位男士再次前来邀请，在确无特殊情况的条件下，应答应与之共舞。

（5）如果你已经答应和别人跳这场舞，应当向男士表示歉意说："对不起，已经有人邀请我跳了，等下一次吧！"

4. 舞会上的风采

所谓风采，指一个人由其言谈举止和作风等方面体现出来的美感程度，是一个人外在美与心灵美的有机结合和自然流露。

舞会的风采，主要由人们跳舞时的姿态与表情构成，最佳风采应当是姿态优美端庄，表情自然温和。

无论是公关性质的舞会，还是其他社交性质的舞会，令人赏心悦目，并加以赞许的最佳舞者的风采具体表现为：

（1）表情自然，举止文明。舞会的音乐、灯光、气氛都营造出一种温馨浪漫的情调，所以跳舞时的神情姿态也应轻盈自若，充溢着快乐。面带微笑，表情谦和悦目，目光柔和，整个身心都显得十分自然、轻松和愉悦。

跳舞过程中可与舞伴进行适当交谈，交谈内容以轻松的话题为宜，比如舞厅装饰的艺术效果、舞曲的旋律、歌手的演唱，等等。应有意避开工作、经济利益、复杂的人际关系或病丧一类的沉重话题，以免影响跳舞的情趣和舞会的效果。

交谈应简短并选择舞曲较为轻柔时进行，声音不可过高，更不能旁若无人地大声谈笑。舞曲激昂处要避免交谈，否则会不自觉加大音量或者出现因听不清楚而将耳朵贴到对方的嘴边等极不文雅之举。

（2）舞姿端正规范、大方活泼。跳舞时，整个身体要保持平、正、直、稳，无论进退或是左右移动，都要掌握好身体的重心。重心不稳会导致身体摇晃、肩膀高低不一、舞步不和谐，甚至踩了舞伴的脚，这样舞姿就会变形走样，既影响自身形象，同时也会给舞伴造成伤痛。

跳舞时双方的身体应保持一定距离，距离的大小往往由舞步决定。无论哪种舞步，动作都要尽可能舒展协调、和谐默契，以展示舞蹈的美感与魅力。

没人愿意握死鱼般的手

握手是人际交往的第一次身体接触，虽然只有短短的几秒钟时间，但正是这关键的几秒钟，决定了别人对你的喜欢程度。如果你的双手冰冷无力，再加上一副毫无血色的尊容，这些会立刻传送出不利于你的信息，对方的心里便会留下对你非常不利的第一印象。

王敏是个热情而敏感的人，在某著名房地产公司任副总裁。有一次，她接待了建筑材料公司前来洽谈业务的销售经理田女士。田女士被秘书领进了王敏的办公室，秘书对王敏说："王总，这是 ×× 公司的田经理。"

王敏离开办公桌，面带笑容，走向田经理。田经理伸出手来，和王敏握了握。王敏握到了一双有气无力形同死鱼般的手，看看田女士那张毫无生气的脸，随后王敏客气地对她说："很高兴你来为我们公司介绍这些产品。这样吧，材料先放在我这儿，我看一看再和你联系。"这位经理在几分钟内就被王敏送出了办公室。几天内，田经理多次打电话，得到的都是秘书的回答："王总不在。"

到底是什么让王敏这么反感一个人呢？王敏在一次员工会议上提到这件事时说："首次见面，她留给我的印象糟糕透了，即使是身体不适，遇到这种场合，她也应该打起精神，这可是关系到合作成败的重要时刻。她伸给我的手不但看起来毫无生机，握起来更像一条死鱼，冰冷、僵硬、毫无热情。还有她的那张脸，看起来就让人泄气。当我握她的手时，她的手掌也没有任何反应。握手的这几秒钟，她留给我一个极坏的印象，她的心可能和她的手、脸一样冰冷、毫无生气。她的手让我感到她对我们的会面并不重视。作为一个公司的销售经理，居然不懂得个人形象的重要性，她显然不是那种经过严格职业培训的人。她的公司能够聘用这样素质的人做销售经理，可见公司管理人员的基本素质和层次也不会高。这种素质低下的人组成的管理阶层，怎么会严格遵守商业道德，提供优质、价格合理的建筑材料呢？我们这样大的房地产公司，怎么能够与这样作坊式的小公司合作？怎么会让他们为我们提供建材呢？”

给别人留下一个良好的形象，在商业社会里意味着经济效益。否则，就会像上面的那位销售经理，失去极好的商业机会。

一位经理人在谈到当初面试新助手W小姐时说：“当我们握手时，她的手紧紧握住我的手，上下摇动，十分热情，就好像我们是多年的老朋友，再看一看她阳光般健康灿烂的笑容，我完全被她的热情所融化。虽然她没有成为我的助手，却成为我的朋友。”

所以，女孩们要注意了，看看你的身体是不是够健康？你的笑容是否够灿烂？你与人握手是否够有力？留给别人健康、充满活力的好形象，你也就同时留住了自己的人脉。毕竟，人人都喜欢站在他们面前的是健康且朝气蓬勃的女孩。

拥有“欣赏自我”的淡定心

面对纷繁的世间万物，很多东西是值得我们欣赏和自豪的。单就人与人之间来说，我们多习惯于欣赏别人、学习别人，常常自觉或不自觉、有心或违心地为别人而鼓掌和呐喊。我们很少或者从来没有欣赏过自己。

尤其是对女人来说，似乎永远对自己的身材不满意，但这也反证了一个道理：你梦寐以求的好身材并不等同于快乐！其实，只要你转过身，就会发现美丽一直都在你身上。学会欣赏自己，发现自己的美，你一定会更快乐！

一位叫斯达利的青年，从小在收容院里长大，身材矮小，长相也不漂亮，说话又带着浓厚的法国乡下口音，所以他一直很瞧不起自己，认为自己是一个又丑又笨的乡巴佬，连最普通的工作都不敢去应聘。

斯达利三十岁生日那天，他一个人站在河边发呆，不知道自己还有没有活下去的必要。就在他做生死选择的时刻，他的好朋友约翰兴冲冲地跑来对他说："斯达利，告诉你一个好消息！我刚刚从收音机里听到一则消息，拿破仑曾经丢失一个孙子。据播音员的描述，那人的相貌特征与你丝毫不差！"

"真的吗？我竟然是拿破仑的孙子？"斯达利一下子精神大振。联想到爷爷曾经以矮小的身材在战场上指挥着千军万马，用带着泥土芳香的法语发出威严的命令，他顿时感觉自己矮小的身材同样充满力量，讲话时的法国乡下口音也带着几分高贵和威严。

第二天早上,斯达利便满怀自信地来到一家大公司应聘。

二十年过去了，斯达利已成为一家公司的总裁，当然他已经知道自己并不是拿破仑的孙子，但这早已不重要了。

后来，在一次知名企业家的讲座上，曾有人向斯达利提出一个问题："作为一名成功人士，您认为在成功的诸多前提中，最重要的是什么？"

斯达利没有直接回答问题，而是讲了这个故事。然后他才说："接纳自己、欣赏自己,将所有的自卑全都抛到九霄云外。我认为，这就是成功最重要的前提！"

我们也许曾埋怨过自己的出身不够高贵，我们也许曾叹惋过自己人生中的坎坷。可是扪心自问，我们到底有没有真正正视过自己？其实，对于一个生活的强者而言，所有的一切不过是外在的表象，而非成功的必然前提，你又何必为此而斤斤计较！学会接纳自己、欣赏自己，我们才会感受到命运的公正无私，从而淡定面对人生。

我们都行走于大千世界、芸芸众生之中。尽管别人比我们走得姿态好看些，步子迈得矫健些，但是，我们也一样有着一份优势、一份自信。比如，我们有珍爱的家人、挚爱的亲朋、信奉的理想、恪守的底线等，这些荣耀也是我们值得骄傲、值得欣赏的资本。

一个人首先应该学会欣赏自己。卡耐基说过一段耐人寻味的话："发现你自己，你就是你。记住，地球上没有和你一样的人……在这个世界上，你是一种独特的存在。你只能以自己的方式歌唱，只能以自己的方式绘画。你是你的经验、你的环境、你的遗传造就的你。不论好坏与否，你只能耕耘自己的小园地；无论好坏与否，你只能在生命的乐章中奏出自己的发音符。"

罗慕洛是一名著名的职业外交家，先后服务于八位菲律宾总统。他在上大学的时候就机智过人，能言善辩，但由于身材矮小，参加公众活动常常遭到同学们的嘲笑，甚至歧视。

有一次，学校组织演讲比赛，他成功通过了初赛。在决赛的时候，他最后一个上台演讲。当他信心满满地走上演讲台的时候，却发现演讲台的桌子几乎和他的头差不多高，台下一片哄笑。

原来，组委会的一个同学和他一起参加初赛，却被口才不凡的罗慕洛淘汰出局，这个同学怀恨在心，特意准备了一张高桌子，想让罗慕洛出丑。

面对大家的嘲笑，罗慕洛并没有生气，他先是不慌不忙环顾了一下四周，然后转身走向观众席，朝第一排的一名观众深深地一鞠躬，真诚地说道："这位同学，我能不能借你的椅子用一下？"

不明所以的这位同学，看到罗慕洛如此真诚，就把自己的椅子递给了他。

这时，罗慕洛接过这把椅子放到演讲台前，然后站在椅子上，从容地开始演讲。台下立刻鸦雀无声，罗慕洛放弃了精心准备好的演讲稿，即兴发表演讲，口若悬河、思如泉涌。他自信的姿态和精彩的演说深深地折服了所有的观众，台下不时发出雷鸣般的掌声。

后来，罗慕洛凭借自己在思辨方面的出色才华，成为菲律宾外交部长，代表国家一次次出现在国际政治舞台上。

罗慕洛面对同学的嘲笑，并没有沮丧，而是淡定从容地处理了让自己尴尬的场面，从而用自己的实力赢得了观众的认可。他自我欣赏的淡定心态是我们每一个人都应该学习的。

淡定的女人总是充分地自我接纳，懂得欣赏自己，于是，她们有良好的自我感觉，也就能自信地与人交往，出色地发挥自己的才能和潜力。假如一个女人不懂得欣赏自己、接纳自己，老是以怀疑的、否定的态度看待自己，就不可能活出自己的风采来，怎会具有个性之美？

欣赏自己也是一门艺术，淡定的女人不仅善于欣赏自己，更重要的是能够让别人也欣赏自己。所以，女人必须用一颗平常心看待自己，在自我欣赏中不断充实自己、完善自己、提高自己，这样才能等到别人欣赏自己的那一天。

当然，欣赏自己绝不是夜郎自大、唯我独尊，更不是自以为是，不可一世。真正懂得欣赏自我的女人会认可他人所拥有的值得骄傲的东西，从而自觉地去博采众长、补充自我、完善自我，然后再不断地丰富和拥有更多更好的值得自己骄傲的资本，形成欣赏自己的淡定之心。

第四章
气质就是你手中的幸福魔方

第一节 让自己“畅销”要靠气质“商标”

善用女人的资本为自己谋幸福

语言作为女人的武器，不仅可以帮助女人战胜自己的竞争对手，在激烈的竞争中脱颖而出，而且还可以使女人在危险的环境中占据主动，化险为夷。

可惜的是，大多数女人并不知道自己的这一先天优势，所以从未善加利用。比如遇到抢劫等危急时刻，女人总是以弱者自居，希望能从别人那儿、男人那儿得到帮助。当别人靠不住时，女人就只好自认倒霉了，同时还不忘用“女人当然不是男人的对手”进行自我安慰。

女人真的不是男人的对手吗？当然，如果女人和男人发生身体上的直接碰撞，女人肯定占不到什么便宜。可是，如果女人能善加利用自身的优势，以柔克刚，男人也就不敢视女人为等闲之辈了。

在先天优于男人的众多优势中，女人超强的语言能力是男人所不能及的。争论中，女人总能让男人哑口无言；在表达同样的想法时，女人总能比男人表述得更清晰到位；在描述一件事实时，女人总能比男人说得绘声绘色。日常说话是这样，学外语是这样，就是中风，男人也不如女人的语言能力保留得好。

这个优势是由女人的大脑结构决定的。女人的语言功能较均匀地分布定位在两个大脑半球。而男人则不是，习惯使用右手的男人，他的语言功能则主要定位在脑的左半球。

出色的语言能力决定了女人更适合与人交谈，无论是一般的朋友聊天还是严肃的商业谈判，女人往往都能够占据主动，顺利实现自己的交流目的。而有了这一保障，女人也能像优秀的男人一样，在职场中得心应手，在家庭关系中如鱼得水，在人际交往中左右逢源。

独特的大脑结构使信息可以在两个大脑半球之间迅速传递,这决定了女人的感觉能力也是优于男人的。女人的眼睛“会说话”、女人的背后“长眼睛”、女人有第六感觉、女人的直觉最灵敏等，都不是凭空给予女人的恭维，这都是事实。几个世纪以来，女人一直被誉为拥有超自然能力，包括预言结果、揭露谎言、与动物交流和发现真理。女人的感觉能力可以说是相当优秀的。

说实话，这也是让男人最郁闷、最困惑的一点。女人能清楚地觉察出别人心里不愉快或感情受到伤害，而男人却不能。他们只有看到女人流泪、火冒三丈或被扇了耳光后，才意识到发生了什么不对劲的事。

男人对女人说谎很容易就会被发现并被揭穿，因为女人通过迅速收集信息，包括男人的眼神、语言、肢体语言等基本能判断出男人的话有多少是真、多少是假。只有在电话、信件或黑暗的房间中，男人说谎才可能成功。相反，女人对男人说谎却不容易被男人发现，因为男人对语言信号和非语言信号的不协调一点儿都不敏感。

在语言能力和感觉能力上，男人在女人面前往往会自愧不如，但在思维能力上他们却颇为自信，有些男人甚至偏激地认为女人根本就不会思考。的确，如果论及思维的深度、专注程度、空间能力、逻辑能力等，女人是不如男人，但是从思维的多向性和想象力看，男人却不如女人。女人可以同时做几件互不相关的事，还能不出错，而男人却不行，他们一次只能专注于一件事。在那些需要发挥创造性的领域，女人往往会表现得更加出色。

女人在紧急的情况下往往能急中生智，提出不同的建议，想出有效的解决办法。这是因为女人的思维方式是网络式的，当遇到紧急情况的时候，她们的整个大脑就会完全兴奋起来，而大脑内部这个庞大的网络也会开始多方向搜集有利的信息，所以女人考虑问题往往更全面，而且可以针对同一个问题提出不同的解决方法。

天生的语言、感觉、思维优势造就了女人，使她们的组织能力、规划能力和管理能力也优于男人。

无论是多么复杂混乱的局面，女人都有能力迅速地重新组织一切，让其变得井井有条。在处理一些琐碎的事务上，女人比男人更有耐心，所以会比男人完成得更好；在行政、文秘等岗位上，女人一般都会做得得心应手，这主要是因为女人天生就具有化繁为简的能力。

受天生的组织才能影响，女人还有着不俗的规划能力，这一点在家庭生活中就可以体现出来——结婚生子之后，生活不断发生变化，但是女人的生活却从来都没有陷入混乱之中。从这一点看，女人也完全有能力胜任统揽全局的工作。

女人在管理上比男人更占优势。首先，管理者应该具备的组织和规划能力都是女人的强项；其次，女人具有敏锐的洞察力，这使得她们更容易发现每个员工的特长，因此可以将员工的潜能发挥出来，为公司创造更大的利润；此外，女人还具有很强的语言能力，她们可以巧妙化解工作中的各种矛盾，增强企业的凝聚力。

女人天生是尤物，这不仅仅体现在视觉上的审美优势，在能力上，女人也拥有男人不可匹敌的优势。这些优势女人如果利用好了，不但能克制住男人，也能让女人像男人一样潇洒豪迈地游走四方。

毋庸置疑，在现在的社会，涉及具体事务时，男人还是占据着绝对的优势。也就是说，相对男人的身体优势、社会地位、所占据的社会资源等，女人的确是弱者。但是别忘了，男人天生都想做女人的保护者，女人则可以顺水推舟，在男人的羽翼下发挥优势、养精蓄锐，然后开创出属于自己的幸福天空。

好女孩和好女人的大误区

什么样的女孩是好女孩？什么样的女人是好女人？按老祖宗的标准，就是必须能做到“未嫁从父，出嫁从夫，夫死从子”，“妇德、妇言、妇容、妇工”（妇女的品德、辞令、仪态、女工），即所谓的“三从四德”。于是，女孩从一懂事那天起，就被其父母灌输“一定要听话啊，只有听话的女孩才能得到别人的喜爱”的观念。

于是，被洗脑的女孩就成了“乖乖女”“乖乖媳”。未嫁之前对父母之命言听计从，只要是父母吩咐的，就一定照办，从不忤逆父母，即使自己有不同的意见也不敢表达，否则自己都会鄙视自己不孝顺。为人妇之后，对夫君之言百般迁就顺从。一切以丈夫的意见为主，从不擅自决定家里的事情，自己的想法一般都忽略不计，否则，家庭破裂、丈夫嫌弃就全是自己的错。

被洗脑的女孩、女人不会轻易对别人发脾气，因为她们害怕自己的怒火会伤害到别人，更怕给别人留下不好的印象；她们不会向传统道德挑战，因为在她们看来，违背道德的女孩绝不是好女孩，而且也必然会遭到社会上所有人的指责和唾弃。

就是在工作上，这样的女孩、女人也会表现得谦虚勤奋，从不表露自己的才能，因为她们害怕别人说自己吹嘘炫耀。她们会愚蠢地认为“是金子就会发光”，只要自己有能力，总会有被发现、被重用那一天。

这真是女人的悲哀。人类社会文明程度已经达到相当水平的今天，竟然还会有女人被封建礼教束缚得全没了自我。她们小心翼翼地刻意讨好父母、丈夫、身边的所有人，以期望赢得一团和气、皆大欢喜。可是，这样的女孩、女人真的就能获得幸福吗？未必。如果碰见有良心的人，还会顾及一下她们的良苦用心，回报给她们些好颜色；碰到那有狼子野心的人，直接就会对她们施以百般利用和羞辱。

这样的女人其实是陷入了巨大的误区。何谓“三从四德”？那是为保证父权制家庭稳定，维护父权、夫权利益需要制定的“内外有别”“男尊女卑”，那是对女人的歧视和侮辱。男人，不管是父亲还是丈夫，就永远都是正确的吗？女人就只配做男人的附属品，而忽略自己内心的感受和幸福吗？虽然现在不再用“三从四德”对女人上纲上线了，但它的余毒还沉淀在某些软弱女人的骨子里、血液中。

女人也是人，也有享受快乐和幸福的权利。就算是父母说的，也没有必要为了让他们满意而违心地去遵从。盲目遵从父母的结果很可能就是放弃理想，放弃爱情，放弃自己想要的生活。丈夫的意见也没必要言听计从，错误的想法、观念和做法绝不会因为是出自于你的丈夫就不会给家庭造成损失、带来厄运。

人际交往也是一样，虽然我们更推崇女人要做个“柔道高手”，但那也并不是让你一味地柔，一味地软。所谓的“柔道”其实是一种策略，该软的时候要软，该韧的时候要韧，该硬的时候也不能含糊。如果一味地忍让和退让，换来的一定是别人的得寸进尺和你的心力交瘁。所以，该发表异议的时候就不能吞吞吐吐，该表达愤怒时就不能假装有涵养和大度，否则，别人会认为你是无能的面瓜，会欺负你。当然，表达异议和愤怒要讲策略，首先，不能气坏了自己；其次，不能把人际关系搞得一团糟；最后，不能让自己陷入绝地。

职场中更是如此，这样怀揣被动心态的女孩或女人，等来的只能是被忽略和被埋没。现如今什么都缺，就是不缺人才，如果不主动表现，再有能力的人也会由“人才”变成“人口”，最后淹没在人流中。

女人应该对自己好一点儿，虚无缥缈的东西和实实在在的生活相比，简直就是不值一提。对女人来说，生活幸福才是硬道理。在别人那儿讨得一百、一千、一万个好也不如过上幸福生活更具有实际意义。这笔账相信聪明的女人们都能算得清。

找回自己，把握生命主动权

现实生活中，很多女人都在没有自我地活着：她们很会设身处地地为他人着想，也很愿意全心全意地为他人行方便。她们把家务操持得井井有条，把工作和孩子处理得完满妥当，把主妇角色扮演得尽职尽责，把丈夫服侍得心满意足。一旦自己的需求和家人的需求、自己的事业和丈夫的事业发生冲突，让路的永远是自己。

这些女人或许不承认丢弃了自我，或者干脆没意识到，但如果问她们一个问题：你和你自己的内心世界保持一致了吗？想必她们就会对自己的人生有所思考了。没有自我地活着的人当然无法和自己的内心保持和谐，因为她们外在的要求和自己的真实要求没有取得平衡。

没有自我的女人往往会被冠以伟大的帽子，因为她们温顺善良、言行得体、举止大方，处处为他人着想，永远将别人的需求放在第一位，只要能让身边的人满意，自己受再大的委屈也没关系。这样的女人或许是可歌可泣的，但她们却绝不会获得心灵上的幸福，因为寻常女人的顺从和奉献都是为了得到想得到的回报，但是这世界并未公道得有付出就有回报，这样付出者自然就会非常失落，甚至抱怨自己命苦。不能做自己想做的事，也不能过自己想过的生活，她们甚至会认为生活毫无意义。

之所以不快乐，还因为她们在丢弃自我的同时把自己的价值也一并丢弃了。而意识不到自己价值的人又往往会认为自己必须要依靠别人才能生活得更好——当自己做成一件事的时候，她们会认为是因为自己的运气好或者有他人的帮助；而当她们做不成一件事的时候，则会将问题归结在自己的无能为力上。即便她们做出的美餐受到全家人的称赞，完成的策划案得到领导的认可，通过自己耐心的劝说化解了朋友之间的矛盾，她们的作品感染了无数人，她们的热舞让全场沸腾……她们也不认为这是自身价值的体现，她们会说“这些事所有女人都能做到，没什么可自豪的”。试想，一个从未享受过自豪感和成就感的人，能发自内心地体会到快乐和幸福吗？别忘了，任何人只有意识到自己的价值才不会妄自菲薄，才不会事事都想寻求他人的帮助，才能够客观地看待挫折而不被轻易打倒，才能够真切地感受出什么是生活，什么是快乐，什么是幸福。

她们能真切地体会出自己是不幸福的，却还乐此不疲地做着自欺的事情，原因在于，自古至今，人们心目中理想女人的标准就是温顺友好、善解人意、谦逊大方、先人后己的，于是，她们就把自己修炼成了无心无脑的小绵羊，乖巧可人，不敢说出不同的意见，不敢表达真实的愿望，唯一敢做的就是如何讨人欢心、让人称意。

其实，女人在维持伟大形象的时候完全没必要抛弃自我，因为有独立自我的女人才更有女人的味道，才更能在她自己幸福的前提下让别人更幸福。只有拥有幸福感和想拥有幸福感的女人，才不会用整天把自己搞得疲惫不堪来塑造自己的伟大，才不会在付出的时候期望得到别人等量的回报，才不会在得不到回报的时候将自己的付出挂在嘴边，唠唠叨叨、喋喋不休，让人心烦意乱、不得安宁。

有的女人认为过多考虑自己的人是自私的。这纯粹是太虚伪的标榜，因为只有懂得爱自己的人才能更好地去爱别人，只有自己的需求先得到满足的人才会心甘情愿地去满足别人的需求。这是人的本性。当然，我们所说的并不是首先满足自己的内心需要，也并不是让你不择手段，做天下最恶毒的女人。满足自己的需要也要有一个条件，那就是不能侵害别人的利益。

既然丢弃自我并不能让自己快乐、让别人快乐，女人为什么不试着做出一些改变呢？尊重别人的意见，却不放弃自己的想法；体谅别人的辛劳，同样爱惜自己的身体；帮助需要帮助的人，却不勉强自己；全心全意地爱自己的丈夫，却不因为爱他而失去自我。女人只有做到这些，才不会让自己成为别人的附属品和情感上的累赘，才能让别人快乐轻松，让自己快乐幸福。只有这样，女人才会拥有生命的主动权，才能自主地把握住命运的走向。

努力求成功，而不是求生存

生存，是做人的最低要求，但很多女人对自己的要求却只停留在这种最低层次上，甚至还以此为荣。女人如此不上进是可以理解的，毕竟在相当长的一段历史时期，女人是没有生存能力的，必须要依靠男人才能过活。但现在不同了，女人的身份、地位、状况发生了巨大的转变，靠自己的能力已经足以养活自己，甚至还能替男人分担家庭负担。

可惜，事实很让人大跌眼镜，就是在这时候——女人不用再将自己的人生目标定格在求生存层面的时候，仍然有很多女人根本就意识不到女人也有资格和能力追求更高层次的生活。什么叫生存？什么叫生活？在她们眼里这都是一派模糊的概念，她们认为，无非都是活着，吃饱了不饿就得了，哪还用考虑什么品质的高下，哪还用考虑精神层面的追求。

她们不知道，生存与生活，不仅是不一样的状态，也是不一样的精神历程。同是心理活动，却是不一样的欢欣激情；同是艰辛坎坷，却是不一样的美丽轨迹；同是友情和爱情，却是不一样的能力给予。生活能让生存拥有不一样的滋味，不只有腿脚，还有翅膀；不只有躯体，还有灵魂与魅力；不只有别人，还有你自己。

人不能仅仅为了活着而活着，还应该活出更多的精彩。女人要活出精彩，就要好好安排自己的生活。不但要让每一天都不后悔，每一段路都不虚此行，还要想办法大展宏图，要和男人一样成功之后，才能有闲、有钱、有心情享受真正意义上的生活。

可是，如果只将目标锁定在求生存上，虽然很容易达到，但却不得不遗憾地放弃自己的梦想。

真的无力实现梦想也就罢了，但如果是有能力却不肯为之努力就不值得同情了。即使不确定自己能否成功，至少也应该试一试。连试都不试，显然是一种对自己不负责任的行为。

这差不多也是女人的通病。女人很少成功是因为女人很少有成功的渴望，或者认为成功与女人无关，是男人的事。这是世俗加给女人的偏见，女人没必要总是躲在男人身后，为男人撑着家庭那片天，女人也可以走到男人的身前，光明正大地拥有自己的一片天空。

成功对女人来说绝不是坏事，即使女人的行为会受到某些人的非议，那也是无须在意的，因为跟实现自己的梦想相比，那些无关紧要的小事是微不足道的。

女人不努力追求成功，很多时候还因为受“知足者常乐”“做人不能太贪心”的观念影响，所以才变得容易安于现状。

人确实应该懂得知足，但知足必须要有一个前提，那就是你已经拥有了很多；人也确实不能太贪心，但不贪心也必须有一个前提，那就是你已经拥有了很多。所以，女人在劝诫自己“懂得知足”“不能贪心”的时候，首先应该问问自己是不是已经拥有了很多，至少是拥有了该有的。

或许有人会感到困惑，究竟拥有多少才算正好呢？自己不是已经拥有很多了吗？一份足够养活自己的工作、一个体贴自己的老公、一个聪明懂事的孩子、几个能和自己分享心事的好友……这样的现状不是挺好吗？还不该知足吗？大多数女人都有这样的想法，所以这也就成了女人圈中盛行的风气。

大多数的女人总是能想到自己已经拥有的，却很少想到自己一直渴望但没有得到的，所以她们总是觉得自己拥有了很多。其实，她们所拥有的不过是基本生活需要，而不是她们真正渴望的。

这些女人以生存需要为标准，自然会觉得自己已经拥有了很多。可是，如果将标准提高，站在成功的角度去看，她们就会发现自己拥有的其实少得可怜，有些女人甚至连自己的一个愿望都没有实现过。

该反思一下了吧？出于自爱，女人也不应该只把求生存看成自己的人生目标，而是应该有更高的追求。

你是不是也在犯这样的错误？如果是，那就认真地想一想自己还有多少愿望没有实现，在确定了自己未实现的愿望以后，就马上采取行动为之努力奋斗吧！不要再继续沉醉在目前的生存状态里稀里糊涂地过日子了，好好过你自己的生活，勇敢追求你自己的梦想，那才是你真正应该去做的。

你可以将你的个人愿景与你的朋友一同分享，这样做一方面是为了寻求她们的支持，另一方面也是为了坚定你的信心。此外，你还可以多了解一些成功人士的成功经历，她们的经验，尤其是在困境中前行的经验，或许会对你有很大的帮助。

成功并没有想象中的那样遥不可及，只要肯努力，每个人都可以成功，不论男人、女人。如果你不甘心做一个为生存而奔波的女人，那就从现在开始改变自己的生活方式吧！

更加准确地了解你自己

有哪些事情对你的生活来说非常重要，你却因为时间和精力的原因而迟迟没有去做？有哪些事情对你的工作来说非常重要，你却因为忙于应付一些微不足道的小事而迟迟没有去做？

这两个问题，如果你都能给出一个明确的答案，说明你还是了解自己的需要的，只是没有遵循要事第一的原则；如果你给不出明确的答案，说明你连自己想要什么都不知道，那只能用“浑浑噩噩”来形容你的人生了。

不管你属于哪种情形都没有问题，只要按照下面的纠错程序去做，你就能更加准确地了解你自己，能让生活更有条理性，直至达到你心目中的生活境界。

实际上，生活中有很多女人都不太了解自己，有些甚至根本就不知道自己真正需要什么、在乎什么。当别人对她做出某种评价时，她甚至会怀疑那个人是不是自己。

这样的女人是很可悲的，因为她们从来就没有体会过真正的幸福是什么滋味，更不懂得什么是真正的快乐。当她们和最好的朋友在一起时，也会感到寂寞；当她们实现了自己的目标时，也会觉得高兴不起来；当她们接受鲜花与掌声时，会感到很失落；当别人羡慕她们的幸福时，她们会感到很不以为然；当她们拥有足够的物质财富时，却会感到很空虚；她们会做一些连自己都不能理解的事情；她们会为别人对自己的赞赏而感到不安……

为什么我们会连自己都不了解呢？是什么蒙蔽了我们的双眼，让我们看不清真实的自我呢？是我们生活的环境。在人的一生之中，要受到来自家庭、学校、工作环境、亲友同事、宗教以及社会主流思想的影响，它们在不知不觉中制约着我们，左右着我们的思维。

正因为我们每个人都会受到后天环境的影响，所以我们才会在成长的路上迷失方向，得不到自己想要的生活。如果我们不想继续迷茫下去，那就要重新探索自我。只有了解自己的真正需要，才能够向着自己真正的目标努力，过上自己理想中的幸福生活。

怎样做才能真正地了解自我呢？请为你的生活打分，通过分数，你可以了解到你最在乎的东西，找到你心目中的理想生活状态。

爱情：现实中的爱情是自己心中所期望的吗？（　）

配偶：你的配偶是你心目中的另一半吗？（　）

家庭：你的家庭关系和睦吗？（　）

家居：你对自己目前的居住环境感到满意吗？（　）

健康：你的健康状况够得上良好吗？（　）

休闲：在休假的时候你能得到放松吗？（　）

享乐：你会刻意去做一些事来让自己快乐吗？（　）

精神：你觉得自己的人生有意义吗？（　）

友情：你和你的朋友亲密无间、无所不谈吗？（　）

敌人：你会原谅和宽恕你的敌人吗？（　）

自我：遇到事情你总是先考虑自己吗？（　）

事业：你正在从事你所热爱的职业吗？（　）

创造力：你有创新意识吗？（　）

金钱：你的收入可以满足家庭的日常开销吗？（　）

名利：你的名声好吗？（　）

上面这 15 项，一定有一项是你最在乎的。比如说你可能更注重家庭，也可能更注重事业，还可能更注重健康。

认真思考这 15 个方面，根据自己对生活中该部分的重视程度来给其打分，满分为 10 分，最低为 1 分。

打完分之后，分数最高的那一项就是你最在意的生活内容。如果出现了并列项，则要对这两项进行比较，选出自己更在乎的那一个。

了解自己对生活中各个方面的重视程度以后，我们再对自己目前的生活状况进行一次评估。保留上面的结果，重新对这 15 项打分，只是打分的依据发生了变化。这次以自己对生活中各个部分的满意度为依据，非常满意的就打 10 分，非常不满意的就打 1 分。

最初得到的分数，让我们了解了自己内心的真正需求，而这次得到的分数则是对目前生活品质的衡量，具有更为重要的意义。因为只有找到生活中不尽如人意的地方，你才能知道自己最该做的是什么，并着手去改变它们，提高自己的生活品质。

另外，请注意你的分数，将所有分数加在一起，如果总分数较低，那就说明你目前的生活品质比较低，还有待改进。而在测试中得分最低的几项，则是你应该首先去改变的。如果得分较低的几项正好是你比较看重的，那就更应该马上着手改变了。事实上，这种情况是经常发生的。因为重视程度较高，所以要求自然也就比较高；而对于自己不重视的东西，对它的要求也会比较低，所以尽管目前的状况可能并不理想，但也会让你感到满意。

我们也可以把这样的测试应用到某一项具体的内容中，比如工作，我们也可以列出 15 个或更多的方面，给自己打分，以了解自己目前对自己工作的满意程度，以及哪些事情是自己当务之急最该做的，哪些地方是自己最需要改变的。

每个人所在乎的东西都是不一样的，如果你想生活得更好，那就要尊重内心的真实想法，用自己的心来做评判。只有让你感到满意的生活才是最理想的生活，别人的看法并不重要，只有自己真的开心，才能好好地享受生活。

这是一种了解自我的测试方法。通过这个测试，我们可以知道什么对自己最重要，什么是自己的要事，什么是自己最该做并必须做好的。

对于生活中的具体事务，每天要做的事情，则可以通过事务分类表来筛选要事，它可以帮助我们避免让琐事牵着走。

《高效能人士的七个习惯》中介绍了一个方法，这个方法对我们每个人来说也都适用：

	紧急	不紧急
重要	Ⅰ重要且紧急	Ⅱ重要但不紧急
不重要	Ⅲ紧急但不重要	Ⅳ不重要也不紧急

生活中的任何事情都可以放入上面的表格中，并且，通过这些事情在表格中所在的位置，我们很容易地就能设计好自己的日程表了。

通过上面这个表格我们也可以发现，我们所犯的“想把所有的事情都做好”的错误是多么愚蠢——那所有的事情当中竟然有 3/4 或者 1/2 是不需要马上做，甚至是根本就不需要做的。只要做好那 1/4 重要且紧急的事情，我们的生活品质就不知要提高多少，我们的人生目标说不定早已经实现了呢！

为了幸福勇敢地做出改变

拥有自我，尊重内心需求并尽力满足它们的女人，一定是无所顾忌，敢想、敢说、敢做的勇敢女人。就像南丁格尔，她之所以成为女性的骄傲，就在于敢于违背父母的意愿，拒绝接受“前途光明”的婚姻。就像著名的以色列的建国者之一梅厄夫人说的：“人的一生中没有什么东西是生来就有的。仅仅靠信仰的力量是不够的，还必须具有克服障碍和敢于战斗的力量和勇气。”

但是很多女人却不这样做。究其原因，不是因为她们伟大无私，而是因为她们不自信。不自信的女人总会心怀种种担忧，怕这怕那，总认为少了对别人的依赖自己不能活得很好，于是就选择丢弃自我，百般地讨好别人。一旦出现自己应付不了的局面时，就更会感到不安，进而以自己的退让来息事宁人。这样的女人实在需要做出彻底地改变。

改变的前提就是弄明白自己不自信的原因。到底哪些情况是自己应付不了的？是巨大的工作压力还是繁重的家务负担？是他人的非议还是一个人的孤单？是对新事物的恐惧还是对改变现状的担忧？

如果是巨大的工作压力让你不自信，就弄清楚压力究竟来自何处，是自己的专业知识欠缺还是没有掌握工作技巧？是领导的故意刁难还是同事的刻意疏远？找到了压力的来源，应对起来就没那么困难了。

如果是专业知识欠缺，那就补充专业知识；如果是没有掌握工作技巧，那就多学多练；如果是领导故意刁难，那就将自己的能力展现出来给领导看，让领导认识到自己的价值；如果是同事的刻意疏远，那就善待身边的这些同事，但不必去讨好他们。

如果是繁重的家务负担让你不自信，那就找个人来帮你做。做家务不是你一个人的责任，你完全可以理直气壮地要求丈夫和孩子帮你一起做，这是他们应该做的。

如果是他人的非议让你不自信，那就问问自己是不是真如他们所说的那样，如果答案是否定的，那就由他们说去吧，别人的感受你无法控制，但你完全可以不去在乎他们的感受。

如果是孤独让你不自信，那就告诉自己：在家庭中，你的丈夫和你的孩子都非常需要你，你完全不必担心他们会轻易离你而去。

如果是忽然的改变或新事物让你不自信，那你应该清楚，任何事物都处在不断的发展变化之中，这是自然界的一般规律，人类本身也是如此。既然是不可违背的自然规律，那就去适应并接受它好了，何必非要做无用功呢？

其实，女人只要对自己充满信心，认为自己有能力应付各种混乱局面，那一切就会为之改变了。事实上，女人本来也具备这样的能力，甚至比男人还强，所以，女人大可以放心大胆地追求自己想过的生活，而不必再委屈自己。

有了自信之后，自然就有勇气大胆主动地做出改变了：对自我价值重新认识，改变惯常的小心谨慎的做事方法以及处世态度，让自己成为一个敢想、敢说、敢做、敢于争取幸福的勇敢女人。

在开始的时候，你的改变一定会引来别人异样的目光和对抗的态度。他们会质疑你、责备你，甚至排挤你，与你决裂。这些都很正常，毕竟你的勇敢抗争使小羊羔变成了一头狼，会让他们的利益有所损失。让他们马上接受一个不一样的你是件很困难的事，他们还没做好充分的心理准备。

但对于勇敢的女人，这算不上什么。因为谁都没有办法左右别人的感受，也不需要对别人的感受负责，你只是在维护你自己的利益而已。你能做的就是对自己的感受负责，别人接不接受是别人的事，与你无关，你只需要让自己满意就足够了。再说，无论你做什么，都不可能让所有人满意；随着时间的推移，随着你的改变，最后既成事实的东西，他们不认可也得认可。

当然，这并不是说你可以随意损害他人的利益，损人利己也是很可耻的。

虽说不必过多地考虑身边人的感受，但也并不意味着你就可以脱离他们独自生活，所以你必须要给出合理的解释。你应该告诉他们目前的生活状态带给你哪些痛苦、你希望过什么样的生活、是什么促使你做出改变以及你想怎样改变等等。当他们了解了你为什么要改变以后，他们仍然可能会做出种种不解的反应，但没有关系，因为你要做的只是让他们认清你要改变的事实，而不是征求他们的意见，他们只需要试着去接受这些就可以了。

也许你会认为保持目前平静的生活很好，至少可以避免使自己陷入被孤立的境地之中，但你有没有想过，如果你一直都忍气吞声，忽视自己的感受，那你就永远都不可能获得真正的幸福和快乐。

究竟是继续委曲求全、假装平静，还是掀起一场狂风暴雨之后获得真正的平静，就要看你自己的选择了，你的命运会因为你的不同选择而走向两个方向。

第二节 生活要精致，女人要气质

永葆你的别样风情

卡耐基认为，这样一种女人最具魅力：她们聪明慧黠、人情练达，超越了一般女孩子的天真稚嫩，也迥异于女强人的咄咄逼人。她们在不经意间流露着柔和知性的魅力的同时，也同人群保持若即若离的距离。

做人群中最耐看的风景

英国作家毛姆曾经说过："世界上没有丑女人，只有一些不懂得如何使自己看起来美丽的女人。"现代女性早已经学会在繁忙和悠闲中积极地生活，懂得如何读书学习，也懂得开发自身的潜能，从而使自己的女性魅力光芒四射。

下面是一位女性朋友的心得：硬件不足软件补（沙浜，女，35岁）。

作为一个女人，只有漂亮的脸蛋是远远不够的，她必须学习，不断地在精神上有所进取。当然，并不是因为我丑才说这番话的。因为相貌一般或欠佳的女性，非常明白自身的缺陷，所以就特别懂得去发掘自己的个性美，更注重内在气质的培养和修炼。

我曾在一家国有企业任职，我们办公室有两女三男，另一个女孩的确长得很漂亮，她也因此占尽了便宜。但要论能力、论业务，她样样不如我。可一遇到长工资、晋升职称、疗养的机会，却样样都是她的。

面对这些不公平，我没有说什么，只是暗暗地读书学习，报名参加了英语班、计算机班和舞蹈训练，给自己“配置”和“升级”了许多优秀的软件，因为我很清楚自己的硬件不足，只有靠软件来补了。

两年后，我辞职来到一家合资企业。在那里，我从一名职员开始做起，一直做到总经理助理。在一次谈判结束后，对方的老总邀请我共进午餐。后来，他成了我的先生，他说那天我在谈判中沉着冷静、不卑不亢的态度和优雅的举止、不凡的谈吐，深深地吸引了他。当时，他觉得我是最美的女人。

现在，我已经自己做了老板，有了一个可爱的孩子。先生说我在家庭中是贤妻良母，在事业上是个优秀的管理者。

看来，有情趣、有智慧的女人是最美的。女性的智慧之美胜过容颜，因为心智不衰，它超越青春，因而永驻。“石韫玉而山晖，水怀珠而川媚。”西晋人陆机这样评说智慧之美。谚语云：“智慧是穿不破的衣裳。”衣裳，自然是与风度美息息相关的。所以，现代女性中注重培养自身风度之美者，在不断改善自身的意识结构和情感结构的同时，无不特别注重改善自身的智力结构，积极接受艺术熏陶，使自己的风度攫获闪耀的智慧之光。

很多男人在言语行文中流露出一种对知性女人心驰神往却又可望而不可即的无奈与惆怅，在他们眼中，这一类女人人间难求，绝对不是俗物。事实上，“知性女人”是食人间烟火的俗人，她们同样离不了油盐酱醋茶，同样要相夫教子，因为只有大俗方能大雅，只有这样才是完美女人。

在卡耐基看来，知性女人的优雅举止令人赏心悦目，她们待人接物落落大方；她们时尚、得体、懂得尊重别人，同时也爱惜自己。知性女人的女性魅力和她的处世能力一样令人刮目相看。

在卡耐基眼里，灵性是女性的智慧，是包含着理性的感性。它是和肉体相融合的精神，是荡漾在意识与无意识间的直觉。灵性的女人有那种单纯的深刻，令人感受到无穷无尽的韵味与极致魅力。

具有弹性的性格

弹性是性格的张力，有弹性的女人收放自如、性格柔韧。她非常聪明，既善解人意又善于妥协，同时善于在妥协中巧妙地坚持到底。她不固执己见，但自有一种非同一般的主见。男性的特点在于力，女性的特点在于收放自如的美。其实，力也是知性女人的特点。唯一的区别就是，男性的力往往表现为刚强，女性的力往往表现为柔韧。弹性就是女性的力，是化做温柔的力量。有弹性的女人使人感到轻松和愉悦，既温柔又洒脱。

真正的智慧女性具有一种大气而非平庸的小聪明，是灵性与弹性的结合。一个纯粹意义上的“知性”女人，既有人格的魅力，又有女性的吸引力，更有感知的影响力。她不仅能征服男人，也能征服女人。

这类女人不必有羞花闭月、沉鱼落雁的容貌，但她必须有优雅的举止和精致的生活。不必有魔鬼身材、轻盈体态，但她一定要重视健康、珍爱生活。她们在瞬息万变的现代社会中总是处于时尚的前沿，兴趣广泛、精力充沛，保留着好奇纯真的童心。她们不乏理性，也有更多的浪漫气质——如春天里的一缕清风。书本上的精词妙句，都会给她带来满怀的温柔、无限的生命体悟。她们因为经历过人生的风风雨雨，因而更加懂得包容与期待，具有了灵性与弹性完美统一的内在气质。具体来说，女人的魅力主要体现在以下几个方面：

1. 丰富的内心

有理想，是内心丰富的一个重要方面；有知识，是内心丰富的另一个重要方面，这是现代女性所必不可少的。掌握一定的科学文化知识会让使女性魅力大放光彩。除此以外，女性还需要胸怀开阔。法国作家雨果说过：“比大海宽阔的是天空，比天空宽阔的是人的胸怀。”然而，多数女人做不到这一点。

2. 突出的个性

女性的美貌往往具有最直接的吸引力，而后，随着交往的加深、广泛的了解，真正能长久地吸引人的却是她的个性。因为这里面蕴涵了她自己的特色，是在别人身上找不出来的。正如索菲娅·罗兰所说：“应该珍爱自己的缺陷，与其消除它们，不如改造它们，让它们成为惹人怜爱的个性特征。”刚柔相济是中国传统美学的一条原则，人的温柔并非沉默，更不是毫无主见。相反，开朗的性格往往透露出女性天真烂漫的气息，更易表现人的内心世界。

3. 优雅的言谈

言为心声，言谈是窥测人们内心世界的主要渠道之一。在言谈中，对长者尊敬，对同辈谦和，对幼者爱护，这是一个人应有的美德。

4. 高雅的志趣

高雅的志趣会为女性的魅力锦上添花，从而使爱情和婚后生活充满迷人的色彩。每个女性的气质不尽相同。女性的气质跟女性的人品、性情、学识、智力、身世经历和思想情操分不开。要有优雅的气质和风度，需有良好的教育和修养。

我们可以这么说，魅力实际上是一种无形的吸引力，是人类社会中各种交往活动不可缺少的条件，也是由心理的、社会的、文化的、习惯经验的等诸多因素相融合的统一体，并在人际交往中得以充分的表现。魅力包含着深厚而丰富的心理内容，是一种人格特征，是人们心理机制与外在行为的完美统一，也是人际间评价美的唯一的标准。

展现女人的性感

卡耐基曾说过一句经典的话："我认为女人的性感并不是如何去吸引男人，而是凭借自身的无穷魅力将其发挥到极致。吸引男人的目光并不十分重要，只有吸引男人们的心才是完美地诠释了性感。"

一直以来，性感的女人被喻为一朵欲望之花，能够迷惑男人的眼睛，在任何场合，性感女人都会散发出不可阻挡的光芒。不同的女人有不同的味道，很多男人认为性感女人是最有女人味的。

那么，究竟什么是性感呢？据性心理学研究，男人心目中的性感，除了源自女性的性特征和自信心、懂幽默、爱浪漫与刺激外，原来还有一些比较虚无抽象的元素，其中的神秘感就是另一个性感元素。电影史上的性感明星如玛莲娜·迪特里茜、碧姬·芭铎等，哪个没有深不可测的神秘眼神？女人在自己喜欢的男人面前，千万别尽情流露、肆意表现，要给对方留有揣摩与想象的空间。留有余韵也是展现神秘感的一种手段，总之，就是不要完全满足对方的好奇心。

现代的性感早已超越视觉、身材或是暴露多少的范围，如花灿烂的笑靥、天真或带媚态的眼波、沉溺于思考或想象时忧郁而出神的神态，都是内敛的性感。性感女人的肢体语言、无奈和惊叹时的扬眉嘟嘴、不经意的自我触摸都是最销魂蚀骨的小动作。

卡耐基给出了他认为的性感特征：

1. 添一点异国情调

很多人都会被异国情调中那份野性及神秘等因素吸引着。女士们可以穿戴富有民族特色的衣饰、留一头又直又长的长发（不妨让它有点凌乱美）。也可以给自己多一点精力及时间去流浪，这就是培养一份异国情调的最佳方法。

2. 感性与性感

性感与感性从来都是相辅相成的。一个感性温柔的女人，无论表情、语调、一举手一投足都更细腻和具感染力。

3. 添一点醉意

微微的醺醉不但为面颊添上绯红、为眼神添上份朦胧美及柔和美，亦能释放在日间、在办公室时锁着的性感与坦荡之美，但谨记不要饮过了头。

4. 有一颗野性的心

若你不是外表野性，增添一份内心的野性一样叫人觉得你充满魅力甚至有份神秘感。所谓野性可以是爱冒险、爱尝试新事物、好幻想及随时豁得出去实践梦想。

5. 懂弹奏或跳舞

懂玩乐器及跳舞的人总会流露一份夹杂着性感的感性与温柔，而这份意念其实比性感更诱人。如男人弹琴、吹萨克斯，女人拉小提琴或大提琴，若跳西班牙舞、探戈时流露委婉或冷艳的眼神，更能惑人于无形。

6. 擅用眼波流转

无论是忧郁的、迷惘的、缥缈的、懒洋洋的、天真带笑的或眼中藏着火焰的，只要有神韵及顾盼生辉，眼波便是性感的发源地。

7. 呢喃软语绕耳边

法国人之所以被认为最性感，正是因为法国人表达时充满感性及跌宕有致，而法语又像一种呢喃软语。在适当的地方停顿，加强节奏感，并借韵律带领聆听者漫游于你的思维里，这种像叫人与你的思维一起舞蹈的说话风格，不也是一种性感吗？

8. 沉浸于思索中

很多人虽其貌不扬，但一旦沉浸在思索中，脸上自会不期然地多了一份韵味。那些把眼神抛得远远的、嘟着嘴或微微侧着脸、托着腮的表情就更会惹人多望一眼。

9. 阳光肤色

凝肌胜雪的肤色固然如成熟的新鲜桃子一般叫人垂涎，但一身阳光肤色配上苗条的身材，何尝不能散发出性感呢？

10. 让小孩子心性活在心底

曾经西方流行冷酷性感，但在主张返璞归真的大趋势下，人们所欣赏的性感却是天使般的性感。先让内心有若孩子般的好奇、天真与热情，你才能在眼神里流露夹杂着纯真及孩子气的另类性感。事实上，碧姬·芭铎、玛莉莲·梦露、丽芙·泰勒等本身都带有孩子气，再配合其魔鬼般的身材，凑在一起便是天使式的性感。

11. 保留性感小痣

若你的脸上出现小痣，请不要去之而后快，在适当位置，如耳垂、嘴唇附近（尤其是上唇右边）与眼角附近的小痣都可以是“美人痣”哩！本身性感的人，在嘴唇边上有颗小痣，可以看起来更加性感。

性感本身就是每种雌性动物都有的天赋条件。女性刚醒来时的一对惺忪睡眼、喝酒后的微醉与一脸绯红何尝不性感？而这正是构成美感的元素，故性感无须刻意追求，性感原本就是上帝烙在女人骨子里的性磁力，女人只需自信地彰显自己，你的性感，别人自然而然就会感受到了。

永葆女人味

每个女人都希望自己青春永驻，但我们最终都会老去。但所幸，女人即使没有青春，还有精神，还有女人味。女人味是一种恒久的魅力，与年龄无关，与身份无关，永远散发着引人入胜的魔力。

青春无法把握，失去了无须悔恨，但女人味却是一种精神，把它丢失了就是一个女人最大的悲哀！青春少女是一首浪漫的诗歌，节奏明快，旋律优美，恰似春光明媚；成熟女性则应该是一篇抒情散文，情愫悠悠，蕴涵深邃，令人眷恋。所以，女士们，请一定要珍惜自己，让女人味伴随自己一生。

所谓女人味，指的是一种人格、一种文化修养、一种品位、一种美好情趣的外在表现，当然更是一种内在的品质。简而言之，女人味就是女人的神韵和风采，是真正的女性美，使得女性的形象更美丽，女性的人生更精彩。女人味堪称是对女人最到位的赞美。

那么，到底什么才是女人味呢？无论女人到了哪个年龄段，以下这几个特征都是一个有女人味的魅力女人所共有的：

1. 智慧

外表漂亮的女人不一定有女人味，智慧的女人却一定很美。因为她懂得“万绿丛中一点红，动人春色不需多”的规则，具有以少胜多的智慧；容颜可以老去，但智慧不会褪色，一个充满智慧的女人，会具有与时俱进的魅力。

2. 有度

再名贵的菜，它的原料也是没有什么味道的。譬如“石斑”和“鳜鱼”，虽然很名贵，但在烹调的时候必须佐以葱姜等调料才能出味。女人也是这样，妆要淡妆，话要少说，笑要微笑，爱要执着。无论在什么样的场合，都要把握好尺度，好好地“烹饪”自己。

3.品位

前卫不是女人味，不要以为穿上件古怪的服装就有品位了，真正的品位来自生活的智慧和丰富的内心。

4.展示最真实的自我

所有的女人都渴望自己在性格和外表方面对别人具有很大的吸引力。在现实生活中，真实的你是最能打动人的，因为这样的你有血有肉，有喜怒哀乐。真正有修养的人，气质是从骨子里透出来的，绝不是矫揉造作。所以女性一定要学会接受自己的外貌；对别人热情、关心；仪态端庄，充满自信；保持幽默感；不要惧怕显露真实的情绪；有困难时，真诚地向朋友求助。

掌握了这几个小秘诀，你就能修炼成具有独一无二气质的女人。

别丢了“矜持”两个字

作为一个女人，毋庸置疑，你的一生将会陪伴一个男人度过，而男人最喜欢的莫过于矜持的女人。与矜持的女人在一起，男人才会真正懂得为什么女人需要男人去珍惜，去尊重。

矜持是人的一种素养。一个有内涵的女人，她的生活字典里是少不了“矜持”这两个字的。那何谓矜持呢？矜持是一种羞涩，也是一份清高，是对自己的爱护和尊重，那是人的一种高贵优雅的姿态。正因为有了这样的一种矜持，才使人觉得这个女人真是一个有气质、有涵养的人。

因为矜持的女人是婉约的，是高贵的，她在低吟浅笑间就能够流露出一种令人赏心悦目的温柔。女人的矜持便好似一条内敛、深邃的小溪，她也许没有你理想中的那种浪漫、婉转，但在她目光流转的神思里，你能领略到某种浪漫的滋味。你能说她不懂浪漫吗？矜持女人的浪漫，是要能懂得欣赏的男人才能欣赏到的。可以说，一个矜持的女人，便是一棵秋海棠，她的所有激情与浪漫，都只为她期待的那个男人而绽放。矜持的女人是傲气的梅，她骄傲却不冷漠，也许她的外表很冷，但是却不失一种“酷酷”的感觉。

矜持的女人是时尚的，她知道如何在传统与新潮的思想中游走。对于该保持的传统，她绝不轻易放弃；对于该放弃的所谓时髦，她绝不吝啬。所以她的矜持，永远为她的美丽和魅力做了一道加法；矜持的女人，其本身便是一道优雅的风景线。

一个毫无矜持概念的女人是不堪想象的，放荡不羁，没有底线，为了自己的男人做牛做马都心甘情愿、毫无怨言，你以为这样那个男人就对你无可挑剔了？实际上恰恰相反，你的作用，只是充当了一个保姆，一个男人要一直生活在保姆的臂弯里，哪能活得潇洒、活得恣肆呢？男人别说感受不到爱了，生活也趣味全无了。

女人总要懂得矜持。好男人就是在矜持女人的熏陶下所生成的产物，矜持女人是不怕找不到理想男人的。但最后要切记：矜持也要有度，过于追求矜持，结果只会适得其反。

美丽是女人一生的使命

卡耐基站在一个男人的立场，对所有女人说，一个男人对着女人一张精致的脸说话要比对着一张粗糙的脸说话有耐心得多。尽管男人说出这样的话使大多数女人不满，但这又确实是不争的事实。因此有人说：美丽是女人一生的使命。

女人要懂得爱护自己

聪慧的女人，就是懂得爱护自己的女人，不仅要让自己的生活有品质、有情调，还要懂得投资，投资青春、投资美丽。

某电视台有个《情感部落格》栏目，由资深心理专家与观众见面交流，现场分析当事人的情感困惑。有一期嘉宾是一对新婚宴尔就起纷争的青年男女，在说起吵架的原因时，年轻的妻子这样抱怨：“和我一起逛街时，见到长得漂亮的女人他就瞅人家，有时候人家走远了，他还回过头去看，这让我很受不了。为这事我们吵了无数次。”

事例中这位女性的话似乎道出了一种普遍的现象：男人有追随美女的“好色”本性。说“好色”，不如说“爱美”。每个男人都喜欢美女，爱看美女，不管他嘴上承不承认。《英国皇家学会生物学学报》公布的一份研究报告称，男性在凝视美女的面部或身体时，会触动大脑的“满足中枢”，从而产生快感。从这个意义上来讲，“好色”可以说是人的天性。其实，“好色”绝非贬义词，它代表着人皆有之的爱美之心。

《色·戒》的导演李安也说过：“色，是我们的野心、我们的情感，一切着色相。”食色，性也。这是人之本性，而人之本性不可移。

美国杜克大学医学院神经学研究中心的本杰明·海登博士说：“对男性来说，看到异性时的满足感在很大程度上受到异性外表魅力的影响。”如果你是一个聪明的女人，那么就别太在意你的男友对街上的女人多看两眼，因为这只是满足了视觉上的享受。如果你也能给他提供这份享受，还担心什么呢！

一个智慧的女人大可冷眼旁观男人的“好色”，然后从自我修炼做起，把肌肤养得柔嫩细滑，把身体练得凹凸有致，把气质培养得独一无二……如此这般，即使你不是天生的美人坯子，那也是绝佳小女子一个。当脱胎换骨、秀色可餐的你出现在他的眼前时，你还用担心他的目光不停留在你身上吗？

维护你的容颜

懂得爱护自己的女人一定懂得打扮自己。因此，从头发的样式、护肤品的选用、服饰搭配到鞋子的颜色，无一不需要你精心地对待。从头到脚的细致，当然是需要花很多的时间和心思的。因此，要想做高贵而有气质的女人，就必须从做细致的女人开始。可别小看了细致，也许仅仅因为指甲油的颜色不协调就导致你前功尽弃。

毫无疑问，女人的脸部呵护是极为重要的。护肤品的选购和使用绝对不能偷懒，因为它关系到你的“面子”工程。

“面子”在女人的形象中占有很重要的地位，因此对女人来说，“面子问题”可谓天底下最重要的事情，从踏入青春期起，年轻的女孩们便日复一日、不辞劳苦地在不足十寸的“土地上”辛勤“劳作”。很难想象，一个蓬头垢面、灰头土脸的女人，能有多少气质美可言。美容界认为，好的肌肤是美丽的基础，完美的妆容是精神美的有效点缀。有些人天生丽质，就算不化妆也光彩夺目。但这样的幸运儿只是少数，很多人都认为自己的长相不够完美：眼睛不够大、鼻子不够高、皮肤不够细腻……而化妆的作用就是掩盖瑕疵，让你看起来更加漂亮。事实上，在正式场合下，女性化一点淡妆也被看作是礼貌的行为。

如果你不太会化妆，可以多翻阅一些美容时尚杂志，或者请教一些会化妆的“闺中姐妹”。她们会告诉你一些化妆技巧和窍门，并且你在这个过程中也能够更贴近潮流。一位有名的女化妆师说过：“化妆的最高境界可以用两个字形容，就是‘自然’。最高明的化妆术，是经过非常考究的化妆，让人看起来好像没有化过妆一样，并且化出来的妆与主人的身份匹配，能自然表现出那个人的个性与气质。”所以，一般场合里，淡妆最适宜。如果你每天都浓妆艳抹地出现在别人面前，也很难带给别人美的感受。

现代女性，虽然你的肤色不是很好，你的皮肤也不是“娇嫩可人”，但是只要你掌握了化妆的技巧，就会达到很好的效果，为自己增添无穷的魅力。以下是通常女性朋友觉得很自卑的两种面部皮肤的上妆方法：

1. 深色皮肤

大部分深色皮肤有色斑，需要妥善处理。用比你的肤色浅的遮瑕膏，扫擦较深色或不均匀的部位；宜使用不含油脂的液体粉底，色调应该比你的肤色浅；轻轻扑上透明干粉。对于黝黑的皮肤，你可能需要用有色干粉，可抹上紫丁香或粉红干粉，增加暖色的感觉；然后抹上黄褐色或古铜色胭脂；以灰色或深紫色眼影美化明眸。

2. 雀斑脸

用浅色液体遮瑕膏遮掩阴影及瑕点，可将白色修护粉底液混合浅米色粉底，调成遮瑕膏，轻轻点在眼睛周围，小心按摩眼睛周围的皮肤；雀斑皮肤只需要少许干粉，如果面部的雀斑显著突出，可以采用化眼妆的方法来转移视线，把他人的注意力吸引到眼睛上；眼线要贴近眼睫毛，用灰色及褐色眼线笔，这样看来比较自然，切勿使用黑色，因为会与浅色的皮肤形成强烈的对比；涂上黑褐色睫毛液，再用软毛刷涂上浅褐色睫毛液，令眼睛看起来自然柔和；用玫瑰色唇膏掺杂玫瑰水，使朱唇保持湿润，要使妆容自然，可用海绵块轻轻抹去多余的颜色；最后在面颊上施上锈色胭脂，使之艳光四射，引来羡慕的目光。

女性除了要会根据自己的肤色化妆外，还要学会根据自己的特点给自己化妆，正所谓“欲把西湖比西子，淡妆浓抹总相宜”，这样才能让自己容光焕发、魅力无穷。

1. 学会打粉底

在上浅色的粉底之前，先在脸上抹上薄薄一层肤色修颜液，然后再擦上少量浅色粉底，能使你的皮肤迅速白皙。

2. 眼部化妆技巧

第一步是施眼影粉，眼影粉不能直接抹，应在粉底的基础上涂抹。涂上以后，要尽量以棉棒使之均匀。第二步是画眼线。画眼线用力要均匀。第三步是上睫毛液。睫毛液一次不能上得过多，先上一遍，等干了之后再上一遍。

3. 秀出闪亮的睫毛

美丽的睫毛能给眼睛带来神秘的梦幻般的感觉。在涂染睫毛膏之前，先要用睫毛夹把睫毛夹得翘上去。涂上睫毛时，眼睛视线要向下看，睫毛刷由上睫毛的根部向睫梢边按边涂；涂下睫毛时，眼睛视线要向上看，睫毛刷要直拿，左右移动，先沾在毛端，再刷在毛根上，最后还要把粘在一起的睫毛分开。如果每根睫毛都沾有睫毛膏，而且粗浓均匀，就达到了理想的效果。

4. 不同唇形的化妆技巧

厚嘴唇要先用粉底厚厚地抹一层，盖住原来的轮廓，然后涂一些蜜粉，再涂上口红，要使嘴角微微上翘。薄嘴唇在化妆时，要尽力表现出双唇的饱满，在画唇线时可以稍稍往外画一点儿，在上唇的中央画优美的曲线，使嘴唇显得丰满些。平直的嘴唇要在上唇画出明显的唇峰，下唇的轮廓呈满弓形。涂唇膏时，上下唇的中间颜色要浅一点儿，唇峰的颜色要深一点儿，深浅过渡要自然，突出立体效果。

女人只要掌握了以上这些简单的化妆技巧，就会让自己的“面子”时刻保持光彩夺目，让自己的外在形象更加富有魅力。

打理好头发

绝大多数的男人喜欢留长发的女子，觉得那样的女子才够美丽、够温柔。女人飘逸的长发，似乎成了女人温柔、美丽的代名词。

在如歌的岁月里，女人更应该精心地呵护自己的长发，在长发飞舞中展示自己的美丽，彰显自信。多少生活的无奈，多少光阴的瑰丽，都会在飞舞的长发里淡然而逝。

在不少男人眼里，现在女人的头发越来越没有味道了。现在女人的头发，有了各种颜色的染色剂，有了各种样式的烫发，可唯独缺了一份真正打动男人心的纯美感觉。

很多男人对女人头发的愿望和期待,是一头披肩的长发。有首人们熟悉的歌《穿过你的黑发的我的手》，很多男人都很喜欢，因为它道尽了青春岁月里美丽的忧伤，让人不禁想起了初恋的情人，那位长发飘飘的女孩，三千青丝瀑布般倾泻下来，如山花一样烂漫。人在画中走，指在发间游，长发随风飘起，引人无限遐思。

虽然各大美发品牌、造型店、时尚杂志都在引领各种时尚发型的风潮，可实际上，男人大多喜欢女人直发，而不喜欢烫发。而如今的不少女人选择了烫发，越来越少的女人仍然坚持直发。

男人喜欢幻想，靠在女人的背上，闭上眼睛，从发梢开始嗅到女人的发顶。男人希望女人多留住一抹珍贵的发香，自然的东西才有永远的诱惑力。

张学友有一首歌《头发乱了》，现代男人喜欢这种感觉，一种迷离和叛逆。男人和女人亲昵时，男人喜欢抓紧女人的头发，那是一种牵引着激荡的刺激。

头发是女人柔情万般的性感工具。女人也许并不知道，当女人的发梢滑滑地扫过男人的肌肤时，有多少头发便会传递多少柔情蜜意。

亮泽纤柔的秀发是健康的象征，是美丽的点缀。在短时间内，它可以改变颜色、卷曲、拉直或任意盘束。然而，不当的护理，再加上环境污染、起居无序等，会使头发变成生活中的烦恼。此时，一般的洗护就起不了作用了，非要去美发店不可吗？不必。有了正确的认识和护理方法，就可以把专业洗护的感觉带回家了。

1. 购买美发用品

过去我们都习惯于在商场或超市中购买洗、护发产品，现在不一样了，时尚潮流驱动我们选择一种新的购买方式来满足我们修护发丝的需要，这就是去专业发廊，像在护肤品专柜选择适合自己的产品一样，去发廊选购适合自己发质的洗护产品。长发、短发、烫发、染发，都可以在这里找到最好、最具个性的修护产品。

2. 防止头发干枯折断

使用专业洗发水、护发素可以保护秀发，滋润、顺滑发丝纤维，使秀发如丝、柔顺亮泽，易于排除缠结头发，能为发丝受损部分带来深层修护，强化发质，且无丝毫沉重感，也为烫后、染后或有问题的敏感头发带来生机。

3. 为染过的头发护色

头发颜色最怕阳光和氧化两大杀手，日晒过久会导致头发的染色褪掉，因此，拥有各色漂亮染发的女人如果在夏季旅行的话，最好在出门前使用具有防晒效果的护发精华，以免紫外线加速头发褪色变浅。修护时，选用含有维生素的染发专用洗发水、润发乳也是十分必要的。

满含秋波的双眼

男人非常喜欢探索女性的眼睛，认为从女人的眼睛里能读出很多东西。女人可以用一个眼神拒绝男人，也可以融化男人。眼睛是心灵的窗户，内心一点点的波动，也会毫无保留地显露在眼中。

异性之间免不了会有碰撞出火花的时刻，心灵的感应、思想的碰撞、身体的接触……不过最有情、最动人的是眉目间微妙传递的感情。判断一个女人对男人是否有情意，也从眼神开始。从女人的眼睛中可以判断出，这个女人是否还爱你、钟情于你。

通常，最吸引男人的有两种眼睛。一种是纯情的水灵灵的大眼睛，这是少女才有的眼睛；一种是“媚眼”，这是漂亮女人专有的眼睛。“媚”就媚在女人抛眼神的技巧上。很多男人曾经有过被女人的一个“媚眼”电晕，晕得甚至不知道自己在干什么的经历。女人对抛“媚眼”的分寸把握很重要，过了，就会恶心、肉麻，分寸恰当才会电力十足。

现在还流行女人有一双迷离的眼睛，死死盯着你，却又似乎没有感觉到你的存在。

最打动人的是女人喝了一点红酒后的眼睛。中国女人一般含蓄、保守，而酒后微醺时的眼睛，满含春意，跳动着激情，这让她们变得妩媚而风情起来。

男人最怕女人“哭”时的眼睛，古往今来，有多少男人倒在了女人的泪眼下。不过，很多女人并不知道，尽管男人怕女人哭，怕被哭得心烦，怕被哭得心软，但让男人最痛心、最心碎的哭，是心爱的女人把眼泪噙在眼中，含泪地哭，无声地泣。男人知道，那是女人心中淌着有情的泪，不是撕碎了情的号啕大哭。女人扭转身去落泪的一瞬间最动人，最容易击垮天下硬朗的男人。

女人要想征服男人，最好的办法是在自己的眼睛里构筑男人着迷的世界。女人被男人征服，是因为男人有征服女人的能力。男人被女人征服，是因为女人有一双理解男人的眼睛。女人的眼睛其实是无边无际的情网，一旦她网住男人，男人就会变成她的“羔羊”。

眼睛的美关键就在于要有神，当然要明眸如水才能传神。所谓一顾倾人城，再顾倾人国。眼睛是最具有杀伤力的“武器”，面对一双含情脉脉的眼睛，没有几个人能够抵挡得了，眼睛的威力不可估量。当然，美丽的双眼不全是天生的，后天的“栽培浇灌”，也可以让女人的眼睛越发美丽。

想要眼睛“电死人”，千万不要熬夜，睡眠不足肯定会带来黑眼圈，那一对“熊猫眼”着实能把别人吓坏，这般模样只能和美女无缘了。

大多数女人只注重眼睛外部的美容，但想要拥有一双被称为“美丽”的眼睛，更离不开内部的护理。漂亮的女人都是明眸善睐的，一双水汪汪的眼睛最能打动人，它们可以不大，睫毛可以不长，但一定要水灵。含水的眸子温情脉脉且深邃地看着男人，光对着他不说话，也能让他感受到千言万语在其中。如果这眼睛一旦变得干燥，目光浑浊涣散，就是配上西施的脸蛋儿也没用了。

用细节造就魅力

女人是爱情的主角，女人是家庭的轴心，女人是社会的半边天。有些女人的一生都在追求完美，无论在别人的眼中还是在自己的生命里，女人都闪烁着一种无比温馨的耀眼的光芒。从细节方面着手，你就可以成为一个魅力女人。

从外表看一个女人，你如何断定这个人在打扮上所花的心思呢？一般人都是看衣服的牌子和整体形象，但是装扮高手都是关注一些细节。很多时尚女性，她们对随身小饰品都有着高标准的要求。她们可以穿几十元一件的T恤，却不能容忍在细节处的装饰上随意降格。钱包、鞋、手表、袜子、饰品等，她们十分愿意在这些细节配件上花大价钱。因为她们相信细节决定一切，细节可以让真正有魅力的人散发出更加迷人的光彩来。

对打扮之道颇有心得的明星刘嘉玲在一次采访中道出了

自己对细节的重视。她认为细节的美丽是无法替代的，如果有人不修边幅，头发凌乱、带劣质手表、穿着勾丝破洞的袜子，这将是一件多么让人难堪的事情。因此，在很多时候，一个上不得大台面的细节，就像一处小小的败笔那样破坏整体的美感。相反，如果在细节处多花点心思，就能展现自己在穿衣打扮上的细致精巧。也许你的积蓄还无法承担名牌置装费用，但只要注重一些细节，在一些小配件上将自己“武装”起来，你一样能成为人们注意的焦点。所以，一些小细节是非常值得投资的。

女人的魅力和美丽指数除了有无内涵之外，还有的一个区别就在于细节。注重细节的女人指的绝不是那些琐碎的、絮叨的、毫无章法的女人。相反，注重细节的女人指的是那些典雅的人，她们也许并不富有，或许外表也并不十分漂亮，但是，她们给人一种舒适放松的感觉，跟她们待久了，你会感到一种通体的惬意和温暖。

注重细节的女人具有一种耐人寻味的美。这种美丽和外貌无关，你可以从一个爱做玩具的小女孩身上看到，你也会从一个把自己的白发修饰得整齐美观的老妪身上看到，你可以从一个时尚美貌的女人身上看到，同样也可以从一个朴素但却用心的女人身上看到。细节无处不在，关键在于捕捉细节的眼睛，女人的美丽通常都体现在细节上。那种翩若惊鸿的美只能在刹那间震慑人们的目光，而细节处才更能散发出动人的光辉。

著名模特凯特·莫斯喜欢我行我素，很多时候，她被狗仔队在街上抓拍到的镜头都是素面朝天，衣饰简洁，然而她却屡屡被评为最会穿衣的名人，靠的是什么？当然是细节的点缀，也许是一副墨镜，也许是一个挎包，或者是那随意的系扣方式……“魅力女神”的魔力就化身在这奇妙的小细节中。

时尚只会眷顾有心人，也许我们的衣服不起眼，但经过在细节上的精心设计，我们也能成为街头的亮点。

因为注重细节的女人都是善于感受生活的人，当许多人都在抱怨生活里缺少新鲜刺激的时候，她们的生活却过得有滋有味。因为她们能够欣赏细节，从不忽视生活的每一个细节。曾经有人说过，女人20岁的美丽不算美丽，到了50岁依然美丽的女人才是真正的美丽。我想，这种美丽已经不是单纯的“以貌取人”了，更多的倒是没有被生活磨蚀掉的风采和体味生活的敏感之心。

注重细节的女人不会给人带来压力，她们不是那种张牙舞爪的女人，不会咄咄逼人；相反，她们会替人想得很周全。即使在她们帮助别人的时候，也绝不会让你有任何不舒服或者别扭的感觉。她既给你关爱，同时绝不让你感到尴尬。这种深入到细节处的关爱真的让你有如沐春风之感。

都来做个注重细节的女人吧！千篇一律的大众美女总是让人审美疲劳，精巧的注重细节的女人却往往能给人清新、自然、舒适的感觉。

当然，要做一个注重细节的女人不是简单的事情，这是一个系统的浩大工程。要做注重细节的女人，最起码的就是要细心。细心的女人会让岁月成为美丽，洗尽铅华，留下精华；细心的女人在自信的舞台上轻歌曼舞，把生活经营成童话般美丽的传奇。做一个注重细节的女人吧，一点一滴，举手投足，一颦一笑，拿捏有度、张弛有序，让你在人生的道路上左右逢源、游刃有余。

每一位追求完美的女性都应明白这样一个道理：魅力是靠你自身全方位修炼得到的。这是一个漫长而又缓慢的过程，靠的是潜移默化、润物细无声的力量。每一个女人都应该美丽，每一个女人都应该成为魅力女人，每一个女人都应该追求完美，向完美靠拢。虽然你无法成为百分百的完美女人，但从细节方面着手，一定可以不断完善自己。

用魅力放大美丽

走在街上，漂亮的女人到处都是，但大多如过眼云烟，让人转瞬即忘；而有的女人虽不漂亮，却有摄魂的惊艳，令人驻足回眸，难以忘怀，这是因为她有独特的武器——魅力。

在这个张扬个性的时代，长得漂亮不如活得漂亮，而有魅力、有自信的女人已成为新女性的代名词。女人在不同的年龄段都有特定的魅力：20岁的清新，30岁的含蓄，40岁的豁达，50岁的干练……美，不能仅仅局限于外表，因为外表的美是肤浅的，只有内在的美才是深刻的。

作为一个女人，无论她漂亮与否，都希望自己有魅力，得到别人对她的赞美。美丽的容颜是老天的恩赐，而魅力并不是生来就俱有的，它是后天打造和雕饰的结果。女人都想使自己有魅力，富有内涵，风采过人。那么，魅力女人是什么样的呢？

女人的魅力绝不仅仅指容貌上的修饰，也应包括知识修养层面的。台湾名人李敖曾把女人爱美归纳了三个境界：第一个境界是化出来的美，没事常跑跑美容院；第二个境界是吃睡出来的美，改善饮食，保证睡眠；第三个境界是学出来的美，多读书，多积累知识，让美从内心里渗透出来。女人要保持长久不衰的魅力，只有多读书，读好书，不断完善自己，提高自己的综合素养。

外貌靓丽的女人让男人眼动，内在丰富的女人让男人心动，外貌与内在都美的女人让男人激动。让男人激动的女人则是有魅力的女人。女人因拥有美丽而幸福，因有魅力而骄傲。

伯顿说："女人身上有某种超越所有人间之乐的东西：

富有魅力的美德，令人销魂的气质，神秘而有力的动机。”魅力是女人身上开出的一朵花。有了它，你无须再有其他的东西；缺少它，你就是优点再多也聊胜于无。

生命应该是快乐的，如同鲜花的绽放，散发迷人的芳香。女人应该善于发现生命的意义，让女性的魅力之花在生命中绽放。有“心计”的女人懂得培养自己的魅力，因为她们知道魅力的真正含义，更明白女人的内涵。当女人充分施展自己的容颜、形体、装扮和风度等各个层面的魅力时，生命就被放大、充实而丰盈了。

那么，如何才能成为魅力女人呢？当然，做个魅力女人并不是遥不可及的梦想。女人们都应该知道靳羽西，这个时代感极强、富有代表性的魅力女人，她幸运地接受了东西方文化的教育和熏陶，开创了一番事业。羽西的成功不仅仅是“用一支口红改变了中国女人的形象”，还在于她在特定的年代里成为启蒙中国女性魅力的一个标志性人物。羽西在《魅力何来》一书中，把魅力分为容貌魅力、形体魅力、装扮魅力、风度魅力四种不同层次的魅力。一个成功的女人要懂得尽善尽美地展现自己的魅力。

（1）容貌魅力，可以理解为外貌的魅力。所有的女人都爱美，她们为了让自己变得更美而付出了很多时间和精力：化妆、染发、搭配服饰、减肥、美体等。但是现实生活中还有很多不注重个人形象的女人，她们肤色暗淡、头发杂乱、身材臃肿，既然爱美是女人的天性，为什么这些女人不懂得修饰自己呢？原因主要有两个：一个是这些女人还没有真正认识到美和魅力是和谐统一的；一个是可能这些女人在潜意识里失去了对美和魅力的兴趣，比如说那些已经结婚的女人就在无意识间远离了美丽甚至放弃了对美丽的追求。在《泰坦尼克号》中有一句经典台词：“享受生活每一天。”这句话用在女人对美的追求上也同样适用，一个热爱生活的女人，应该追求女人的美与魅力，应该懂得享受生活、享受生命，而这种追求就是从对容貌魅力的打造开始。

（2）形体魅力的塑造，可以通过舞蹈、音乐、表演等艺术方面的学习和训练课程来实现，通过这些特殊的训练可以使自己的体形日渐完美。一位法国美容专家这样说过："不要小看一个能够长久保持优美身材的女人，这通常是一个顽强和很有自制力的女人。"女人美丽的身影不仅仅是形体和漂亮的问题，这些只是表面现象，在这背后还有更深刻的内涵，那就是女性坚强的性格和坚韧的毅力，因为在塑造体形的过程中，女人首先要有长期坚持的精神。此外，良好体形在塑造之后并不能长期保持，这是一个不断巩固的过程，更是营养膳食和运动共同结合才能达到的结果。

（3）装扮魅力，主要是穿衣品位和色彩的搭配。这是女人形象从平凡转化到美丽的秘密，化妆学上根据每个女人与生俱来的肤色、瞳孔颜色和发色等因素，将色彩分为"春、夏、秋、冬"四大色系，而每个色系都有属于自己的几十种颜色，女人在大色系的众多颜色中可以选择适合自己的颜色和样式，但是有一个底线不能超越，否则就会黯然失色。对于女人来讲，没有不漂亮的衣服，只有不漂亮的色彩搭配，只要掌握色彩搭配的理论，女人就不会再有衣橱里缺少适合衣服的苦恼。合适的色彩搭配不仅体现女人的美丽大方，还会展示女人自身的品位，因此女人在色彩搭配问题上，首先应该了解自己的气质特征，在此基础上再选择衣服来搭配自己，做到真正的对号入座。当衣服、色彩和自身达到完美而和谐的统一时，女人的魅力就得到了真正的展现。

（4）风度魅力，是女人教养和内涵的体现。教养是善待他人和自己。一个有教养的女人，能够认真地关注他人，真诚地倾听他人，真实地感受他人，在尊重别人的同时也赢得了别人的尊重。教养并没有很高的标准，也不是空洞无物，更不是理论上的高谈阔论，而是体现在一些细小甚至琐碎的生活细节中，比如不会在公共场合大声喧哗、使用公共厕所主动冲水、在无人看管的室外公共区域不随意丢弃废物等。所谓的“勿以善小而不为”就是这个道理，当女人能够在日常的生活中注意这些细节时，就已经具备了女人的风度。真正的教养是发自内心的，而不是做表面文章，更不是做给别人看。真正的教养源自一颗热爱自己和热爱他人的心灵，“己所不欲，勿施于人”就是对“教养”的最好诠释。一个人的教养和他的习惯是紧密相连的，坚持一种良好的习惯就会养成一种自觉的行动，而这种行动的内化就是教养。因此，要成为一个有教养的女人，首先从培养良好的习惯开始。一个有教养的女人绝对是一个有风度的女人，能够使人感到如沐春风，感觉女人的风度魅力无时不在。

每一个女人都可能使自己有魅力而美丽动人。当然这是个漫长的修炼与积累的过程，只要不断地学习和补充，相信每一个女人都会成为一道靓丽的风景，散发出迷人的风采。

第三节 将自己打造成“限量版商品”

“白骨精”，要给自己充电

同样的环境、同样的时间以及同样的条件下，两个文化程度相同的女性，经过若干年之后，一个通过不断学习，可能成为具有某方面专长的专家；而另外一个从不学习，就可能成为平庸的人。

对于白领女性来说，消费和投资有很大一部分应该用来充实和完善自己，以增加自己为事业打拼的实力。只有不断对自己进行“充电”，随时更新自己的文化水平，不断地掌握新技术来改进和发展自己的职业生活，才有机会在21世纪的知识竞争、人才竞争中占据永不落后的一席之地。

那么，聪明女孩应该主要在哪些方面给自己“充电”呢？

1. 加强职业道德修养

职业道德修养是职业活动的基础，也是自我完善的必经之路。它是从业人员根据职业道德规范的要求，在职业意识、职业情感、职业理想和行为等方面的自我教育、自我培养、自我锻炼和自我改造，它可以提高你的道德素质，不断克服错误的思想意识。可以说，加强职业道德修养的过程，是在职业道路的阶梯上不断攀登的过程。

2. 不断学习科学文化知识

在当代科学技术日益成为生产力重要因素的情况下，缺少文化技术知识，很难成为一个合格的职业女性。一个人的工作能力基本上取决于对高新文化技术知识的掌握和运用程度。

3. 注重提高职业操作技能

任何职业活动都是由一定的职业操作技能组成的，提高职业操作技能就等于提高了职业活动能力。你可以通过勤学苦练、参加比赛等形式，不断提高操作技能，并达到较高的熟练程度，以顺利地完成本职工作。

工作后继续学习、更新职业技能是提高竞争力的有效途径之一，社会上也提供了多种培训手段，那么你知道哪一种才是真正适合你的吗？

如果你需要的是一块进入好企业的敲门砖，你可以选择能获取文凭的系统培训。做出这样的选择之前，你首先要弄清是谁在办学，教学条件如何，自己能学到什么真本事，他们的文凭或证书在相应的领域中占有什么样的位置。就目前来说，中国的人才市场比较看重高学历、国际资格认证或者海外学位。

如果你已经拥有一份满意的工作，但危机意识使你产生继续“充电”的要求，你可以选择短期培训。如果是想学习国际化的先进理念和技术，以适应变化和革新，就要格外注重培训的师资和教学内容与国际接轨的程度，以及教学人员具有的实际经验。

谁都不能坐吃老本，每个人都必须不断“充电”，光靠原有的旧知识坐吃山空根本不行。聪明女孩在职场中，只有居安思危，不断自我“充电”，尽可能地运用自己的智慧和才情，方能脚踏实地，阔步向前！

像经营商品一样经营自己

去商场买东西，我们宁可多花钱也要买品牌商品，就是因为品牌商品有品质保障。我们每个人也要打造“个人品牌”，你的名字就是你的“个人品牌”。一旦拥有了个人品牌，你在职场中就能所向无敌。

要打造个人品牌，你就要时时保持你的竞争力。你的个人品牌往往也代表着你的道德观、作风、形象、责任，好的品牌之所以强势，就是因为它结合了“优良的特性”“吸引人的价格”，以及随之而来的与消费者的“良好互动关系”。

如何才能打造自己的个人品牌呢？

1. 不断提升自己的专业能力

针对工作的需要，拥有专业能力的专家，就是知识丰富加上执行力强，是可以帮企业解决问题的人。“拥有专业能力”是一种绝佳的个人品牌，是一种内涵的呈现。由于不断地有新知识及新技术推出，为了避免过时，必须不断地增强专业能力，这是打造“个人品牌”首先要注意的。

2. 拥有谦虚的态度

即使你已经拥有很好的成绩，谦虚仍是非常必要的。许多社会中的名流人士，越是成功，越是对人谦和。无论什么时候，谦虚的人都会受欢迎。如果你能力有限，谦虚会让人感觉你诚实上进。如果你工作能力很强，谦虚会让人感觉你受过良好的教育，综合素质很高。

3. 保持学习能力及学习兴趣

学习能力及学习兴趣是延续个人品牌的重要手段。一个不断学习的人内在是丰富的，也会更容易拥有自信心及保持谦虚的态度。学习会让你时时刻刻感觉在进步，学习会让你找到自身的不足，从而改正陋习。

4. 强化沟通能力

沟通能力包括倾听能力及表达能力。个人品牌必须通过沟通能力传达出去。你要能在大众面前清楚地表达观点，透过文字传达思想，也要学习站在他人的角度看事情，尝试以对方听得懂的语言沟通，为了达到这个目的，倾听是必要的。

5. 亲和力

亲和力是一种甜美的气质，让人在不知不觉中被你吸引。亲和力也是一种柔软的积极性，是透过“与人亲善”的特质发挥更多的影响力。

6. 外表

一个人的外表是很重要的。当别人还没有机会了解你的内涵时，就会从你的外表开始判断你的好坏。努力让你的外表看起来清清爽爽、专业诚恳，以整洁利落来诉说你充沛的精力及良好的态度，是职场女性必备的能力。

建立个人品牌，可以从自己的强项开始。找到自己的强项，挖掘自己的独特能力，这是快速脱颖而出的秘诀。

“酒香也怕巷子深”，自我推销很重要

如今的社会不再是那个“酒香不怕巷子深”的社会，纵然我们是“皇帝的女儿”，要想“嫁”出去，也免不了要走出“深宫”，主动推销自己。

在这个世界上，真正比我们聪明的人只有5%，比我们愚蠢的人也只有5%，大多数人都是普通人。既然这样，我们以什么理由去说服“买家”，证明自己比别人有更高的身价，更值得他选择呢？这里给你提供几个自我推销的技巧。

1. 确定交往对象

请考虑一下：你在公司里喜欢与哪些人交谈？他们对你有什么期望？你有哪些特点能够对你的交往对象产生影响？请注意观察优秀同事的行为准则，并学习他们的优点。

2. 善用别人的批评

许多营销部门利用调查表，了解消费者对产品的评价。你也应了解别人对你的评价，坦诚地接受批评，从中吸取教训，注意言外之意。例如，如果你的上司说，你干活很快，那么在这背后也可能隐藏着对你的工作质量的批评。

3. 要善于展示自己

要尽量展示自己的优点。例如，你的语调是否庄重、胆怯或令人讨厌？语调与身体姿势、行走、握手和微笑一样可以说明一个人的许多特性。

4. 精心包装自己

超级市场的货架上灰色和棕色的包装为什么那么少？这是因为没有人喜欢这些颜色的包装。你不想成为“滞销品”，也应当检查自己的“包装”——服装、鞋子、发型。要经常改变自己的“包装”，时常给人耳目一新的感觉。

5. 说话要明确

说话要言简意赅，不要用“也许”或“我想只好这样”等词句来表达。上司一般都喜欢下属能有一个明确的态度，不论对人还是对事。

6. 占领“市场”，建立关系网

你在公司里的知名度怎么样？要使自己引起别人的注意，例如在夏天组织一次舞会或与同事们一道远足。要与以前的上司们保持联系，建立起属于自己的关系网。

7. 适当地表露自己的成绩

不要怕难为情，大胆地说出你自己已经取得的成就，没有必要总是谦虚。有些女性不喜欢显露锋芒，因此你得学会表扬你自己，尤其在上司面前显示自己的成绩。但要注意，不要将之天天挂在嘴边，那样会使人厌烦；找准时机，不显山不露水地提及，别人注意了就应适可而止。

8. 不要害怕危机

如果你负责的项目遭到失败，既不要惊慌失措，也不要转而采取守势，而应勇敢地承担责任，积极寻找解决问题的办法。在紧张状态下，头脑清醒、思路敏捷的人会得到上司的器重。总之，聪明女孩要想提高自己的身价，就需要适时地展示自己。

让老板觉得你是“限量商品”

生物学家研究发现，在成群的蚂蚁中，大部分蚂蚁都很勤快，寻找食物、搬运食物争先恐后，少数蚂蚁却东张西望不干活。

为了研究这类懒蚂蚁如何在蚁群中生存，生物学家做了一个实验：他们把这些懒蚂蚁都做上标记，断绝蚂蚁的食物来源，并破坏了蚂蚁窝，然后观察结果。

这时，发生了令生物学家意想不到的情况。那些勤快的蚂蚁一筹莫展，懒蚂蚁则“挺身而出”，带领伙伴向它早已侦察到的新食物源转移。接着，他们再把这些懒蚂蚁全部从蚁群里抓走，实验者马上发现，所有的蚂蚁都停止了工作，乱作一团。直到他们把那些懒蚂蚁放回去后，整个蚁群才恢复到繁忙有序的工作中去。

大多数蚂蚁都很勤奋，忙忙碌碌，任劳任怨，但它们紧张有序的劳作往往离不开那些不干活的懒蚂蚁。懒蚂蚁在蚁群中的地位是不可替代的，它们能看到事物的未来，能正确地把握当前的行动，它们是蚁群中的“限量商品”。

西班牙著名智者巴尔塔沙·葛拉西安在其《智慧书》中告诫人们说，在生活和工作中要不断完善自己，让自己成为一个团体的“限量商品”，使自己变得不可替代。让别人离了你就无法正常运转，这样你的地位就会大大提高。

事实确实如此，如果一个女人在她所供职的公司中变得不可替代，那她还愁得不到上级的青睐吗？比如在公司里你能勤动脑，以战略的眼光去思考企业的发展，不断寻求企业新的增长点，不断开发新产品，开拓新市场，把握住企业的目标，努力让企业“做对的事”，那你一定会成为公司的顶梁柱，那时还愁没有升职加薪的机会吗？

一位成功作家曾聘用一名年轻女孩当助手，做速记员的工作，女孩的薪水与做相关工作的人相同。有一天，这位成功作家口述了一句格言，要求她用打字机记录下来：“请记住，你唯一的限制就是你自己脑中所设立的那个限制。”

她将打好的文件交给老板，并且有所感悟地说：“您的格言令我大受启发，对我的人生很有价值。”

这件事并未引起成功作家的注意，但是在女孩的心目中留下了深刻的印象。从那天起，她开始在晚饭后回到办公室继续工作，不计报酬地干一些并非自己分内的事，譬如，替代老板给读者回信。

她认真研究成功作家的语言风格，以至于这些回信和老板写的一样好，有时甚至更好。她一直坚持这样做，并不在乎老板是否注意到自己的努力。终于有一天，成功作家的秘书因故辞职，在挑选合格人选时，他自然而然地想到了这个女孩。

在没有得到这个职位之前，女孩就已经身在其位了，这正是她获得这个职位的最重要原因。当下班铃声响起之后，她依然坐在自己的座位上，在没有任何报酬承诺的情况下，依然刻苦训练，最终使自己有资格接受这个职位。

故事并没有结束。这位年轻女孩的能力如此优秀，引起了更多人的关注，其他公司纷纷提供更好的职位邀请她加盟。为了挽留她，成功作家多次提高她的薪水，与最初当一名普通速记员时相比已经高出了四倍。对此，做老板的也无可奈何，因为她不断提高自我价值，使自己变得不可替代了，老板不得不像珍惜“限量商品”似的珍惜她。

聪明女孩如果希望不断发展，提高身价，就要积极主动，不断地给自己充电，不断地完善自己，提高自身的竞争力，让自己成为老板眼中的“限量商品”。

第四节 “露”出你的风情

做“媚”力女人又何妨

如今，许多女性太不懂得珍惜自身固有的灵气，过分地艳羡洋风洋雨，邯郸学步，将黑头发染成泥黄色，把丹凤眼画得猫似的深奥碧蓝，垫高鼻梁，整一张阔嘴，希望美容院帮助自己造一张“洋脸”，行为开放、狂野，崇尚性感，追求暴露——却不知若隐若现的含蓄美比暴露美更具诱惑力，自然美比装饰美更具风情，有民族底蕴烘托的媚态美才是永恒的美！

下面是一位女性研究专家关于“媚”力的解说。

1. 媚态：令男人臣服的神情

且不管美人的器官是真是假，但有一点人们可以一眼见到，那便是美人脸上的表情及眼中的神情。

表情的媚态主要由眼睛来表达。眼睛是心灵的窗户，因真诚而洁净，因善良而柔和，因修养而典雅，因知识而深沉。内心美好可以使眼睛明亮如两颗闪烁的星星。正如老舍在《四世同堂》里所写的：“她的眼会使她征服一切。”

在灵活的眼睛里，可以看到生命的节奏，它给人一种灵动的美感。从美的外部表现看，灵活的眼睛具有美的节奏感，它包括眼睛的转动范围和转动频率。

如果美人不论是在何时、何地做何事，总是同样的表情，即使没有丝毫的缺陷，看上去也像人们所说的，是一张“没有表情的脸孔”。如果表情实在太单调了，没有给人半点想象的余地，就会使看者厌倦。“美人三天就会厌倦，丑妇三天也会习惯”，这句话不是没有道理的。

动人的表情出现在漂亮的五官上固然好，但能出现在普通人的面颊上，带给我们的将是一份意外的欣喜。

聪明女孩，要好好打理你的表情。

2. 媚气：令男人着迷的味道

女人的体味是最令男人着迷的。每个女人的体味都不同，这跟她的指纹一样。有些男人会对某个女人的体味终生痴迷，那是因为他们之间生理的性细胞互相吸引。其次是女人所用的香水，虽说女人用香水是一种享受，但香水最本质的功能是与女人自身的体味形成互补，产生更大的魅力。迷人的女人香再加上女人可爱的形态和气质，会使女人显得更加完美。

气质女人的味道，是自己的另一张名片，让你认识朋友，也认识自己。

3. 媚姿：令男人心动的姿态

女人的形体动作是表现情韵的最佳道具。情调高雅的女人，不论摆出何种姿态，都会让男人心旌动摇，而最惹得男人心动、爱怜的姿态就是媚姿。许多人把“媚姿”理解为女人勾引男人的裸姿、露姿，其实这种理解是很片面的。应该说，凡是女人能够唤起男人的爱怜，使男人心动的姿态、行为，都可叫作媚姿。因此，媚姿的含义是非常丰富的。

男人苦闷的时候，娇媚的女人是最好的解愁药。倒不是非要你解决问题，而是你给了他足够的情绪支持。当然，还有眼神的关注，甚至身体的略为前倾也是你“在乎他”的肢体语言。

娇媚的女人在说话时会时时注意声音的力度、音节和速度，音调抑扬婉转，语句简洁明白。她像一个调音师，精心把握每一个音节，奏出整体优美的音乐。

温柔的语言、亲切的态度、婉转的音调、平和的语气，这些加起来，会使一个女人变得异常有女人味，让其魅力倍增。

谁都会爱上满心热忱的女人

位于台中的永丰栈牙医诊所，是一家标榜“看牙可以很快乐”的诊所，院长吕晓鸣医师说：“看牙医一定是痛苦的吗？我与我的创业伙伴想开一个让每一个人快乐、满足的牙医诊所。”这样的态度加上细心考虑患者的真正需求，让永丰栈牙医诊所和一般牙医诊所很不一样。

顾客一进门，是宽敞舒适的等待区。看牙前，可以在轻柔的音乐声中，坐在沙发上，先啜饮一杯香浓的咖啡。

真正进入看牙过程，还可以感受到硬件设计的贴心：每个会诊间宽畅明亮，一律设有空气清洁机。漱口水是经过逆渗透处理的纯水，只要是第一次挂号看牙，一定会替患者拍下口腔牙齿的全景X光片，最后还免费洗牙加上氟。一家人来的时候，甚至有一间供全家一起看牙的特别室。软件方面，患者一漱口，女助理立即体贴地主动为患者拭干嘴角。拔牙或开刀后，当天晚上，医生或女助理一定会打电话到患者家里关心患者的状况。一位残障人士到永丰栈牙医诊所拔牙，晚上回家正在洗澡，听到电话铃响，艰难地爬到客厅接电话。听到是永丰栈牙医诊所关心的电话时，他感动得热泪盈眶，说：“这辈子我都被人忽视，从来没有人这样关心过我。”

从一开始就想提供令就诊者感动的服务，吕晓鸣以热情洋溢的态度赢得了市场，也增强了竞争力。

可能很多人都觉得市场经济是冷冰冰的，没有什么人情可言，所以很多人在经济追逐中感受不到温暖，只会觉得恐慌。但是我们的心态是可以调整的，我们的态度是可以改变的。保持一颗热情的心，你就会像火炬，感染身边的每一个人。

成功学创始人拿破仑·希尔指出，若你能保有一颗热忱之心，那是会给你带来奇迹的。热忱是富足的阳光，它可以化腐朽为神奇，给你温暖，给你自信，让你对世界充满爱。热情的女人是顾盼生辉的，热情的女人在人生的舞会上，必然是全场的焦点。“如同磁铁吸引四周的铁粉，热情也能吸引周围的人，改变周围的情况。”

像世界超模一样走路

生活中，自卑常常在不经意间闯进我们的内心世界，控制着我们的生活。在我们有所决定、有所取舍的时候，自卑向我们勒索着勇气与胆略；当我们碰到困难的时候，自卑会站在我们的背后大声地吓唬我们；当我们要大踏步向前迈进的时候，自卑会拉住我们的衣袖，告诉我们前面危机重重，仅凭一己之力根本无法应对。自卑就像蛀虫一样啃噬着我们的人格，它是我们走向成功的绊脚石，它是快乐生活的拦路虎。可是，我们不能一直活在自卑的阴影中，恢复你的自信，你也可以像世界名模一样走路。

他是英国一位年轻的建筑设计师，很幸运地收到邀请参与了温泽市政府大厅的设计。他运用工程力学的知识，根据自己的经验，很巧妙地设计了只用一根柱子支撑大厅天顶的方案。一年后，市政府请权威人士进行验收时，对他设计的一根支柱提出了异议。他们认为，用一根柱子支撑天花板太危险了，要求他再多加几根柱子。

年轻的设计师十分自信，他说：“只要用一根柱子便足以保证大厅的稳固。”他详细地通过计算和列举相关实例加以说明，拒绝了工程验收专家们的建议。

他的固执惹恼了市政官员，年轻的设计师险些因此被送上法庭。

在万不得已的情况下，他只好在大厅四周增加了四根柱子。不过，这四根柱子全部都没有接触天花板，其间相隔了无法察觉的两毫米。

时光如梭，岁月更迭，一晃就是300年。

300年的时间里，市政官员换了一批又一批，市政府大厅坚固如初。直到20世纪末期，市政府准备修缮大厅的天花板时，才发现了这个秘密。

消息传出，世界各国的建筑师和游客慕名前来，观赏这几根神奇的柱子，并把这个市政大厅称作“嘲笑无知的建筑”。最让人称奇的是这位建筑师当年刻在中央圆柱顶端的一行字：

自信和真理只需要一根支柱。

这位年轻的设计师就是克里斯托·莱伊恩，一个很陌生的名字。今天，有关他的资料实在微乎其微了，在仅存的一点资料中，记录了他当时说过的一句话：“我很自信。至少100年后，当你们面对这根柱子时，只能哑口无言，甚至瞠目结舌。我要说明的是，你们看到的不是什么奇迹，而是我对自信的一点坚持。”

不敢坚持自己的想法和决策，这种情绪一旦占据心头，就会腐蚀一个人的斗志，犹豫、忧郁、烦恼、焦虑也会纷至沓来。

其实，世界上每一件事物、每一个人都有其优势，都有其存在的价值。对于年轻的女孩，自卑是一种没有必要的自我没落。具有自卑心理的人，总是过多地看重自己不利和消极的一面，而看不到有利、积极的一面，缺乏客观分析事物的能力和信心。这就要求我们努力提高自己透过现象抓本质的能力，客观地分析对自己有利和不利的因素，尤其要看到自己的长处和潜力，而不是妄自嗟叹、妄自菲薄。

做一只热情的小野猫

“我终究没能飙得过那辆宝马，只能眼看着它在夕阳中绝尘而去，不是我的引擎不好，而是我的车链子掉了。”很多人把这句话当成笑话，却没有人注意到说这句话的人表现出的对生活的热情：你不用管我的车是多大马力的，只要我愿意，我就可以蹬着三轮跟宝马赛跑。

生活就是这样的,有了热情才会有希望,生命中充满热情,生活便每天都充满阳光。

发挥热情，能带给你真正的自信。因为你专注于自己的兴趣而非外表时，你就有了自信。你不再以自我为中心，你不再担心自己的工作表现，只是充分地展现自己的热情。相信你一定看过小提琴家在演奏时满头乱发飞扬的场面，他只顾演奏，丝毫不关心外表如何。恰恰是这份热情为他塑造了一个全新的形象，让他气质非凡，让他魅力无穷，让观众为之倾倒。

《都市文化报》上刊载了一篇《谁是弯弯》的文章。

在中国台湾的年轻人当中，有这样一种说法：“不知道弯弯，就别说你上过博客。”

竟然有这样大的名气，弯弯是何许人?

答案是，她是一个标准的“80后”女生，爱笑、爱唱歌，更重要的是，她会画很好玩的博客漫画。

弯弯很喜欢说自己的这样一次经历：她还在网络游戏公司工作的时候，一次从同事格子间路过，发现他的 MSN 头像就是自己画的表情符号“懒”，那个得意啊！她故意放慢了脚步，迈出经典漫画动作“悄悄路过”的步子……

不过，弯弯小时候的得意事并不多。事实上，她只是个平凡的小女生——从有记忆就开始学习画画：幼儿园逃课看漫画；小学自制绘本，在数学笔记本上涂鸦成连环漫画，一本卖3元，结果一本都没卖出去，被她爸爸当垃圾丢了……

高中时，她考上了复兴美工，过着平淡的绘画生活，画正统漫画，还和很多怀有梦想的女孩子一样，画了不少要投稿的漫画，却从没寄出去过。

然后就是投身网络游戏公司，边学计算机边画自己喜欢的画……

弯弯一直坚持认为，绘图要来源于生活。有事没事，她经常研究如何抓住表情的精髓。比如有一次坐公交车，司机刹车比较突然，一个女孩子从公交车后排直接滚到了司机身边，于是，弯弯忽然有了灵感。用漫画记录平常的琐事，通过漫画实现生活中的梦想，是弯弯想做的事情。

2007年7月26日，弯弯的博客访问量破亿，还创下了日浏览量23万的惊人纪录。

弯弯的超人气使她可以接到通告，例如作为《康熙来了》的嘉宾，接受蔡康永和小S的访问。同时，她还引起了风投公司的注意，将有机会产生“上亿元”身价。

和弯弯一样，每一个普通人都可以用梦想绘制生活，热爱生活，生活会还给我们更多。

快乐生活的一个基本要点就是拿出你的热情来，不需要依靠别人施舍给你阳光，你就可以成为自己的太阳。热情洋溢的女孩言行举止间会显露出一种吸引人的气质，会得到别人的喜欢，就像有人说的那样：“你对我热情，我就喜欢你。”

热情是一种青春的活力，就是待人诚恳，以情感人，同时又不失稳重，做到落落大方、谈吐自然、举止适度。年轻热情的女孩，谈笑风生，以自己的言语感染别人，使周围的人感到愉悦，受到激励。当别人遇到困难时，能热情相助，使人感到可亲、可敬。

当一个女孩充满热情时，她散发的是一种青春朝气、生机勃勃的气质魅力。

一个失去热情，对一切人和事物都采取漠视和冷淡态度的女人，看不到生活的希望和人生的真谛，看不到希望和曙光，不能寻觅到挚友和知音，也激发不起生活的热情和兴趣，终日伴随她的只是内心深处的孤寂、凄凉和空虚。这无疑是一种可悲的自我摧残和自我埋葬。

所以，我们不要做老气横秋、毫无激情的女人，一定要让热情灿烂我们的一生。

肢体语言不可随意

很多女孩意识到了肢体语言的重要性，她们尽管不说话，但是一举手一投足之间，表现出来的都是魅力。所以，聪明女孩，你可以不漂亮，但是你的肢体语言一定要美，只有这样才能显现出你的气质、你的与众不同。

那么，怎么才能实现肢体语言的完美表现呢？

1. 站姿

（1）正式站姿。这种站姿一般适合于在正式场合，肩线、腰线、臀线与水平线平行，全身对称，目光直视，展示了一种坦诚的、谦和的、不卑不亢的形象。

（2）随意站姿。这种站姿要求头、颈、躯干和腿保持在一条垂直线上，或两脚平行分开，或左脚向前靠于右脚内侧，或两手互搭，或将一只手垂于体侧。这种随意站姿有时是一种随性的站姿，有时表达了淑女的含蓄、羞涩、收敛。微微含胸、双手交叉于腹前，手微曲放松，则表达了一种性感女性的曲线之美。

（3）装扮站姿。这是一种具有艺术性和表现欲望的站姿，在表达情感上最为生动，有时甚至会让人感到夸张。在舞台上、艺术摄影中常可以见到这种站姿。头斜放，颈部被拉得修长而优美，一手叉在腰上，脚左右分开，重心在直立腿上，向人们展示一种自信的美、一种艺术的美。

2. 坐姿

优美的坐姿，要求上身挺直，两眼平视，下巴微收，脖子要直，挺胸收腹，脖子、脊椎骨和臀部成一条直线。另外，一切优美的姿态让腿和脚来完成。

上身随时要保持端正，为了尊重对方，对方谈话时，可以侧身倾听，但头不能偏得太多，双手可以轻搭在沙发扶手上，但不可手心向上。双手可以相交，搁在大腿上，但相交点不可太高，最高不超过手腕两寸。左手掌搭在大腿上，右手掌搭在左手背上，也很雅致。

不论坐何种椅子，采取何种坐法，切忌两膝盖分开，两脚尖朝内，脚跟向外。跷大腿坐时，尤其是一脚着地、一脚悬空时，悬空的一只脚尽量让脚背伸直，不可脚尖朝天。女孩子最忌两脚成“八”字伸开而坐。

这些坐姿做起来都很简单，但是要做得习惯自然，就不是一两天的功夫所能做到的，必须天天练习，时时注意，久而久之，也就习惯成自然了。

3. 行走的姿态

走路时要想保持良好姿态，可遵循以下原则：

（1）上半身挺直，下巴微收，两眼平视，挺胸收腹，两腿挺直，双脚平行。

（2）迈步时，应先提起脚跟，再提起脚掌，最后脚尖离地；落地时，脚尖先落地，然后脚掌落地，最后脚跟落地。

（3）一脚落地时，臀部同时做轻微扭动，但幅度不可太大。当一脚跨出时，肩膀跟着摆动，但要自然轻松，让步伐和呼吸配合成有韵律的节奏。

（4）穿礼服、长裙或旗袍时，切勿跨大步，否则会显得很匆忙。穿长裤时，步幅放大，会显出活泼与生动。但最大的步幅不超过脚长的两倍。

（5）走路时膝盖和脚踝都要富于弹性，否则会失去节奏，显得浑身僵硬，失去美感。

以上几种方法，虽然不能对女孩的肢体语言做到全面总结，但是对于细节方面的校正，还是能够起到一定作用的。

肢体语言不可随便。即使不是故意的，一个小小的细节也可能损坏你完美的形象。所以，聪明女孩一定要经常照镜子，根据自己的实际情况和需要，为自己打造出最完美的形象。

第五章
修炼气场，增强自信

第一节 做独一无二的你

个人魅力是你走向成功的“法宝”

松下电器的创始人松下幸之助就是一个颇具人格魅力的管理者。20世纪20年代末，日本经济很不景气，也影响到松下电器。很多企业都纷纷卷入裁员减薪的浪潮中，可松下既不裁员也不减薪，却毅然减产。这种正直负责的态度和宏伟的气概感染了员工，从而在公司内部自发形成一支促销大军，不久就实现了销空库存、全员生产的局面。

拿破仑·希尔指出：“有魅力的人，人人都爱和他交朋友。和有魅力的人相处总是愉快的，他好像雨天的太阳，能驱除昏暗；人人都乐于为他做事，他也能一个人做别人连做梦都想不到的事。一个人能否成功与他的个人魅力有密切的关系，那些能够成功地创造财富的人往往拥有独特的个性。良好的个人魅力是一种神奇的天赋，就连最冷酷无情的人都能受到他的感染。”

的确，你看见某些人，无论他的职位如何，不管他站在哪里，他总能吸引一群人围绕在他的周围，不管他的头衔是什么，总是能令人肃然起敬，渴望结交、认识他。为什么会这样呢？就是因为他具有能够鹤立鸡群的特质——独特的个人魅力。

通常会遇到这样的情况：一个人可以毫不费力、轻而易举地得到某个职位，而另一个人，虽然可能更优秀、更有才能，但费了九牛二虎之力依旧是徒劳无功。这是为什么呢？显然，有魅力的人格是成功的关键。

个人魅力最引人注目的优点是它能够让你更具吸引力。当人们认为你这个人很有魅力时，他们更有可能采取你所建议的行动步骤。

人格魅力常常不反映在大事上，而是反映在很少有人会注意的细节上。面对一个极好的职位，许多人总是对其所要求的条件感到惊愕，因为这些条件，往往是他们不具有的品质和性格，例如，优雅的举止、谦恭的态度、乐观的精神，以及亲切且乐于助人的性格等。

有出色的才能，但是却缺乏吸引他人注意的魅力，这样的人是如此之多，以至于我们常常听到老板们说，他们决定不聘用某某应聘者，因为他举止欠佳，或者因为他没有风度。没有什么可以替代个人魅力和优雅迷人的风度。尽管大多数人认为，人的风度是与生俱来的，但事实上是可以后天获得的，只不过你要为此承受烦恼和痛苦，就像要成就任何有价值的事业，你要有所付出一样。

可见，一个人的个人魅力对他的成功是十分重要的。打造个人魅力是一种长期的行为，是一个人终其一生都要面对的问题。所以，我们在日常生活和工作中不要忽略自己个人魅力的提升，当你拥有卓尔不群的个人魅力，你的形象更加良好时，你的人生才会更加完美。

自信会产生巨大能量

德国哲学家谢林曾经说过：“一个人如果能意识到自己是什么样的人，那么，他很快就会知道自己应该成为什么样的人。但他首先得在思想上相信自己很重要，很快，在现实生活中，他也会觉得自己很重要。”对一个人来说，重要的是相信自己的能力，如果做到这一点，那么他很快就会拥有巨大的力量。

在经济大萧条时期，很多人失业了。有个小男孩需要在暑假找份工作来交学费，便在报纸上努力地寻找相关的信息。终于，他找到一个合适的工作，第二天一大早就赶去应聘。但是，当他赶到的时候，前面已经排了很长的队，而这个公司仅仅招聘一个人。看到这种情况，小男孩马上写了个字条，找到负责接待的小姐，说：“小姐，能帮我把这个字条交给经理吗？”负责接纳的小姐很诧异，但还是爽快地答应了，把字条交给了正在面试的经理。经理打开字条，上面写着：“您好！请您在面试第 51 号之前不要做出任何决定，因为我是 51 号。”经理满怀好奇，想看看第 51 号究竟是个什么样的男孩，所以在面试第 51 号之前，他没有做出任何决定。最后的结果可想而知，经理录取了这个小男孩。没人会想到一个没有工作经验的小男孩，能打败那么多对手而获得这份工作。然而就凭着他的自信，他成功了！

自信是人的意志和力量的体现，也是良好形象的重要组成部分。而缺乏自信，常常是性格软弱和事业不能成功的绊脚石，也是树立个人好形象的障碍。

有的人心里越是自卑，越是畏畏缩缩，气场就越小。而气场越小，心里就越自卑，就越畏惧，慢慢地就形成了恶性循环，于是强者更强，弱者越弱。所以，无论如何，一个人首先都要有自信，只有自信与自尊，才能够让我们感觉到自己的能力，其作用是其他任何东西都无可比拟的。当一个人有自信时，他的全身充满干劲，强大的自信气场能帮助他吸引别人的关注，使他的能力在锤炼中更强大，从而更加容易取得成功。而那些软弱无力、犹豫不决、凡事总是指望别人的人，正如莎士比亚所说，他们永远也不能体会到自立者身上焕发出的那种荣光。自然，他们也不会吸引来这种巨大的通往成功的力量。

生活是纷繁复杂的，人生道路也充满了崎岖与坎坷。这就要求我们在思想、学识和身体上应有充分的自信去准备。居里夫人曾说："我们生活都不容易，但是，那有什么关系？我们必须有恒心，尤其要有自信力！我们必须相信我们的天赋是要用来做某种事情的，无论代价多么大，这种事情必须做到。"确实，人生的奋斗不可缺少自信，人要涉过生活的海洋，走向事业的高峰，都要以自信做基石。唯有自信的人，才能有强大的气场，才能拥有巨大的力量，将来才能走向成功。

自信心有多大，舞台就有多大

2001 年 5 月 20 日，美国一位名叫乔治·赫伯特的推销员成功地把一把斧子推销给小布什总统。他所在的布鲁金斯学会得知这一消息，把刻有"最伟大推销员"的一只金靴赠与他。这是自 1975 年以来，该学会一名学员成功地把一台微型录音机卖给尼克松后，又一学员跨过如此高的门槛。

布鲁金斯学会以培养世界上最杰出的推销员闻名于世。它有一个传统，在每期学员毕业时，设计一道最能体现推销员能力的实习题，让学员去完成。克林顿当政期间，他们出了这样一个题目：把一条三角裤推销给现任总统。8年间，有无数个学员为此绞尽脑汁，可是，最后都无功而返。克林顿卸任后，布鲁金斯学会把题目换成：请把一把斧子推销给小布什总统。鉴于前8年的失败，许多学员放弃了争夺金靴奖，个别学员甚至认为，这道毕业实习题会和克林顿当政期间一样毫无结果，因为现在的总统什么都不缺，再说即使缺少，也用不着他们亲自购买。

然而，乔治·赫伯特做到了，并且没有花多少工夫。一位记者采访他时，他说："我认为，把一把斧子推销给小布什总统是完全可能的，因为布什总统在得克萨斯州有一个农场，里面长着许多树。于是我给他写了一封信，说：'有一次，我有幸参观您的农场，发现里面长着许多大树，有些已经死掉，木质已变得松软。我想，您一定需要一把小斧头，但是从您现在的体质来看，这种小斧头显然太轻，因此您仍然需要一把不甚锋利的老斧头。现在我这儿正好有一把这样的斧头，很适合砍伐枯树。假如您有兴趣的话，请按这封信所留的信箱，给予回复……最后他就给我汇来了15美元。'"

在乔治·赫伯特成功之前，谁也不相信他能将一把斧头卖给总统。有些人之所以不能成功，是因为他们在尝试之前就给自己预设了一种可能：这件事情绝不可能成功！就这样，失败的念头抢占了他们脑海中的高地，堵塞了努力的道路。而满怀信心的人永远相信，如果想要追求梦想，首先要有自信。因为自信的人知道，没有想不到的，只有做不到的，自信心有多大，你的舞台就有多大！

自信是什么，自信就是相信自己，相信自己能够完成自己想做的事，从来不会轻易放弃。自信能够最大限度地影响我们的生活，如果你自己相信自己是一个能力不凡的人，那么你就是个不平凡的人。

自信心代表着一个人在事业中的精神状态和对工作的热情，以及对自己能力的正确认知。只有怀着必胜的信心，我们工作起来才能充满热情，干劲十足，无所畏惧地勇往直前。在这个过程中，我们难免会碰到一些小麻烦、小挫折，但这些都将成为我们走向成功的垫脚石、助推器。决心就是力量，自信就是成功，拥有必胜信念的人有着强大的正面气场，永远比别人更容易走向成功。

自信心，气场逐渐强大的动力源泉

有信心的人没有所谓的不可能。因此，想要成功的人，就应该不断地去努力培养自信心。

那么，如何拥有自信心呢？关于这个问题，卡耐基在多部著作中都提到了。他认为，任何人只要掌握以下 8 个诀窍，那么他就可以获得很好的成效。现在就让我们看看这些诀窍，相信你也会从中确立对自己的信心，并开始不断加强自己心灵的气场。

（1）在心中描绘一幅希望自己达成的成功蓝图，然后不断地强化这种印象，使它不致随着岁月流逝而消退模糊。此外，相当重要的一点是，切莫设想失败，亦不可怀疑此蓝图实现的可能性。因为怀疑将会对实现构成危险性的障碍。

（2）当你心中出现怀疑本身力量的消极想法时，要驱逐这种想法，必须设法发掘积极的想法，并将它具体说出。

（3）为避免在你的成功过程中构筑障碍物，所有可能形成障碍的事物最好不予理会，最好忽略它的存在。至于难以忽视的障碍，就下番功夫好好研究，寻求适当的处理良策，以避免其继续存在。不过，最好彻底看清困难的实际情况，切勿夸大困难程度，使其看来愈加显得困难。

（4）不要受他人的威信影响，而试图仿效他人。须知唯有自己方能真正拥有自己，任何人都不可能成为另一个自己。

（5）每天重复说10次这句强而有力的话：“谁也无法阻止我成功。”

（6）寻找对你了若指掌且能有效提供忠告的朋友。你必须了解自己自卑感或不安感的所在。虽然这问题往往在少年时期便已产生，但了解它的来源将使你对自己有新的认知，并帮助你获得帮助。

（7）每天大声复诵这句话10次：“人生的信念给了我无穷的力量，凡事都能做。”这句话对于治疗自卑感而言可称得上是最有效的良方。

（8）正确评估自己的实力，然后多加一成，作为本身能力的弹性范围。切忌形成本位主义，但是适度地提高自尊心也是相当重要的事。

美国哲学家罗尔斯曾说过：“信心是我们能从自己的内心找到一种支持的力量，足以面对生或死所给我们的种种打击，而且还能善加控制。”信心的力量就是能够让气场逐渐强大的动力和源泉，凡是能找到这种力量的人，总是可以不断提升自己的气场高度。

第二节 卡耐基之做成熟女人

平静、理智、克制

在我们身边，经常会看到一些这样的女士：她们脾气暴躁，为了一点点小事就会大发一顿脾气；倘若稍不如意，她们也会愤怒不已、火冒三丈。虽然女人不一定都像男人那样在发怒的时候大打出手，但还是很容易丧失理智，从而出言不逊，导致人际关系受到影响。当然，我知道，很多人在冲动地发怒之后都会觉得追悔莫及。

我理解女士们的心情，当你们遇到不公正的待遇或是受到什么委屈的时候，选择发脾气这种方法来宣泄的确是个不错的主意。然而，女士们有没有想过，这种方法能给你们带来什么？能够让问题得到解决？还是让对方一起和你分享快乐？我想两者都不是。你的这种做法只会换来别人的反感、厌恶甚至反抗。威尔逊总统曾经说：“如果你是握紧一双拳头来见我的话，那么我绝对会为你准备一双握得更紧的拳头。可是，如果你对我说：‘我们还是坐下来好好谈谈，看看分歧究竟在哪。’那么我将会非常高兴地同意你的意见，而且我们也会发现彼此之间的距离并不很大，而且观点上也没那么大差异。其实，我们之间还是有很多地方存在共同语言的。”

很多女士往往把发脾气看成是人类的天性。的确，人是情感最丰富的动物，会根据他的判断对事物做出反应。因此，在一定程度上，我同意那些女士的看法。可是，女士们有没有想过，真正喜欢发脾气的是那些小孩子，因为他们的心智还不够成熟，克制力也不够强。也就是说，他们的人性的表现更加突出一些。可是，作为成年人，女士们应该拥有成熟的心理，也就是说能够做到平静、理智、克制。

曾经有一位女士对我说，她不认为我所谓的“平静、理智、克制”很重要，因为在当今的美国，那也是“懦弱”的代名词。如果她不能以愤怒来反抗一些事情的话，就不能给自己争取到一些合理的权利。事实果真如此？我不这么认为，因为我的朋友蒂斯娜女士就没有和她那个“吝啬”的房东发脾气，但却达到了她的目的。

蒂斯娜女士住在纽约的一家公寓里。前段时间，她的经济状况出现了一点问题，而这时房东却突然提出要抬高她的房租。老实说，蒂斯娜女士当时真的非常气愤，因为房东的行为的确有点“趁火打劫”的味道。不过，最后还是理智战胜了发热的头脑，蒂斯娜女士决定采用另一种方法来解决这个问题。她给房东写了一封信，内容是这样的：

亲爱的房东先生：

我知道，现在房地产的行情的确很不错。因此，我能够理解您增长房租的做法。我们的合约马上就要到期了，那时我不得不选择立刻搬出去，因为涨钱后的房租对我来说有些难以接受。说真的，我不愿意搬，因为现在真的很难遇到像您这么好的房东。如果您能维持原来的租金的话，那么我很乐意继续住下去。这看起来似乎不可能，因为在此之前很多房客已经试过了，结果都以失败而告终。虽然他们对我说，房东是个很难缠的人，但我还是愿意把我在人际关系课程中所学到的知识运用一下，看看效果如何。

效果如何呢？那位房东在接到蒂斯娜的信以后，马上找到了她。蒂斯娜很热情地接待了房东，并且一直没有谈论房租是否过高的问题。蒂斯娜很高明，只是不断地在和房东强调，她是多么喜欢他的房子。同时，蒂斯娜还不停地称赞他，说他是一个深谙管理的房东，而且表示愿意继续住在这里。当然，蒂斯娜也没有忘记告诉房东，自己实在负担不起高额的房租。

很显然，那个房东从来没有从“房客”那里受到过如此之高的评价。他显得很激动，并开始抱怨那些房客无礼。因为在此之前，他曾经接到过14封信，每一封都是充满了恐吓、威胁、侮辱的词语。最后，在蒂斯娜女士提出要求之前，房东就主动提出要少收一点租金。蒂斯娜又提出希望能再少一点，结果房东马上就同意了。

后来，蒂斯娜在和我谈论起这件事的时候说："我真的很庆幸当时没有随便地乱发脾气。虽然那还不至于让我露宿街头，但确实会给我带来很多不必要的麻烦。"是的，女士们，这就是平静、理智、克制的好处。它能让你找到解决问题的最佳途径。

女士们，假如你的财物被别人破坏、你的人格受到别人的侮辱，那么你们会怎么办呢？我想，女士们一定会说："那还能怎么办？当然是做好一切准备，和那些可恶的家伙大干一场。"如果小洛克菲勒在1915年的时候也和你们一样的话，相信美国的工业史就要改写了。

那一年，小洛克菲勒还不过是科罗拉多州的一个很不起眼的人物。当时，那个州爆发了美国工业史上最激烈的罢工，而且时间持续了两年之久。那些工人显然已经愤怒到了极点，要求小洛克菲勒所在的钢铁公司增加他们的薪水。同时，失去理智的工人开始破坏公司的财物，并将所有带有侮辱性的词语送给了小洛克菲勒。虽然政府已经派出军队镇压，而且还发生了流血事件，但罢工依然没有停止。

如果真的按照上面那些女士的想法去做，相信她们一定会要求政府严惩那些"暴徒"。可是，小洛克菲勒却没有。相反，他会见了那些罢工的工人，并且最后还赢得了很多人的支持。这一切都要归功于他的那篇感人肺腑的演讲。

在演讲中，小洛克菲勒非常平静，没有显出一点愤怒。他先是把自己放在工人朋友的位置上，接着又对工人的做法表示理解和同情。最后，小洛克菲勒表示，他愿意帮助工人们解决问题，而且他永远站在工人一方。

当然，他的演讲远没有这么简单，不过的确是一种“化敌为友”的好办法。相信，如果小洛克菲勒与工人们不停地争论，并且互相谩骂，或者是想出各种理由来证明公司没有错的话，结果一定会招来更加愤怒的暴行。

我的偶像，美国历史上最伟大的总统之一——亚伯拉罕·林肯曾经说：“当一个人的内心充满怨恨的时候，就会对你产生十分恶劣的印象，那么即使你把所有基督教的理论都用上，也不可能说服他们。看看那些喜欢责骂人的父母、骄横暴虐的上司、挑剔唠叨的妻子，哪一个不是这样？我们应该清楚地认识到：最难改变的就是人的思想。但是，如果你能够克制住自己的愤怒，以冷静、温和、友善的态度去引导他们，那么成功的可能性将大很多。”

对林肯的观点我表示同意，而且我还给他找到了一条理论依据。有一个非常古老的格言：“一滴蜂蜜要比一滴胆汁更容易招来远处的苍蝇。”对于人来说也是一样。我们想要解决问题，无非就是想要对方同意我们的观点。然而，你想获得别人的同意，首先就要做对方的朋友。你要让他们相信，你是最真诚的。那就像一滴蜂蜜灌入了他们的心田，而并不是一滴腥臭的胆汁。

当还是一个小男孩的时候，我曾经从隔壁的泰勒叔叔那里借阅过《伊索寓言》，其中一则寓言给我的印象非常深刻，那是有关太阳和风的故事。

一天，太阳和风在一起讨论究竟谁更有威力。风显然很自信，高傲地说：“我当然是最厉害的，因为所有人都害怕我的怒火。看到没有，我一定会用我的愤怒吹掉那个老人的外套。”于是，太阳躲到了云后面，而风则开始愤怒地吹起来。可是，虽然风已经很卖力气了，但老人却把大衣越裹越紧。

最后，风终于放弃了，因为它觉得那是个坚强的老头，自己无法征服。这时，太阳从云后出来了，笑呵呵地看着老人。不久，老人就开始擦汗，脱掉了自己的外套。结果很显然，与冲动、偏激、不理智的愤怒比起来，温和友善的态度更有效。

能够做到平静、理智、克制不仅可以帮助你们妥善地解决所遇到的各种问题，而且对女士们的身心健康也是非常重要的。女士们回想一下，当你们想要爆发的时候，是不是有这样的感觉？你们会不会觉得心跳在加快、血压在上升，呼吸也变得急促起来。没错，这是由于交感神经过于兴奋引起的。洛杉矶家庭保健研究协会主席阿马尔·杜兰特曾经说：“那些爱发脾气的人很容易患上高血压、冠心病等疾病。同时，情绪上太波动还会使人感觉食欲不振、消化不良，从而导致消化系统疾病。而对于那些已经患有这些疾病的人，发脾气也会使他们的病情更加恶化，严重的还会导致死亡。”

我不知道女士们是怎么想的，反正我看到这里的时候真的开始为自己担忧，因为我以前也曾经为了一点小事发脾气。不过幸运的是，我现在已经不会了，因为我现在已经有了一套很好的解决办法。

也许这些方法并不一定适合所有的女士，但却是给女士们提供了一些建议。你们不妨把它当作蓝本，然后再结合自己的情况做出调整。我相信，做到平静、理智、克制并不是一件不可能的事。

练就坚忍的意志品质

在我家的附近有一家汽车租赁店，店主是一位名叫埃德华·道斯的人。我们相处得非常不错，因此经常在一起聊天。有一次，我们谈论起一个话题，双方都认为凡是那些能够取得成功的人都有一个共同的特点，那就是拥有着非凡的、坚忍的、超乎常人的意志品质。其间，埃德华突然问我："你是否知道那位被称为'海中礁石'的纳尼德·巴德奇？"我点了点头，并问他是不是一位精通航海术的人。埃德华点头说："没错，就是他！在10岁以前，他就已经开始采用自学的方式学习有关拉丁文的知识了，所以他才能在那时研读牛顿所写的《数学原理》。在21岁那年，他已经是一位非常优秀的数学家了。后来，他又迷上了航海，于是转学航海术。听说，他还写过一本关于航海术方面的专业书，还被业内人士称为经典。难以想象，这样一个没有接受过正规教育的人居然能做出这样的成绩来。"

没错，纳尼德·巴德奇的确非常伟大，因为他是在克服了重重困难的条件下取得成功的。我想，从来没有人对他说："你这个人无药可救，想成为科学家简直就是在做梦，因为你没有获得过正规的大学教育。"正因为此，纳尼德·巴德奇才练就了不畏困难的坚忍的意志品质，不顾一切地向着自己的目标前进，采用自学的方式获得了自己需要的知识。对于这类人来说，没有什么意味着不可能，"困难"不过是一个词而已，因为他们有着十分坚忍的意志品质。

然而，很多女士是怎么做的呢？她们会对别人说："不，我不可能成功！其实，并不是我不想成功，而是真的太困难了。我没上过大学，我的身体不好，我家里太穷，我经历过失败，还有……"还有什么？还有数不清的借口。其实，这些都是一种脆弱的表现。那些女士被困难吓得退缩，被外界条件束缚住了手脚。她们不知道该怎么办，也不考虑该怎么办。对于她们来说，最好的办法就是不去招惹那些困难和麻烦。

我想，没有任何东西比疾病更能摧残人的意志了。可事实上，很多成功人士都患有让人"胆寒"的疾病。相信女士们对罗伯·路易·施蒂文森一定不陌生，但你们是否知道，他一生都被疾病所折磨，但却从未让疾病影响过自己的生活和工作。凡是与他交往过的人都有这样一种感觉，施蒂文森永远都是快乐的，并且还把这种精神力量注入他的作品中。相信，如果施蒂文森没有坚忍的意志品质的话，他是绝对不会在文坛中取得骄人的成绩的。

如果女士们还把他当成一个特例的话，那么就看看历史上的那些人物吧！拜伦爵士的脚是畸形的，朱丽亚斯·凯萨是个癫痫病患者，贝多芬在中年后就变成了聋子，莫扎特一直饱受肝病的困扰，富兰克林·罗斯福是个小儿麻痹症患者，而女作家海伦·凯勒则在小的时候就是聋哑人。

女士们想象不到吧？在这些取得辉煌成就的人的背后竟然隐藏着如此巨大的困难和痛苦。然而，他们从来没对别人说过："不行，这些条件制约了我，我不能前进了。"相信女士们一定都非常羡慕好莱坞著名的女影星莎拉·贝拉。的确，能够成为所有男人心目中的偶像是一件让人兴奋的事。可是，女士们是否知道，这位大明星在小的时候被人称为"丑陋的私生女"，而且还有一段非常悲惨的童年生活。然而，她没有退缩过，而是凭借坚忍的意志品质战胜了所有的困难，终于成为好莱坞的"女神"。

女士们，只有具备坚忍的意志品质的人才具有真正成熟的心灵。他们从来不会让困难挡住自己的去路，而是勇敢地、坚强地面对困难、接受困难，同时还会想尽办法加以克服和解决。这些人从来没有求过饶，也没有绝望过，当然更不会去找任何借口来逃避现实。

著名作家罗阿·斯梅斯曾经写过一本非常具有鼓舞性的传记——《在死神面前的完整生命》，书中讲述的是有关爱慕耳·哈姆的事迹，那个出生在俄亥俄州的可怜的女婴。

当爱慕耳降生的时候，接生她的医生对她父母说："这个婴儿不会存活太长时间。"可是，爱慕耳还是坚强地活了下来，而且一直活到了90岁。虽然在生命中的每一天里，她都要忍受因右半身严重受伤而带来的痛苦，但她却始终没有向死神低过头。她知道自己不可能从事任何体力劳动，因此就开始把所有的精力都投入到阅读之中。后来，在28岁那年，她加入了卫理工会，成为一名传道士。

女士们千万不要以为爱慕耳以后的生活就是一帆风顺了，实际上她曾经遇到过两次足以致命的事故。然而，她从未因此而退缩，也没有放弃自己的信念。后来，她的行为引起了一位大商人的注意，并且在经济上给予了她很大的帮助。就这样，经过几个月的治疗，这位在死神宫殿游历一周的女士终于回到了人间。

后来，爱慕耳将自己所有的精力都投入到了公益事业中。她兴建教堂，创立基金，而且经常给附近的学校和医院提供帮助。在70岁的时候，她终于选择退休，但却从未停止过工作。她把自己通过各种途径，包括讲道、写书、募捐等获得的钱全部用在了教育上。临死前，这位老妇人已经是20多所专业学校和一所大学的名誉董事了。

在爱慕耳·哈姆女士的脑海里，根本没有"困难"这个词。她心中只有一个信念，那就是自己是一个有生命的个体，而且这个生命是有其自身的意义的。她活了90年，而且将所有的时间都充分地利用了。同时，爱慕耳·哈姆已经成为"勇气""坚忍"的代名词。

也许我上面所说的那些话会让一部分女士哑口无言，但另外一部分女士则会对我说："卡耐基，我们非常同意你的意见，也很愿意按照你说的去做。不过，很可惜，一切都已经太晚了，我们错过了最好的时机。如今我已经结婚，还是几个孩子的母亲，因此我根本没有机会去也没有精力去面对现实的挑战。”

的确，我也承认，如今的社会越来越强调年轻与活力，但这并不代表其他人就不能成功。我想，抱有那些想法的女士没有一位已经70岁了吧？与那个年龄相比，你们的机会还要多得多。我在纽约讲课的时候，曾经遇到过这样一位学员。她的名字叫波尼，是一位身材矮小，而且已经70岁的女学员。她曾经直言不讳地对我说，她自己真的不知道究竟该如何度过她剩下的时间。

波尼女士曾经在一所学校当教员，后来因为一些原因被强制退休。为了维持生计，她不得不整天忙于奔波。当然，这对她的经济和精神都是很重要的。在她“众多”的工作中，有一份是她非常喜爱的，那就是到幼儿园去给孩子们讲故事。为了达到最好的效果，波尼总是精心挑选出故事，并且还配上了幻灯片。

当时我问她为什么不考虑把这当成她的事业。也许是受了我的鼓舞，也许是从我这儿得到了启发，总之当时她显得很高兴，并且告诉我自己已经决定开始她的晚年事业了。她对我说，年纪不是困难，也不是障碍。事实上，年纪大反而是她的优势，因为她现在凭借多年的教学经验，能够把那些故事讲得更加形象、生动。

不过，事情并不像她想象得那么乐观，前面有很多困难在等着她。首先，资金就是一个很大的问题，因为没有人愿意把钱投给一个已经70岁高龄的老妇人。然而，波尼并没有退缩，而是找到了“福特基金会”，因为她知道，这个组织一直都热衷于文化推广工作。她给基金会递上了一份详尽的计划书，而且还当众给其中的成员试讲了一个故事。试讲的效果非常好，于是基金会决定资助她。最后，这位波尼女士通过自己独特的方式，赢得了很多人的喜欢。

女士们，如果波尼也抱怨说：“天啊，我已经太老了，根本没办法再工作了。”那么今天的美国就会有成千上万个儿童听不到世界上最有趣的故事。她正是凭借自己坚忍的意志品质，藐视了摆在她面前的所有困难，并且把自己的想法付之于行动，才最终取得了成功和胜利。

当我还是个孩子的时候，我曾经认为自己身材太高是一种不正常的表现，因此感到很自卑。许多年后，我终于明白，事实上身高和其他条件一样，可以给我们带来好处，也会给我们带来坏处。而这一切，主要取决我们的态度。那些不成熟的人总是会把自己与别人不一样的地方看成是一种缺陷、困难、障碍，然后内心渴望自己得到别人的帮助。然而，那些真正心智成熟的人则不是，他们总是先看清自己与别人的不同之处，然后坦然接受它们，继而想办法进行弥补。萧伯纳非常轻视那些面对困难而选择退缩的人，他说：“很多人都习惯性地抱怨自己的处境不好，进而埋怨环境导致他们不能取得成就。我从来不相信这类鬼话。如果你真的没有心中所希望的那种环境，那为什么不自己去制造一个？”

女士们，迈向成熟的第一步就让自己练就坚忍的意志品质。因此，你们不能再犹豫了，而是应该马上行动起来。

丢掉理直气壮的想法

这是一个强调自我的时代，年轻人常常理直气壮地说：“我的人生我开拓。”“走自己的路，让别人去说吧！”

为此，他们可以“理直气壮”地在工作时与同事闲聊，然后在下班时准时回家，而把当天应该完成的工作丢到一边；可以“理直气壮”地盗用别人的劳动成果，面无愧色；可以“理直气壮”地随便发脾气，永远像一个长不大的孩子……

他们认为尊重自己的内心很重要，对别人尤其是长辈的观点总是持怀疑态度，认为长辈们的看法都很守旧、落后。他们对父母“你一定要争气，活出个样子给他们看看”的苦口婆心总是不屑一顾：我凭什么要为别人而活？凭什么要在意别人的看法？只要我认为该做的事情，我就去做，这才是真正地活着。

但这种想法很容易导致固执己见、一意孤行，从而让人做出愚蠢的事情。总是做一些不被他人认可的事情，很容易使自己的人生也不被别人认可，这是一件很危险的事情。

虽说人生就是要不断去尝试，跌倒了再爬起来，但如果你走的是一条大家都认为偏颇的路，又何必要固执地走下去呢？与其将来后悔，何不在做出决定之前多考虑一下别人的意见呢？

美国广告界巨擘乔安娜从小对文学痴迷，曾发誓要成为一位著名的作家。于是，高中毕业填报志愿时，她报考了文学系。

大学毕业后，她并没有马上找工作，而是开始为实现自己的文学理想而努力，整日埋头于文学创作，但辛苦创作的两部长篇小说却遭到了无情退稿。不过乔安娜并未因此灰心，她认为自己的小说之所以未被采用，是因为自己缺少生活积累。于是她借了一大笔钱，到各地旅游以增长见识，并写下了很多散文、随笔，但被编辑采用的仍然很少。

这时的乔安娜已是债台高筑、入不敷出，连维持基本的生计都很困难。亲友们劝她把文学创作当成业余爱好，好好找份工作，先解决吃饭问题要紧。乔安娜听从了亲友们的劝告。由于文学底子比较好，她很快被一家报社录用为记者。但由于她仍然对自己的文学创作念念不忘，工作常常出错，不久就被辞退了。

一年中她多次失业，她的作品质量也每况愈下，被采用的次数越来越少。

怎么办？乔安娜的情绪跌到了最低谷。进退两难中，母亲的一席话警醒了她。母亲说：“你所爱好的，也许并不是你最擅长的，关键是要找一个你最擅长的工作……”乔安娜陷入了沉思。她开始明白，作家不是仅靠努力就能当的，成为一个作家要具备很多条件和相应的机会，最重要的是要有天赋，而这些自己目前并不具备。

乔安娜决定放弃当作家的念头，而开始从事广告文案写作。优秀的文字写作和组织能力使她在广告界崭露头角，很快她就成为全美最有名望的广告策划人之一。

试想，如果乔安娜为了自己的作家梦而理直气壮、一意孤行，不知道考虑亲友和母亲的意见，不认真反思自己的追求，恐怕她只能离成功越来越远吧？

“只是当时已惘然。”这样的悲剧不应该再发生了！

丢掉理直气壮的想法其实并不难，最怕的就是自己当初根本就意识不到这种想法和做法的后果。如何才能丢掉这种想法呢？提供几点意见供女士们参考。

第一，多听听周围人，尤其是爱你的家人和朋友的看法。

要知道他们是真正关心你的，他们怎么会有意误导你呢？也许有时候他们说话的方式让你难以接受，但是要记着：“良药苦口利于病，忠言逆耳利于行。”这并不是要你自己没有主见。相反，多听别人的意见，有利于让你明辨是非。要多和那些处世灵活或虚心随和的人交往，养成虚心向别人求教的习惯。

第二，读一些好书。

笛卡儿说："读一些好书，就是和许多高尚的人谈话。"经常阅读伟大人物的传记，从中吸取营养。丰富的知识使人聪慧，使人思想开阔，使人不至于一意孤行。

第三，加强自我调控。

要善于克制自己的抵触情绪。对自己的错误要大胆承认，善于应用幽默，自我解嘲地找个台阶下来，不要固执地坚持自己的观点和做法。

第四，养成善于接受新事物的习惯。

理直气壮常和思维狭隘、不喜欢接受新东西、对未曾经历过的东西感到担心相联系。为此，我们要养成渴求新知识、乐于接触新人新事和学习其精华之处的习惯。

为目标而努力，就能达成梦想

美国著名整形外科医生马克斯韦尔·莫尔兹博士说：任何人都是目标的追求者。一旦达到一个目标，第二天就必须为第二个目标动身起程了……人生就是要我们起跑、飞奔、修正方向，如同开车奔驰在公路上，偶尔在岔道上稍事休息，便又继续不断地在大道上奔跑。

有一个小女孩名叫罗斯。有一天，老师让学生们把自己的梦想写出来。罗斯写的梦想是拥有一个属于自己的豪华农场，并且还画了一张农场的设计图。老师给她的答卷打了个不及格，并批评罗斯是在做白日梦。老师认为，建农场需要一笔很大的开销，而罗斯年龄这么小，又是个女孩，既没钱又没家庭背景，怎么可能实现这个愿望呢？

小罗斯却很认真，她把自己的梦想细细地描述出来，并且还确定了每个不同阶段的目标，之后她就朝着这个目标努力。多年后，罗斯终于有了一座属于自己的豪华农场。有意思的是，当年那位批评过她的老师还亲自带着学生来这里参观。这位老师对自己当年的做法惭愧极了。

成功的路是由目标铺成的，为目标而努力就可能达成梦想。选择目标的重要性毋庸赘言，关键是如何选择最佳目标、如何为目标而努力。

选择人生的最佳目标：写出曾想过的目标，再罗列自己的优点、所希望的成功类型、心理素质、健康状况、家庭及社会情况，将自己的目标一一对照，筛选出最适合自己的目标。

即使你现在有工作，你也应该抽出时间到职业交流中心看看，进行行业咨询，收集相关信息，多和朋友联系，多了解社会资讯，以便找到并实现自己的最佳目标。

多留心一些经济信息，多关注社会，随时走在时代的前面，自然会有宽广的视野。

如果你目前的工作并非你的兴趣所在，不利于你长远的发展，只会白白消耗精力，那你不妨多“充电”，提高自己的能力，转向通向自己梦想的目标，而不能不负责任地得过且过。

有了目标，如果不懂得如何去为目标努力，那再好的目标也是枉然。为着目标而努力，不是一味埋头苦干就行的，你还需要突破一些阻碍你成功的心理和现实方面的障碍，学得更活泛一些。